土壤-空气换热器与建筑蓄热耦合理论

阳　东　魏海滨　著

科学出版社
北　京

内容简介

土壤-空气换热器（EAHE）是将浅层岩土蓄积的冷/热量搬运至建筑空间并对室内热环境进行被动调控的重要技术。本书关注动态室外热环境下EAHE与建筑本体蓄热的耦合作用，力图对这一跨时间尺度的非线性问题进行定量描述，以期实现EAHE的集约利用及与建筑本体的高效融合。本书不仅注重利用作者发展的新方法对蓄热通风作用下的室内热环境动态特性以及EAHE与建筑本体蓄热的耦合效应进行定量描述，还力图进行物理上的阐释；同时，结合案例展现了这些理论方法在实际应用中的价值。

本书可作为暖通、空调、建筑以及涉及建筑节能领域的科研人员、设计人员和工程技术人员的参考用书，也可作为高校相关专业的教师、本科生和研究生的参考用书。

图书在版编目(CIP)数据

土壤-空气换热器与建筑蓄热耦合理论 / 阳东，魏海滨著. —北京：科学出版社，2023.2

ISBN 978-7-03-074832-4

Ⅰ.①土… Ⅱ.①阳… ②魏… Ⅲ.①换热器②室内-蓄热-耦合 Ⅳ.①TK172②TU111

中国国家版本馆CIP数据核字（2023）第022642号

责任编辑：黄 桥 / 责任校对：彭 映
责任印制：罗 科 / 封面设计：墨创文化

科学出版社出版

北京东黄城根北街16号
邮政编码：100717
http://www.sciencep.com

成都锦瑞印刷有限责任公司印刷

科学出版社发行 各地新华书店经销

*

2023年2月第 一 版 开本：787×1092 1/16
2023年2月第一次印刷 印张：9 1/4
字数：220 000

定价：108.00元

（如有印装质量问题，我社负责调换）

前　言

我国力争在2030年前实现碳达峰，在2060年前实现碳中和，加强可再生能源利用对“双碳”目标的实现至关重要。浅层岩土中蓄积的冷/热量是宝贵的可再生能源，而土壤-空气换热器(earth to air heat exchanger，EAHE)是搬运该天然冷/热量并进行跨季节、跨时段利用的重要技术。在建筑空调与供暖领域，EAHE因其系统简单、建造成本低以及能同时向建筑供应新风与冷/热量的优势，得到了广泛的关注与应用。

当EAHE介入建筑后，EAHE向建筑动态提供的冷/热量以及建筑自身的被动调节作用都会显著影响室内空气温度的波动特性。EAHE改善建筑室内热环境的能力不仅跟EAHE从土壤中获取了多少冷/热量有关，还与建筑本体的蓄/放热能力密切相关。实际上，EAHE能发挥多大的作用取决于EAHE与建筑本体蓄热的耦合效应。然而，这一动态耦合过程很复杂，是具有多重时间尺度的非线性问题，这使得人们对二者耦合后形成的室内热环境参数波动特性难以把握。如果能从物理上剖析并在数学上解析这一复杂问题，对于促成EAHE与建筑本体的有机融合，实现EAHE的高效、集约利用来说，意义将不言而喻。本书的研究正是在这个动机下发起，并在国家自然科学基金项目“EAHE与建筑本体蓄热跨时间尺度耦合及协同激发热压潜力研究”(项目编号：51578087)的资助下开展的。

EAHE的换热过程及与建筑本体蓄热的耦合过程很复杂，并受到EAHE埋管形式、取风方式、运行模式以及建筑蓄热体类型等诸多因素的影响，本书着重在“室外热环境存在年、日两个尺度的波动周期”这个背景下，针对连续运行的开式EAHE，对其与建筑本体蓄热的耦合机理、数学模型及解析方法开展研究。在处理建筑内部蓄热体的温度分布时，采用“集总参数”的思维，避免蓄热体温度不均匀这一实际特性对问题本质与主要矛盾的遮蔽。在处理建筑围护结构的动态传蓄热时，充分借鉴或采用前人研究的成果。本书并不拘泥于将每个物理细节进行“真实”映射与模型表达，而着重展现认识这一多重时间尺度非线性耦合问题的视角与解析的思路及方法，并展示对工程应用有启示的主要结果。正因为如此，本书介绍的理论模型仍留出了充足的接口去吸纳其他既有理论与未来可能的改进工作。

本书部分内容也吸收了张锦鹏、郭源浩、王纪力波等笔者指导的研究生的工作，部分图、表编辑得到了郭鑫、何啸等研究生的协助，在此对他们的付出表示感谢。

由于作者水平有限，书中难免存在错误与不妥之处，望读者批评指正。

阳　东

2021年12月

目　录

第1章 绪 论

1.1 EAHE 简介

2018 年，建筑消耗了全球总能源的 35%左右，并贡献了全球二氧化碳排放量的 28%左右[1]。其中，约三分之一的建筑能耗与供暖、通风与空调系统相关[2]。因此，建筑领域的节能减排对实现 “碳达峰”与“碳中和”来说至关重要[3]。如何利用可再生能源改善建筑室内热环境，从而减少对化石燃料的消耗与依赖，是备受关注的问题。

地热是储量巨大的可再生能源。浅层岩土所蓄积的天然冷/热量可被直接或间接地用于建筑室内热环境调控。国家发展和改革委员会等四部委发布的《绿色技术推广目录(2020年)》特别提到，要加快对低品位余热和中深层地岩换热清洁供暖技术的推广和应用[4]。目前，利用浅层地热改善建筑室内热环境的途径之一是依靠地源热泵(ground source heat pump，GSHP)，它一般以水为媒介，间接地将岩土中蕴藏的低品位冷/热量转移到室内[5-7]，实现对室内热环境的改善。

土壤-空气换热器(earth to air heat exchanger，EAHE)是另一种利用浅层地热的技术。如图 1-1 所示，其利用风机或热压作为动力，将室外空气引入地埋管中进行换热，并直接以空气为媒介，将岩土中储存的冷/热量直接传递到室内，从而减少供暖与空调负荷。相比于地源热泵系统，EAHE 具有系统简单、施工方便、建造及运行费用低、能同时供应新风与冷/热量等优点。而且，EAHE 省去了机组的热力循环过程，减少了因使用含氟制冷剂而对大气臭氧层的破坏。

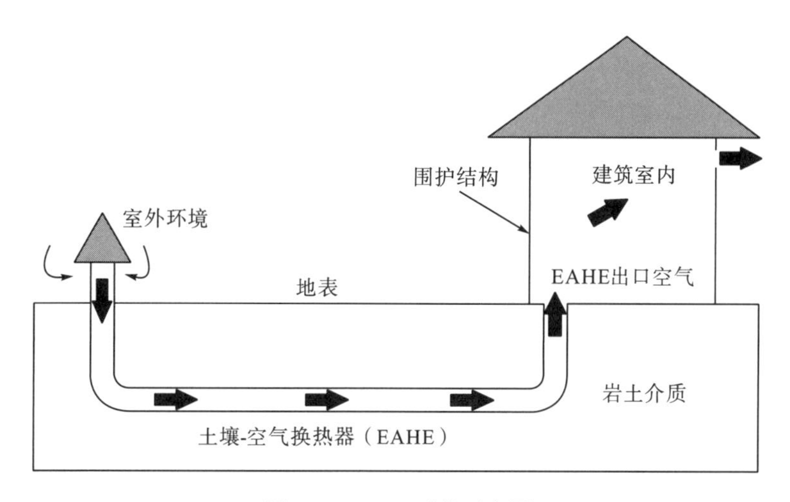

图 1-1 EAHE 系统示意图

EAHE 的使用最早可追溯到两千多年的中东地区。近年来，EAHE 的工程应用案例大幅增加，遍及欧洲、中东、南亚与北美的十余种建筑类型[8-15]。在国内，EAHE 也被称作地道风，已广泛用于影剧院、礼堂及工业厂房等建筑。我国在 20 世纪六七十年代建造了大量的人工地道，如人防工程硐室等，这也为地道风与地上建筑的联用创造了条件。由于 EAHE 对各种气候条件与建筑类型表现出了良好的适宜性[8,15,16]，被公认为最具前景的被动式建筑技术之一[9]。近十年来，关于 EAHE 的研究成果在建筑热环境领域国际主流学术期刊中占据了很大的比重，说明 EAHE 也成了学术界的热点问题。

EAHE 的分类方式较多，笔者进行了如下归纳。

(1) 若按照 EAHE 的地埋管布置方式分类，可将其分为水平、垂直与不规则埋管系统。其中，水平埋管系统是指地埋管呈水平敷设[12,17,18]；垂直埋管系统是指地埋管呈垂直敷设[19-21]；不规则埋管系统是指地埋管的敷设方式不规则，比如沿水平或垂直方向以螺旋形式进行布置[22,23]。

(2) 若按照 EAHE 地埋管的空气来源分类，可分为开式与闭式系统，如图 1-2 所示。开式系统是指 EAHE 直接从室外环境中取风，空气经过地埋管预热或预冷处理后进入建筑室内，然后在室内流通后再排放至室外[17,24]；而闭式系统则是将 EAHE 取风口置于室内，将室内排风引入 EAHE 地埋管进行重新换热[25,26]。

(3) 若按照地埋管数量分类，可分为单管式与多管式 EAHE。单管式 EAHE 是指整个系统只包含一根地埋管[17,20]；而多管式 EAHE 是指系统包含多根地埋管[27,28]。

(4) 若按照驱动地埋管气流的动力来源分类，可分为机械通风与诱导通风系统。机械通风系统是依靠风机提供空气在 EAHE 管内与建筑室内流动所需的动力[12,17,19,23]；而诱导通风系统则是依靠建筑室内产生的热压或室外环境风压驱动空气流动[29-31]。

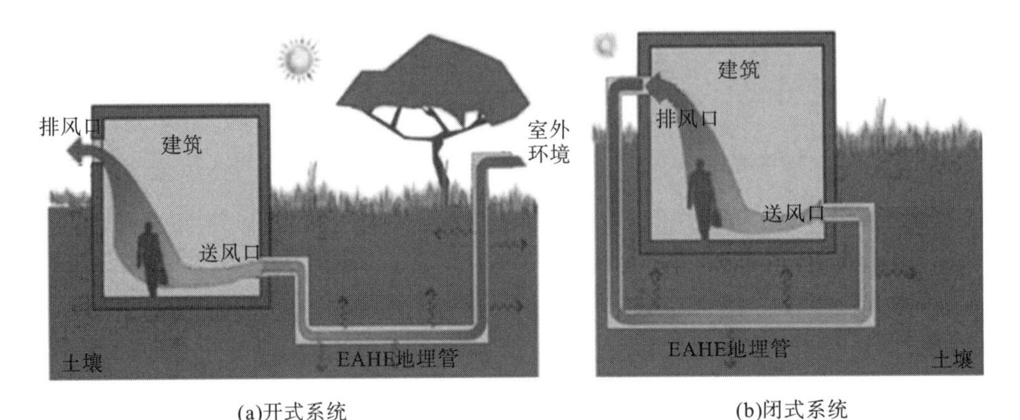

(a)开式系统　　(b)闭式系统

图 1-2　EAHE 开式与闭式系统示意图[24,26]

1.2　EAHE 改善建筑室内热环境的原理

一般认为，室外空气温度存在年、日两个波动周期。若将室外空气温度曲线抽象为简谐波(比如余弦函数)，那么表征该周期性波动曲线的特征参数有三个，分别为平均值、振幅与相位差。图 1-3 以典型夏热冬冷地区重庆为例，用余弦函数表征了其典型年的室外空气温度曲线，可以看出，其振幅达到了 12℃左右。图 1-4 给出了重庆典型夏季日室外空气温度的变化曲线。通风与建筑围护结构传热使得室内外环境之间发生热量交换，这导致在没有采用空调与采暖措施时，室内空气温度在夏季会远超舒适温度区的上限，而在冬季又远低于舒适温度区的下限。

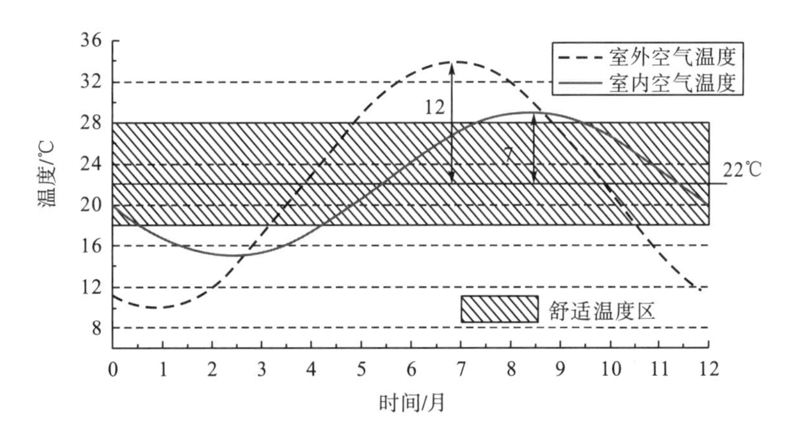

图 1-3　重庆典型年室外空气温度曲线与 EAHE 作用下室内空气温度曲线(采用余弦函数表征)

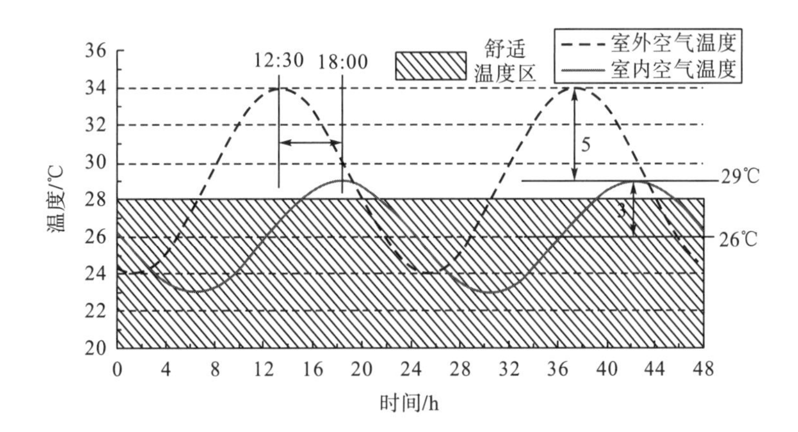

图 1-4　重庆典型夏季日室外空气温度曲线与 EAHE 作用下室内空气温度曲线(采用余弦函数表征)

由于岩土具有热惰性，随着深度的增加，室外气候参数波动对岩土温度的影响会越来越小。如果把岩土抽象为半无限大物体，且把岩土的温度曲线也视作简谐波，则其振幅在深度方向上衰减；同时，岩土温度的波动滞后于室外空气温度和地表温度的变化，并且随着深度的增加，岩土温度与室外空气温度的相位差越来越大。当达到一定深度时(该深度取决于岩土的热物性)，其温度与室外空气温度的年平均值基本相同[32-34]，而振幅可被忽略。图 1-5 给出了实测得到的重庆夏季某日与冬季某日的室外空气温度与不同深度处的土壤温度变化曲线。可以看出，即便是浅层岩土，其温度在夏季也会显著低于室外空气温度，而在冬季又会普遍高于室外空气温度，而这个温差正是 EAHE 管内空气与周围岩土换热的动力。

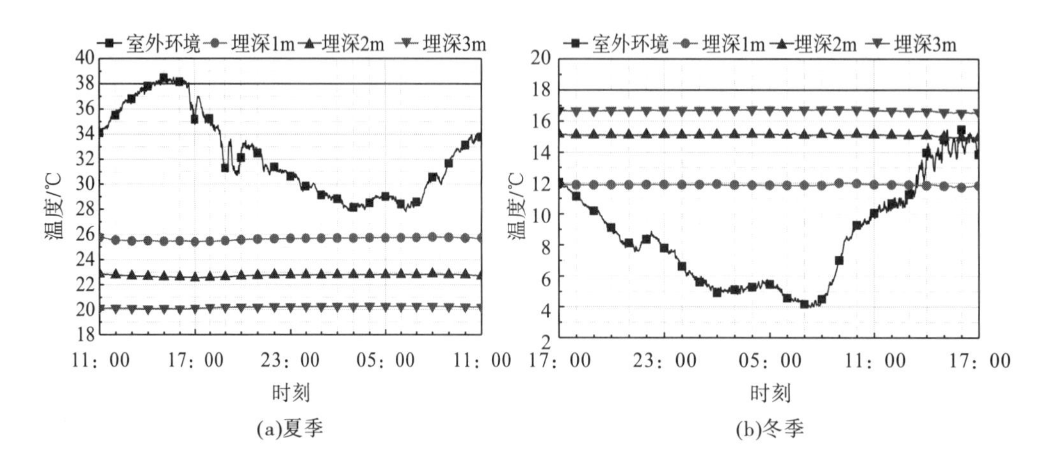

图 1-5　重庆夏季某日与冬季某日的室外空气温度与土壤温度曲线

由于 EAHE 出口空气温度与室外空气温度的振幅及相位存在差异，EAHE 介入建筑后会显著影响室内空气温度的波动特性。还是以重庆为例，图 1-3 示意了在连续运行的 EAHE 作用下年周期中的室内空气温度的变化情况，而图 1-4 示意了在连续运行的 EAHE 作用下某典型夏季日的室内空气温度的变化情况。为简单起见，这里并未计入室内热源带来的温升。可以看出，在 EAHE 作用下，室内空气温度波动呈现以下三个特点。

(1) 夏季日周期中的室内空气温度平均值低于室外空气温度平均值。然而，在年周期中，室内空气温度的平均值与室外空气温度的平均值相当。这是因为，岩土与大气环境在年周期中基本处于热平衡，使得 EAHE 出口空气温度与室外空气温度的年周期平均值并无二致。

(2) 在年、日两个周期中，室内空气温度的波动均明显滞后于室外空气温度，这意味着 EAHE 的介入导致室内高温和低温时节或者时段的推迟。如图 1-4 所示，在某典型夏季日周期中，室外空气温度的峰值出现在 12：30，而室内空气温度的峰值出现在 18：00，该相位差为 EAHE 应用到办公建筑中并减少空调系统运行时间提供了可能。而在年周期中，室内外空气温度的相位差甚至达到了数十天。

(3) 在年、日两个周期中，室内空气温度的振幅均明显减小。在某典型夏季日周期中，室内空气温度平均值降低与振幅衰减的共同作用使得室内空气温度在大部分时间都落在了舒适温度区内。而在年周期中，虽然室内空气温度平均值相对于室外空气温度未发生变化，但其振幅衰减却使得室内空气温度落在舒适温度区间内的时长显著增加。

由此可见，EAHE 在年周期中可影响室内空气温度的振幅及相位差，而在日周期中可同时影响室内空气温度的时间平均值、振幅及相位差。于是，量化 EAHE 作用下室内空气温度的特征波动参数对于衡量EAHE 改善室内热环境的效果来说至关重要，然而，EAHE 的作用并不是孤立地由其自身的换热性能决定的，而是跟 EAHE 与建筑本体的耦合效应密切相关。

1.3　EAHE 与建筑本体蓄热耦合效应简述

1.3.1　建筑本体蓄热对室内空气温度的调节作用

当利用机械动力或者热压对建筑进行通风时，建筑本体蓄热(building thermal mass)可以被动地调节室内空气温度。建筑蓄热体又可以分为内部蓄热体与外部蓄热体两类，其中，家具与隔墙等未直接与室外空气接触的蓄热体为内部蓄热体，而外墙与屋顶等同时与室内外空气相接触的蓄热体为外部蓄热体[35]。内部蓄热体调节室内热环境的原理比较简单，以夏季或者过渡季为例，其在一天中气温较高时吸热，而在气温变低时放热，使得室内空气温度的波动幅度变小，并降低了冷负荷的峰值。外部蓄热体的传蓄热过程相对复杂，这是因为室外空气温度、太阳辐射强度与室内空气温度均呈现波动，并且，几者的波动并不同步。值得注意的是，如果孤立地看外部蓄热体对室内空气温度的作用，该作用未必是正面的。在建筑热工学中，通常用谐波响应法、响应因子法与 Z 函数传递法等来解析外墙的热过程[36]。

要量化建筑本体蓄热对室内空气温度的调节作用就需要回答以下两个重要问题，一是影响其调节作用的关键参数是什么？二是其调节作用该如何衡量？为此，Yam 等[37]将建筑抽象为如图 1-6 所示的双开口单区模型，将室外空气温度视为简谐波并作为自变量，将室内空气温度简谐波的相位滞后与振幅作为函数(图 1-7)，以此来衡量建筑本体蓄热对室内空气温度的调节作用。他们提出无量纲蓄热体表面传热参数与内部蓄热体时间常数两个影响因素，获得了室内空气温度相位滞后和振幅衰减的计算式，并从数学上证明室内空气温度相对于室外空气温度的滞后时间极值为 6h。应当说，Yam 等为解析建筑本体蓄热对室内空气温度的调节作用提供了很好的思路。但是，当热压与建筑本体蓄热耦合时，室内空气温度与通风流量会出现不同步波动，致使该问题变成了非线性问题，Yam 等对此未能给出严格的解析解。另外，Yam 等只考虑了内部蓄热体的作用。

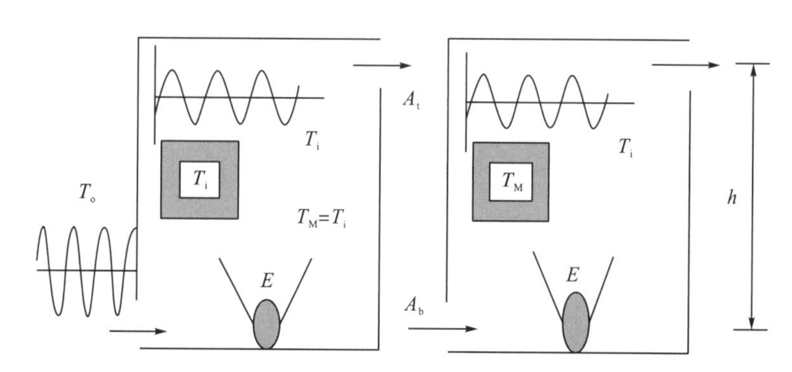

(a)蓄热体温度与室内空气温度平衡　(b)蓄热体温度与室内空气温度不平衡

图 1-6　Yam 等提出的考虑内部蓄热体作用的双开口单区建筑通风模型[37]

T_o-室外空气温度；T_i-室内空气温度；T_M-内部蓄热体温度；E-室内热源的释热速率；

A_t-建筑上部开口面积；A_b-建筑下部开口面积；h-上下开口的垂直高度

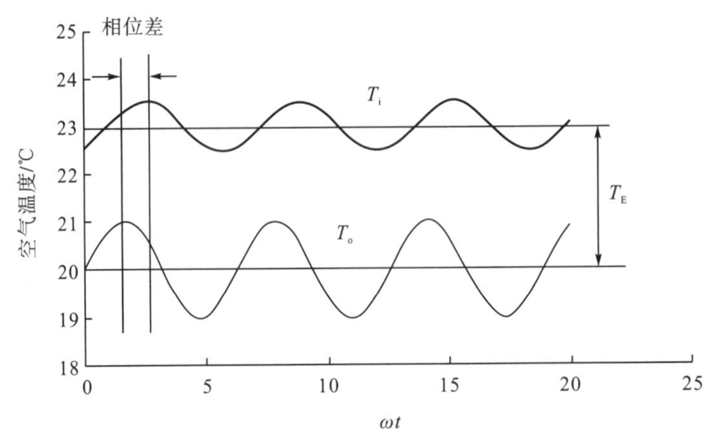

图 1-7 分别作为函数与自变量的室内、室外空气温度简谐波[37]

T_E-室内热源导致的空气温升

周军莉等[35]同时考虑内、外蓄热体的作用，仍然把室内空气温度曲线视为简谐波，采用谐波响应法计算外墙的内表面温度，解析出通风量为恒定值时的室内空气温度振幅与相对于室外空气温度的相位差。从其计算结果看出，考虑外墙的作用后，室内空气温度相对于室外空气温度的相位差可能超过 6h。

总结前人的研究，不难发现以下两点：一是建筑本体蓄热对于室内空气温度的调控作用仅限于日周期内；二是热压通风与建筑蓄热耦合后会强化该问题的非线性，对其进行解析会变得很困难。

1.3.2 EAHE 与建筑本体蓄热耦合的多重时间尺度性与非线性

应当注意到，EAHE 介入建筑后，并不是独立地影响建筑室内热环境，这从室内空气与 EAHE 出口空气温度波动特性的差异可以看出。EAHE 与建筑结合后，不可避免地会引入岩土蓄热与建筑本体蓄热的耦合，二者的耦合效应才是决定室内空气温度波动特性的关键。然而，二者的蓄热容量与时间尺度均存在巨大差异。建筑本体蓄热对室内空气温度的调控作用仅限于日周期内，而岩土蓄热却具备在年周期中对 EAHE 管内空气温度进行“削峰填谷”的能力。EAHE 在年周期中的作用又不可避免地传递到日周期中，进而与建筑本体蓄热在日周期中的作用形成叠加。这说明，EAHE 与建筑本体蓄热的耦合是一个多时间尺度问题。若能解析这个多时间尺度问题，则可能催生二者在年、日两个周期的正面作用，进而实现建筑本体蓄热与 EAHE 的高效协同；反之，二者就可能相互抵触。

对 EAHE 与建筑本体蓄热耦合这个多时间尺度问题进行定量描述或者解析并不容易。岩土的蓄/放热过程调制了 EAHE 出口空气温度波，而岩土蓄/放热与建筑本体蓄/放热的热流叠加调制了室内空气温度波。值得注意的是，这两个呈现周期性波动的热流并不是线性叠加的。图 1-8 示意了两个周期性波动的矢量 $\tilde{\boldsymbol{q}}_1$ 与 $\tilde{\boldsymbol{q}}_2$ 在复数空间的叠加过程及得到的结果 $\tilde{\boldsymbol{q}}_3$。由于 $\tilde{\boldsymbol{q}}_1$ 与 $\tilde{\boldsymbol{q}}_2$ 存在相位差，叠加具有非线性效应，叠加结果跟二者的振幅与相位差均存在关系。这也说明，EAHE 与建筑本体蓄热的耦合过程具有非线性特征。

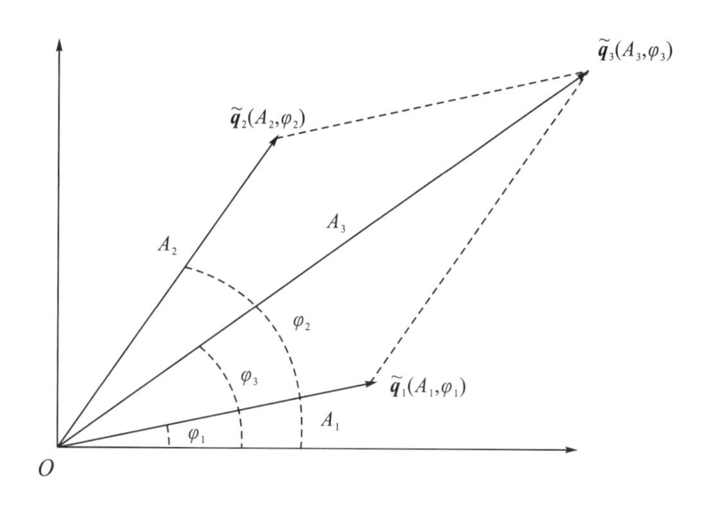

图 1-8　波动量在复数空间的矢量叠加示意

另外，热压也可以替代风机驱动气流在地埋管中流动换热，这实则提供了一种纯被动模式。EAHE 与太阳能烟囱的联用正是利用了这个原理[15,38]；对于一些存在内部热源的高大建筑，室内形成的热压可能具备驱动空气在 EAHE 地埋管中流动换热的潜力。当热压介入后，形成了 EAHE、建筑本体蓄热与热压三者相互耦合的局面，岩土的蓄/放热过程与建筑本体的蓄/放热过程都会变得更加复杂。这是因为，一方面，EAHE 通过改变室内空气温度来影响热压强度；另一方面，热压强度的波动又影响通过地埋管的风量，进而影响空气与岩土之间的换热量。于是，室内空气温度的波动引起热压的波动，继而引起通风量的波动，而通风量与室内空气温度的波动又很可能不同步，这显著加剧了 EAHE 与建筑本体蓄热耦合的非线性。前文已经指出，当仅有热压与建筑本体蓄热耦合时，通风量与室内空气温度会在日周期中不同步波动。EAHE 具备在更大时间尺度上改变室内外温差波动并调控热压的潜力，使得 EAHE、建筑本体蓄热与热压三者耦合时，通风量与室内空气温度的不同步波动行为会从日周期延展到年周期。针对热压、EAHE 及建筑本体蓄热三者的非线性耦合效应的研究几乎还是空白，而这是探寻这种纯被动模式在不同气候与不同建筑参数下适宜性的基础。

1.4　本书主要内容

建立 EAHE 与建筑本体蓄热非线性耦合理论是促成 EAHE 与建筑本体蓄热高效协同，进而实现 EAHE 与建筑有机融合的必经之路。笔者及其带领的课题组围绕该问题开展了系统研究，本书将针对其中的重点内容做介绍。

第 1 章为绪论，首先简要介绍了 EAHE 改善建筑室内热环境的原理，而后着重说明了三个方面的问题：一是，EAHE 为什么与建筑本体蓄热之间存在耦合效应；二是，EAHE 对室内热环境的作用为什么取决于 EAHE 与建筑本体蓄热的耦合效应；三是，EAHE 与建筑本体蓄热的耦合效应具有什么特点，对其进行解析的难点又是什么。

在第 2 章中，笔者分析了关于通风气流与建筑本体蓄热耦合的既有模型的优点与不足，介绍了改进后的模型，及在解析该问题时采用的数学方法。通过将呈简谐波动的物理量拆解为平均量与波动量，并在复数空间完成波动量的四则运算，获得了通风气流与建筑本体蓄热耦合模型的解析解，清晰地呈现了解析过程及最终结果的物理意义。特别要说明的是，利用笔者提出的方法成功获得了热压与建筑本体蓄热耦合这一强非线性问题的近似解(渐近解)，并据此解释了该模式下通风量呈现非简谐波动的原因，量化了通风量一阶波的相位差范围。虽然第 2 章的内容并未涉及 EAHE，但其理念及解析方法为第 4 章中 EAHE 与建筑本体蓄热耦合模型的建立与解析奠定了基础。

第 3 章介绍了动态室外热环境下的 EAHE 换热模型。描述了 EAHE 入口空气温度与 EAHE 埋管周围土壤温度在年、日两个周期中的波动特性，基于拉普拉斯方法，获得了连续运行的 EAHE 出口空气温度解析解。考查了 EAHE 截面形状对其换热效果的作用，并建立与解析了圆形与扁平截面 EAHE 的动态换热模型。探讨了 EAHE 壁面湿润条件下存在的热湿耦合传递过程及对管内空气温湿度波动的影响，并尝试建立了数学模型。本章量化了 EAHE 介入土壤之后，管内空气与土壤之间的蓄/放热过程，得到了 EAHE 出口空气参数的计算式，为后续 EAHE 与建筑本体蓄热耦合模型的建立提供了子模型。

第 4 章针对恒定风量机械通风的 EAHE(简称 EAHEMV)与建筑蓄热的耦合效应建立了理论模型，获得了该模式下的室内空气温度计算式，并通过实验进行了验证。分析了年、日两个周期中影响 EAHEMV 模式调控效果的关键参数。基于具体案例，给出了在 EAHEMV 模式下使得室内空气温度全年处于舒适区间的方案。

第 5 章提出了热压驱动 EAHE 的建筑通风模式(简称 EAHEBV)。本章针对 EAHEBV 模式建立了数学模型，获得了描述通风量与室内空气温度波动行为的解析解。并且，采用数值模拟对该通风模式进行了研究。本章建立的理论模型与第 2 章的热压通风模型及第 3 章的 EAHE 换热模型一脉相承，对二者进行了有机结合。最后，比较了 EAHEBV 模式、EAHEMV 模式与无 EAHE 的常规热压通风模式(简称 BV)调控室内空气温度的能力。

第 6 章介绍了一种以室内热环境调控需求为导向的 EAHE 逆向匹配方法，本章的工作缘起于试图主动并精准把控 EAHE 调节效果的初衷。前面几章的研究已经表明，当 EAHE 介入建筑后，室内热环境参数实则为建筑本体蓄热参数与 EAHE 诸多参数的多元复合函数。而在实际应用中，比起“特定的 EAHE 参数能营造出什么样的室内热环境”来说，“特定的室内热环境调控目标应由什么样的 EAHE 参数来实现”是更值得关注的问题。本章从 EAHE 冷热供给量与建筑室内冷热需求量的动态平衡关系出发，基于室内热环境调控目标及室外气候参数、土壤热物性参数等客观条件，确定出与调控目标相匹配的 EAHE 参数。最后，基于具体案例，展示了建筑本体参数与 EAHE 参数的互补性。

参 考 文 献

[1] International Energy Agency. World Energy Statistics and Balances 2018[R]. Paris：International Energy Agency，2018.

[2] 清华大学建筑节能研究中心. 中国建筑节能年度发展研究报告 2020[M]. 北京：中国建筑工业出版社，2020.

[3] 能源基金会. 中国碳中和综合报告 2020：中国现代化的新征程——“十四五”到碳中和的新增长故事[R/OL]. 北京：能源

基金会，2020. https://www.efchina.org/Reports-zh/report-lceg-20201210-zh.
[4] 国家发展和改革委员会. 关于印发《绿色技术推广目录(2020 年)》的通知[EB/OL]. (2021-01-08)[2021-12-10]. https://www.ndrc.gov.cn/xwdt/tzgg/202101/t20210108_1264626.html?code=&state=123.
[5] Soni S K，Pandey M，Bartaria V N. Ground coupled heat exchangers：A review and applications[J]. Renewable and Sustainable Energy Reviews，2015，47：83-92.
[6] 李文欣. 基于岩土蓄热平衡性的地埋管地源热泵系统性能评价研究[D]. 重庆：重庆大学，2018.
[7] 李鹏程. 中深层地热源热泵套管式地埋管换热器传热特性研究[D]. 哈尔滨：哈尔滨工业大学，2018.
[8] Peretti C，Zarrella A，Carli M D，et al. The design and environmental evaluation of earth-to-air heat exchangers (EAHE). A literature review[J]. Renewable and Sustainable Energy Reviews，2013，28：107-116.
[9] Santamouris M，Kolokotsa D. Passive cooling dissipation techniques for buildings and other structures：The state of the art[J]. Energy and Buildings，2013，57：74-94.
[10] Ascione F，Bellia L，Minichiello F. Earth-to-air heat exchangers for Italian climates[J]. Renewable Energy，2011，36 (8)：2177-2188.
[11] Jafarian S M，Jaafarian S M，Haseli P，et al. Performance analysis of a passive cooling system using underground channel (Naghb)[J]. Energy and Buildings，2010，42(5)：559-562.
[12] Al-Ajmi F，Loveday D L，Hanby V I. The cooling potential of earth-air heat exchangers for domestic buildings in a desert climate[J]. Building and Environment，2006，41(3)：235-244.
[13] Ozgener L. A review on the experimental and analytical analysis of earth to air heat exchanger (EAHE) systems in Turkey[J]. Renewable and Sustainable Energy Reviews，2011，15(9)：4483-4490.
[14] Mongkon S，Thepa S，Namprakai P，et al. Cooling performance assessment of horizontal earth tube system and effect on planting in tropical greenhouse[J]. Energy Conversion and Management，2014，78：225-236.
[15] Li H R，Yu Y B，Niu F X，et al. Performance of a coupled cooling system with earth-to-air heat exchanger and solar chimney[J]. Renewable Energy，2014，62：468-477.
[16] 张静红，谭洪卫，王亮. 地道风系统的研究现状及进展[J]. 建筑热能通风空调，2013，32(1)：44-48.
[17] Khabbaz M，Benhamou B，Limam K，et al. Experimental and numerical study of an earth-to-air heat exchanger for air cooling in a residential building in hot semi-arid climate[J]. Energy and Buildings，2016，125：109-121.
[18] Congedo P M，Baglivo C，Bonuso S，et al. Numerical and experimental analysis of the energy performance of an air-source heat pump (ASHP) coupled with a horizontal earth-to-air heat exchanger (EAHX) in different climates[J]. Geothermics，2020，87：101845.
[19] 孙克春. 新风用地能降温除湿试验研究[D]. 重庆：重庆大学，2008.
[20] Gomat L J P，Elombo Motoula S M，M'Passi-Mabiala B. An analytical method to evaluate the impact of vertical part of an earth-air heat exchanger on the whole system[J]. Renewable Energy，2020，162：1005-1016.
[21] Liu Z X，Yu Z，Yang T T，et al. Experimental investigation of a vertical earth-to-air heat exchanger system[J]. Energy Conversion and Management，2019，183：241-251.
[22] Mathur A，Kumar S. Thermal performance and comfort assessment of U-shape and helical shape earth-air heat exchanger in India[J]. Energy and Built Environment，2022，3(2)：171-180.
[23] Mathur A，Priyam，Mathur S，et al. Comparative study of straight and spiral earth air tunnel heat exchanger system operated in cooling and heating modes[J]. Renewable Energy，2017，108：474-487.

[24] Ahmed S F，Khan M M K，Amanullah M T O，et al. Performance assessment of earth pipe cooling system for low energy buildings in a subtropical climate[J]. Energy Conversion and Management，2015，106：815-825.

[25] Goswami D Y，Ileslamlou S. Performance analysis of a closed-loop climate control system using underground air tunnel[J]. Journal of Solar Energy Engineering，1990，112(2)：76-81.

[26] Ahmed S F，Khan M M K，Amanullah M T O，et al. Performance evaluation of hybrid earth pipe cooling with horizontal piping system[M]// Khan M M K，Hassan N M S. Thermofluid modeling for energy efficiency applications. New York：Academic Press，2016.

[27] Shojaee S M N，Malek K. Earth-to-air heat exchangers cooling evaluation for different climates of Iran[J]. Sustainable Energy Technologies and Assessments，2017，23：111-120.

[28] Amanowicz L，Wojtkowiak J. Validation of CFD model for simulation of multi-pipe earth-to-air heat exchangers（EAHEs）flow performance[J]. Thermal Science and Engineering Progress，2018，5：44-49.

[29] 刘远禄. 热压作用下高大工业厂房地道自然通风的实测分析及数值模拟研究[D]. 西安：西安建筑科技大学，2015.

[30] 郭元浩. 热压与空气-土壤换热器(EAHE)耦合通风换热理论模型研究[D]. 重庆：重庆大学，2016.

[31] Benhammou M，Draoui B，Zerrouki M，et al. Performance analysis of an earth-to-air heat exchanger assisted by a wind tower for passive cooling of buildings in arid and hot climate[J]. Energy Conversion and Management，2015，91：1-11.

[32] 王琳，李永安，刘培磊. 地道中土壤与空气换热的数值模拟与分析[J]. 制冷空调与电力机械，2008，29(4)：9-12.

[33] 周翔，欧阳沁，朱颖心. 地道风降温技术的数值模拟和应用研究[C]//中国制冷学会. 全国暖通空调制冷 2004 年学术年会资料摘要集(2). 北京：中国制冷学会，2004.

[34] 桂玲玲，张少凡. 地道风在建筑通风空调中的利用研究[J]. 广州大学学报(自然科学版)，2010，9(5)：67-72.

[35] Zhou J L，Zhang G Q，Lin Y L，et al. Coupling of thermal mass and natural ventilation in buildings[J]. Energy and Buildings，2008，40(6)：979-986.

[36] 彦启森，赵庆珠. 建筑热工程[M]. 北京：中国建筑工业出版社，1986.

[37] Yam J，Li Y G，Zheng Z H. Nonlinear coupling between thermal mass and natural ventilation in buildings[J]. International Journal of Heat and Mass Transfer，2003，46(7)：1251-1264.

[38] Maerefat M，Haghighi A P. Passive cooling of buildings by using integrated earth to air heat exchanger and solar chimney[J]. Renewable Energy，2010，35(10)：2316-2324.

第 2 章　通风与建筑本体蓄热非线性耦合模型

室外新鲜空气可在风机或者热压的驱动下进入室内进行通风换气，通风量与室内空气温度是衡量通风效果的主要指标。室外空气温度可近似认为呈周期性波动。当不考虑建筑的蓄热作用时，室内空气温度会与室外空气温度同步波动，但由于有室内热源的作用，导致室内空气温度会整体升高。在建筑本体蓄热作用下，室内空气温度的波动会滞后于室外空气温度，其振幅也会减小。建筑蓄热体包括内部蓄热体与外部蓄热体两类。通常，将室内的家具、隔墙等划为内部蓄热体，而建筑的外墙则被认为是外部蓄热体。建立通风气流与建筑本体蓄热的耦合模型并对其解析是建筑热环境领域持续关注又颇具难度的课题，而热压的介入无疑会引入非线性，进而增加解析难度。本章分析了前人所做的工作，着重介绍了笔者建立的理论模型、发展的方法及获得的解析解(或显式近似解)。本章的理论也为 EAHE 与建筑本体蓄热耦合模型的建立与求解奠定了基础。

2.1　恒定通风气流与建筑本体蓄热耦合

2.1.1　Yam 等的模型及解析解

Yam 等[1]针对恒定通风气流(一般认为由风机驱动)与建筑内部蓄热体(internal thermal mass)的耦合效应建立了数学模型，并推导出室内空气温度的解析解，这是尝试量化通风气流与建筑内部蓄热体耦合效应的早期工作。Yam 等针对图 1-6 所示的两开口单区建筑，将室内外空气温度曲线均抽象为简谐波，着重关注二者振幅与相位的差异。在该研究中，有两个关键假设使问题得以简化，一是认为建筑围护结构绝热，二是认为内部蓄热体温度均匀。由此，列出两个热平衡方程，分别以室内空气温度与内部蓄热体温度作为待求变量：

$$\rho_a C_a q(T_o - T_i) + h_2 S_M (T_M - T_i) + E = 0 \tag{2-1}$$

$$MC_M \frac{\partial T_M}{\partial t} + h_2 S_M (T_M - T_i) = 0 \tag{2-2}$$

式中，ρ_a 为空气密度，kg/m^3；C_a 为空气比热容，J/(kg·℃)；q 为通风气流体积流量，m^3/s；T_o 为室外空气温度，℃；T_i 为室内空气温度，℃；S_M 为建筑内部蓄热体的表面积，m^2；C_M 为内部蓄热体的比热容，J/(kg·℃)；T_M 为内部蓄热体温度，℃；E 为室内热源的释热速率，W；M 为内部蓄热体的质量，kg；h_2 为内部蓄热体的表面传热系数，W/(m^2·K)。

从上面两个式子可以看出，当通风气流恒定时，热平衡方程中没有出现非线性项，但非稳态项的存在说明内部蓄热体温度与室内空气温度均呈现波动。Yam 等提出了时间常数 τ 与无量纲表面传热系数 λ 两个组合变量：

$$\tau = MC_{\mathrm{M}}/(\rho_{\mathrm{a}}C_{\mathrm{a}}q) \tag{2-3}$$

$$\lambda = h_2 S_{\mathrm{M}}/(\rho_{\mathrm{a}}C_{\mathrm{a}}q) \tag{2-4}$$

联立式(2-1)与式(2-2)，可获得呈周期性波动的室内空气温度的解析解：

$$T_{\mathrm{i}} = \bar{T}_{\mathrm{o}} + T_{\mathrm{E}} + \sqrt{\frac{\lambda^2+\omega^2\tau^2}{\lambda^2+\omega^2\tau^2(1+\lambda)^2}}A_{\mathrm{o}}\sin(\omega t-\varphi_i) \tag{2-5}$$

该解析解的第一项为室外空气平均温度；第二项为室内热源导致的空气温升，$T_{\mathrm{E}} = E/(\rho_{\mathrm{a}}C_{\mathrm{a}}q)$。因此，前两项合计表达了室内空气温度的平均值：

$$\bar{T}_{\mathrm{i}} = \bar{T}_{\mathrm{o}} + T_{\mathrm{E}} \tag{2-6}$$

显然，第三项描述了室内空气温度的周期性波动行为，并由此可以获得室内空气温度相对于室外空气温度的相位差 φ_{i} 与振幅比 κ_{i}：

$$\varphi_{\mathrm{i}} = \arctan[\lambda^2\omega\tau/(\lambda^2+\omega^2\tau^2(1+\lambda))] \tag{2-7}$$

$$\kappa_{\mathrm{i}} = \frac{A_{\mathrm{i}}}{A_{\mathrm{o}}} = \sqrt{\frac{\lambda^2+\omega^2\tau^2}{\lambda^2+\omega^2\tau^2(1+\lambda)^2}} \tag{2-8}$$

式中，A_{i} 为室内空气温度的振幅；A_{o} 为室外空气温度的振幅；ω 为温度波动的角频率。

可以看出，κ_{i} 总是小于 1 的，这说明由式(2-8)获得的室内空气温度的振幅小于室外空气温度的振幅。同时，室内空气温度相对于室外空气温度的相位差一定不超过 $\pi/2$，即在日周期中二者的时间差不超过 6h。Yam 等的工作虽然给出了恒定通风气流与建筑内部蓄热体耦合作用下室内空气温度的解析解，但其缺陷是未考虑建筑围护结构传热带来的影响。

2.1.2 周军莉等的模型

周军莉等[2]在 Yam 等的模型基础上，尝试引入围护结构的作用。将建筑本体蓄热划分为两类，即外部蓄热体(这里指围护结构)与内部蓄热体，这使得通风气流与内外蓄热体之间的换热均得以考虑。然而，周军莉等认为内部蓄热体温度与室内空气温度同步变化，实际上忽略了内部蓄热体与室内空气温度之间的差异，使得热平衡方程只针对室内空气温度：

$$\rho_{\mathrm{a}}C_{\mathrm{a}}q(T_{\mathrm{o}}-T_{\mathrm{i}}) + h_4 S_{\mathrm{e}}(T_{\mathrm{w}}-T_{\mathrm{i}}) + E = MC_{\mathrm{M}}\frac{\partial T_{\mathrm{i}}}{\partial t} \tag{2-9}$$

式中，S_{e} 为建筑围护结构内表面面积，m^2；h_4 为围护结构内表面的表面传热系数，$\mathrm{W/(m^2 \cdot K)}$。

式(2-9)左边的第二项表征了室内空气与围护结构内表面之间的对流换热。围护结构的内表面温度 T_{w} 可由谐波响应法(harmonic respond method)获取[3]：

$$T_{\mathrm{w}} = \bar{T}_{\mathrm{w}} + \frac{A_{\text{sol-air}}}{\nu_{\mathrm{e}}}\cos(\omega t-\varphi_{\text{sol-air}}-\varphi_{\mathrm{e}}) + \frac{A_{\mathrm{i}}}{\nu_{\mathrm{f}}}\cos(\omega t-\varphi_{\mathrm{i}}-\varphi_{\mathrm{f}}) \tag{2-10}$$

式中，$\bar{T}_{\mathrm{w}}$ 为围护结构内表面温度的平均值，℃；$A_{\text{sol-air}}$ 为室外综合温度的振幅，℃；$\varphi_{\text{sol-air}}$

与 φ_i 分别为室外综合温度与室内空气温度相对于室外空气温度的相位差，rad；φ_e 与 φ_f 为围护结构内表面温度相对于室外综合温度与室内空气温度的相位差，rad；ν_e 与 ν_f 为围护结构内表面温度相对于室外综合温度与室内空气温度的振幅比。

式(2-10)右边的第二项与第三项分别代表由室外综合温度与室内空气温度引起的围护结构内表面温度波动，而与之相关的 φ_e、φ_f、ν_e 及 ν_f 等参数均可由《民用建筑热工设计规范》(GB 50176—2016)[3]等文献获得。式(2-10)右边第一项 $\overline{T}_w$ 可以表示为

$$\overline{T}_w = \overline{T}_i + \frac{\overline{T}_{sol\text{-}air} - \overline{T}_i}{h_4 R_w} \tag{2-11}$$

式中，R_w 为室内外空气通过围护结构传热的热阻，可由下式计算：

$$R_w = \frac{1}{h_4} + \frac{b_w}{\lambda_e} + \frac{1}{h_5} \tag{2-12}$$

式中，λ_e 为围护结构导热系数，W/(m·K)；b_w 为围护结构厚度，m；h_5 为围护结构外表面的表面传热系数，W/(m^2·K)。

由此，可推导出室内空气平均温度：

$$\overline{T}_i = \frac{\overline{T}_o + T_E + (\lambda_w / R_w h_4)\overline{T}_{sol\text{-}air}}{1 + (\lambda_w / R_w h_4)} \tag{2-13}$$

式中，$\lambda_w = S_e h_4 / (\rho_a C_a q)$，$T_E = E / (\rho_a C_a q)$。这里，$\lambda_w$ 也是一个无量纲的表面传热系数，但与 λ 不同的是，前者表征的是室内空气与围护结构内表面之间的对流换热强度，而后者表征的是室内空气与内部蓄热体之间的对流换热强度。

同时，也可得到室内空气温度相对于室外空气温度的相位差与振幅比：

$$\varphi_i = \arctan\left(\frac{bc - ad}{ac + bd}\right) \tag{2-14}$$

$$\kappa_i = \frac{A_i}{A_o} = \sqrt{\frac{c^2 + d^2}{a^2 + b^2}} \tag{2-15}$$

其中，

$$a = 1 + \lambda_w - \frac{\lambda_w}{\nu_f}\cos(\varphi_f) \tag{2-16}$$

$$b = \frac{\lambda_w}{\nu_f}\sin(\varphi_f) + \tau\omega \tag{2-17}$$

$$c = -1 - \frac{\lambda_w}{\nu_e}\frac{A_{sol\text{-}air}}{A_o}\cos(\varphi_{sol\text{-}air} + \varphi_e) \tag{2-18}$$

$$d = \frac{\lambda_w}{\nu_e}\frac{A_{sol\text{-}air}}{A_o}\sin(\varphi_{sol\text{-}air} + \varphi_e) \tag{2-19}$$

应当补充说明的是，由于在式(2-14)中存在 $ac + bd > 0$ 的可能性，当出现这种情况时，室内空气温度的相位差应为

$$\varphi_i = \pi - \arctan\left(\frac{ad - bc}{ac + bd}\right), \quad 当 ac + bd > 0 \tag{2-20}$$

由上述解析解可以看出，当考虑建筑围护结构的作用时，室内空气温度的相位差可能

超过 $\pi/2$，即在日周期中的时间差可能超过 6h。但要指出的是，周军莉等的模型认为内部蓄热体与通风气流之间的对流换热过程无限快，从而忽略了内部蓄热体与室内空气之间的温差，这会影响对内部蓄热体调节能力的估计。

2.1.3 改进的模型

首先，要明确的是，建筑内外部蓄热体均只能对日周期中的室内空气温度波动产生影响。笔者在周军莉等的模型基础上，考虑了内部蓄热体与室内空气温度之间的实时温差，从而更准确地引入建筑内部蓄热体的作用，同时也考虑了室内空气本身的蓄热效应，建立如下动态热平衡方程：

$$\rho_a C_a q(T_o - T_i) + h_4 S_e(T_w - T_i) + E = V_i C_a \rho_a \frac{\partial T_i}{\partial t} + h_2 S_M (T_i - T_M) \tag{2-21}$$

$$MC_M \frac{\partial T_M}{\partial t} + h_2 S_M (T_M - T_i) = 0 \tag{2-22}$$

围护结构内表面温度 T_w 仍参照本章文献[2]与文献[4]确定，但用复变量表达：

$$T_w = \overline{T}_w + \frac{A_{\text{sol-air}}}{\nu_e} e^{i(\omega t - \varphi_{\text{sol-air}} - \varphi_e)} + \frac{A_i}{\nu_f} e^{i(\omega t - \varphi_i - \varphi_f)} \tag{2-23}$$

围护结构内表面温度的波动项 $\tilde{T}_w$ 由上式右边的后两项合计而成：

$$\tilde{T}_w = \frac{A_{\text{sol-air}}}{\nu_e} e^{i(\omega t - \varphi_{\text{sol-air}} - \varphi_e)} + \frac{A_i}{\nu_f} e^{i(\omega t - \varphi_i - \varphi_f)} \tag{2-24}$$

围护结构内表面温度的时间平均项为

$$\overline{T}_w = \overline{T}_i + \frac{K_e}{h_4}(\overline{T}_{\text{sol-air}} - \overline{T}_i) \tag{2-25}$$

式中，K_e 为室内外空气通过围护结构的传热系数，$K_e = 1/R_w$。

笔者对室内空气温度的时间平均项与波动项分别求解，以便更好地区分二者的物理意义及辨析二者的影响因素。为此，将两个热平衡方程各自拆解为平均项方程与波动项方程：

(1) 室内空气热平衡：

$$\rho_a C_a q(\overline{T}_o - \overline{T}_i) + h_4 S_e(\overline{T}_w - \overline{T}_i) + E = h_2 S_M (\overline{T}_M - \overline{T}_i) = 0 \tag{2-26}$$

$$\rho_a C_a q(\tilde{T}_o - \tilde{T}_i) + h_4 S_e(\tilde{T}_w - \tilde{T}_i) = V_i C_a \rho_a \frac{\partial \tilde{T}_i}{\partial t} + h_2 S_M (\tilde{T}_i - \tilde{T}_M) \tag{2-27}$$

(2) 内部蓄热体热平衡：

$$h_2 S_M (\overline{T}_M - \overline{T}_i) = 0 \rightarrow \overline{T}_M = \overline{T}_i \tag{2-28}$$

$$MC_M \frac{\partial \tilde{T}_M}{\partial t} + h_2 S_M (\tilde{T}_M - \tilde{T}_i) = 0 \tag{2-29}$$

将所有温度变量的波动项表示为复数形式：

$$\tilde{T}_i = A_i' e^{i\omega t} = A_i e^{i(\omega t - \varphi_i)} \tag{2-30}$$

$$\tilde{T}_o = A_o e^{i\omega t} \tag{2-31}$$

$$\tilde{T}_M = A_M' e^{i\omega t} = A_i e^{i(\omega t - \varphi_M)} \tag{2-32}$$

式中，日周期的角频率 $\omega = 2\pi/24\text{h}$ 。

这样，将式(2-30)、式(2-31)与式(2-32)代入式(2-27)，仍然采用 $\lambda = h_2 S_{\mathrm{M}} / (\rho_{\mathrm{a}} C_{\mathrm{a}} q)$ 与 $\lambda_{\mathrm{w}} = S_{\mathrm{e}} h_4 / (\rho_{\mathrm{a}} C_{\mathrm{a}} q)$ 两个无量纲表面传热系数，并引入通风气流在室内停留的无量纲时间 $D = V_{\mathrm{i}} \omega / q$ ，可推导出如下关系：

$$A_{\mathrm{i}}' = A_{\mathrm{i}} \mathrm{e}^{-\varphi_{\mathrm{i}} \mathrm{i}} = \frac{1 + \lambda_{\mathrm{w}} \kappa_{\text{sol-air}} \mathrm{e}^{\mathrm{i}(-\varphi_{\text{sol-air}} - \varphi_{\mathrm{e}})} / \nu_{\mathrm{e}}}{1 + \lambda_{\mathrm{w}} - \lambda_{\mathrm{w}} \mathrm{e}^{-\varphi_{\mathrm{f}} \mathrm{i}} / \nu_{\mathrm{f}} + D\mathrm{i} + \tau\lambda\omega\mathrm{i} / (\tau\omega\mathrm{i} + \lambda)} A_{\mathrm{o}} \tag{2-33}$$

重新整理式(2-33)，则可获得室内空气温度相对于室外空气温度的相位差与振幅比的显式表达：

$$\varphi_{\mathrm{i}} = \begin{cases} -\arctan\left(\dfrac{X_7 - X_8}{Y_7 + Y_8}\right), & \text{当} Y_7 + Y_8 > 0,\ X_7 - X_8 < 0 \\ \dfrac{\pi}{2}, & \text{当} Y_7 + Y_8 = 0,\ X_7 - X_8 < 0 \\ \pi - \arctan\left(\dfrac{X_7 - X_8}{Y_7 + Y_8}\right), & \text{当} Y_7 + Y_8 < 0 \end{cases} \tag{2-34}$$

$$\kappa_{\mathrm{i}} = \frac{\sqrt{(Y_7 + Y_8)^2 + (X_7 - X_8)^2}}{\left(1 + \lambda_{\mathrm{w}} - \dfrac{\lambda_{\mathrm{w}}}{\nu_{\mathrm{f}}} \cos(-\varphi_{\mathrm{f}}) + \dfrac{\lambda\tau^2\omega^2}{\lambda^2 + \tau^2\omega^2}\right)^2 + \left(D + \dfrac{\lambda^2\tau\omega}{\lambda^2 + \tau^2\omega^2} - \dfrac{\lambda_{\mathrm{w}}}{\nu_{\mathrm{f}}} \sin(-\varphi_{\mathrm{f}})\right)^2} \tag{2-35}$$

式中，

$$X_7 = \lambda_{\mathrm{w}} \frac{\kappa_{\text{sol-air}}}{\nu_{\mathrm{e}}} \sin(-\varphi_{\text{sol-air}} - \varphi_{\mathrm{e}}) \cdot \left(1 + \lambda_{\mathrm{w}} - \frac{\lambda_{\mathrm{w}}}{\nu_{\mathrm{f}}} \cos(-\varphi_{\mathrm{f}}) + \frac{\lambda\tau^2\omega^2}{\lambda^2 + \tau^2\omega^2}\right) \tag{2-36}$$

$$X_8 = \left(1 + \lambda_{\mathrm{w}} \frac{\kappa_{\text{sol-air}}}{\nu_{\mathrm{e}}} \cos(-\varphi_{\text{sol-air}} - \varphi_{\mathrm{e}})\right) \cdot \left(D + \frac{\lambda^2\tau\omega}{\lambda^2 + \tau^2\omega^2} - \frac{\lambda_{\mathrm{w}}}{\nu_{\mathrm{f}}} \sin(-\varphi_{\mathrm{f}})\right) \tag{2-37}$$

$$Y_7 = \left(1 + \lambda_{\mathrm{w}} \frac{\kappa_{\text{sol-air}}}{\nu_{\mathrm{e}}} \cos(-\varphi_{\text{sol-air}} - \varphi_{\mathrm{e}})\right) \cdot \left(1 + \lambda_{\mathrm{w}} - \frac{\lambda_{\mathrm{w}}}{\nu_{\mathrm{f}}} \cos(-\varphi_{\mathrm{f}}) + \frac{\lambda\tau^2\omega^2}{\lambda^2 + \tau^2\omega^2}\right) \tag{2-38}$$

$$Y_8 = \lambda_{\mathrm{w}} \frac{\kappa_{\text{sol-air}}}{\nu_{\mathrm{e}}} \sin(-\varphi_{\text{sol-air}} - \varphi_{\mathrm{e}}) \cdot \left(D + \frac{\lambda^2\tau\omega}{\lambda^2 + \tau^2\omega^2} - \frac{\lambda_{\mathrm{w}}}{\nu_{\mathrm{f}}} \sin(-\varphi_{\mathrm{f}})\right) \tag{2-39}$$

联立式(2-25)、式(2-26)与式(2-28)，可求解出室内空气平均温度：

$$\overline{T}_{\mathrm{i}} = \frac{1}{1 + \lambda_{\mathrm{w}}'} \overline{T}_{\mathrm{o}} + \frac{\lambda_{\mathrm{w}}'}{1 + \lambda_{\mathrm{w}}'} \overline{T}_{\text{sol-air}} + \frac{1}{1 + \lambda_{\mathrm{w}}'} T_{\mathrm{E}} \tag{2-40}$$

式中，λ_{w}' 为围护结构传热热阻 R_{w} 与 λ_{w} 的组合变量，$\lambda_{\mathrm{w}}' = \lambda_{\mathrm{w}} / (h_4 R_{\mathrm{w}}) = S_{\mathrm{e}} K_{\mathrm{e}} / (\rho_{\mathrm{a}} C_{\mathrm{a}} q)$；$\overline{T}_{\text{sol-air}}$ 为室外综合温度在日周期中的平均值。

最后，室内空气温度在日周期中的波动曲线可表示为

$$T_{\mathrm{i}} = \overline{T}_{\mathrm{i}} + \kappa_{\mathrm{i}} A_{\mathrm{o}} \cos(\omega t - \varphi_{\mathrm{i}}) \tag{2-41}$$

式中，t 为从日周期起始时刻开始计算的小时数。

2.1.4 改进的模型与现有模型的对比

在本节中，将2.1.3节提出的改进模型、Yam等的模型与周军莉等的模型应用到同一假定建筑场景中，对比三个模型计算结果的差异，并分析产生差异的原因。模型输入的气候参数采用重庆典型夏季日(7月30日)的数据，如表2-1所示。模型输入的建筑及其蓄热体主要参数见表2-2。首先，在图2-1与图2-2中分别比较了Yam等的模型与改进模型获得的室内外空气温度时间差与振幅比，并展示了时间常数τ，无量纲对流换热系数λ与λ_w，以及气流在室内停留的无量纲时间D对结果的影响。从图2-1与图2-2可以看出，当不考虑围护结构传热与建筑室内空气的蓄热作用时，即在改进模型中取$\lambda_w=0$与$D=0$时，Yam等的模型与改进模型结果一致。但是，围护结构与室内空气之间的换热(其强度用λ_w表征)对室内空气温度波动特性有很大影响。从图2-1可以看出，对于$\lambda_w=10$与$\lambda=10$的工况，室内空气温度相对于室外空气温度的时间差比$\lambda_w=1$与$\lambda=10$的工况要大2h左右。并且，虽然Yam等的模型得到的室内空气温度相对于室外空气温度的时间差理论极限值为6h，但当λ_w足够大时，改进模型得到的结果突破了6h，这说明在模型中引入围护结构传热的必要性。同时可以看出，随着D的增加，室内空气温度相对于室外空气温度的时间差会进一步增大，而振幅却减小。但值得注意的是，实际建筑的每小时换气次数(ACH①=$3600\,q_i/V$)往往大于0.35[5,6]，这导致D的实际值远小于1，进而使得D对室内空气温度波动的影响相对有限。

而后，在图2-3与图2-4中，分别比较了周军莉等的模型与改进模型获得的室内外空气温度时间差及振幅比。如2.1.2节所述，周军莉等的模型假定内部蓄热体表面的对流换热系数无穷大，即认为内部蓄热体温度与室内空气温度始终一致。从图2-3与图2-4可以看出，当在改进模型中不考虑内部蓄热体表面热阻与室内空气的蓄热作用时，即取$\lambda\to\infty$与$D=0$时，改进模型与周军莉等的模型结果一致。然而，内部蓄热体表面的无量纲对流换热系数λ对室内空气温度波动特性有很大影响。当λ较小时(如$\lambda=0.1$)，周军莉等的模型获得的室内空气温度时间差可能比改进模型大得多，而获得的室内空气温度振幅可能比改进模型小得多，这证明在模型中引入建筑内部蓄热体与通风气流间的传热热阻的必要性。

表2-1 重庆的典型气候参数[7]

参数	年周期	1月8日	7月30日
$\overline{T}_o$ /K	290.84	281.70	304.13
$\overline{T}^*_{sol\text{-}air}$ /K	293.03	283.80	309.07
A_o /℃	10.10	2.30	4.50
$\kappa^*_{sol\text{-}air}$	1.13	1.83	2.03
$\varphi^*_{sol\text{-}air}$ /rad	0.01	−0.14	−0.24

* 建筑围护结构外表面的太阳辐射吸收系数为0.7。

① ACH：每小时换气次数(air changes per hour)。

表 2-2　模型计算所需的建筑及其蓄热体参数

建筑尺寸		内部蓄热体参数				围护结构参数						
面积/m^2	高度/m	材料类型	质量/kg	S_M/m^2	C_M/[J/(kg·K)]	表面积/m^2	K_e^*/[W/(m^2·K)]	φ_f/rad	φ_e/rad	κ_f	κ_e
100	3	木材	1200	50	2510	200	3.02	8.6×10^{-3}	1.75	2.54	7.06

* $K_e = 1/R_w = 1/(1/h_4 + b_w/\lambda_e + 1/h_5)$，$h_4 = 8.29\,W/(m^2\cdot K)$，$h_5 = 22\,W/(m^2\cdot K)$ [8]。

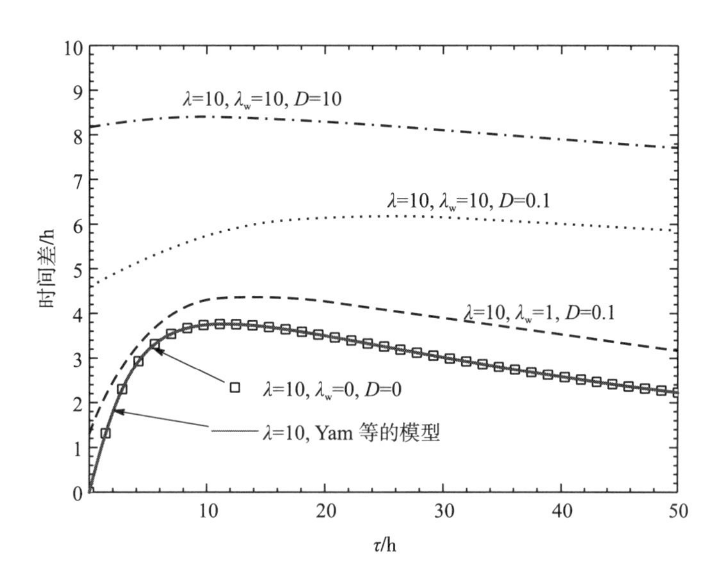

图 2-1　改进模型与 Yam 等的模型的室内外空气温度时间差对比

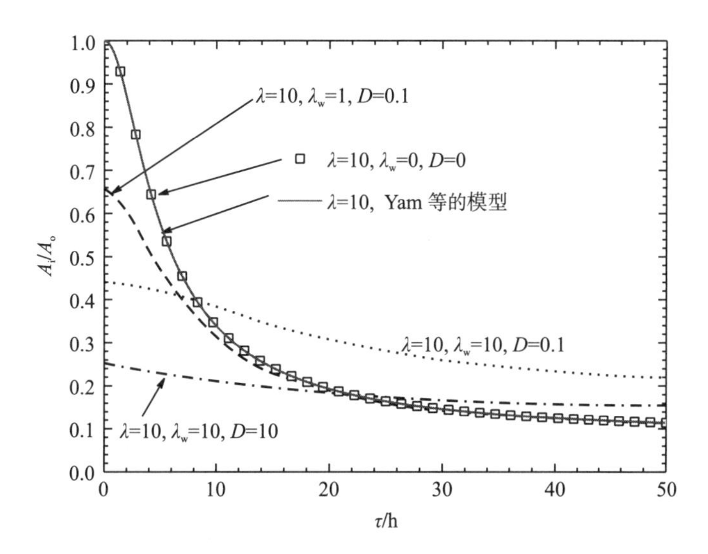

图 2-2　改进模型与 Yam 等的模型的室内外空气温度振幅比对比

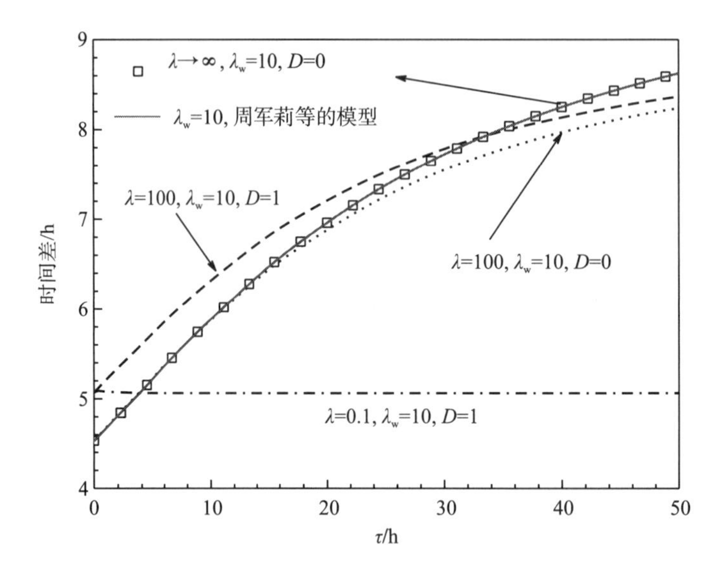

图 2-3 改进模型与周军莉等的模型的室内外空气温度时间差对比

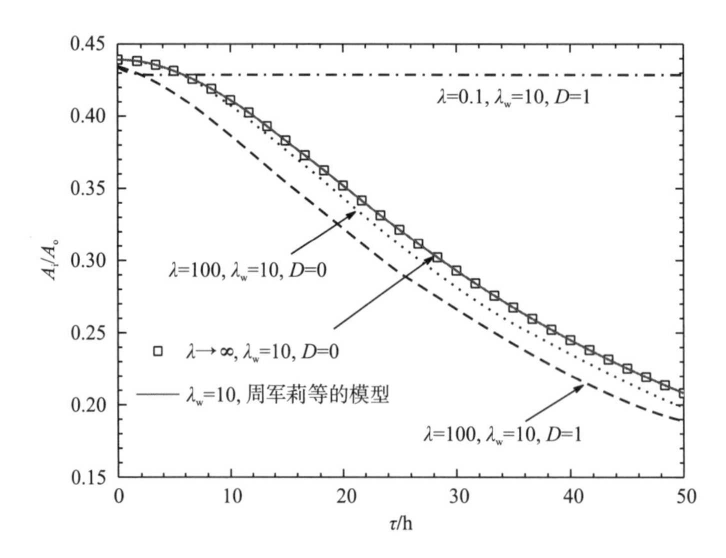

图 2-4 改进模型与周军莉等的模型的室内外空气温度振幅比对比

2.2 热压驱动通风气流与建筑本体蓄热非线性耦合

在热压通风时，热压既是反映通风能力的指标，又是关联室内外温差与通风量的桥梁。当不考虑建筑自身的蓄热作用时，在建筑室内空间高度与自然通风口位置确定后，热压强度只由室内外温差决定；而当建筑存在蓄热作用时，室内外空气温度振幅不同且波动不同步，使得热压强度动态变化，继而造成热压驱动的风量发生波动。因此，热压通风时，热压与建筑本体蓄热之间存在非线性耦合效应，这导致室内空气温度 T_{i}、建筑内部蓄热体的温度 T_{M} 与通风量 q 这三个关键变量会相互牵制，在数学上解耦非常困难。而在本节中，笔者将利用提出的新方法对该非线性问题求取渐近解。

2.2.1　Yam 等的模型及启示

Yam 等提出的理论模型由如下三个方程表示[1]：

(1) 热压驱动的通风量：

$$q = C_{\mathrm{d}} A^{*} \operatorname{sgn}(T_{\mathrm{i}} - T_{\mathrm{o}}) \sqrt{\left| 2gh \frac{T_{\mathrm{i}} - T_{\mathrm{o}}}{\overline{T}_{\mathrm{o}}} \right|} \tag{2-42}$$

式中，C_{d} 为开口流量系数；A^{*} 为有效开口面积，$A^{*} = A_{\mathrm{t}} A_{\mathrm{b}} / \sqrt{A_{\mathrm{t}}^{2} + A_{b}^{2}}$，$A_{\mathrm{t}}$ 与 A_{b} 分别为建筑上部与下部开口面积；h 为上下开口的垂直高差；T_{i} 与 T_{o} 分别为室内与室外空气温度的瞬时值；$\overline{T}_{\mathrm{o}}$ 为室外空气温度的时间平均值。

(2) 室内空气热平衡：

$$\rho_{\mathrm{a}} C_{\mathrm{p}} |q| (T_{\mathrm{o}} - T_{\mathrm{i}}) + h_{\mathrm{M}} A_{\mathrm{M}} (T_{\mathrm{M}} - T_{\mathrm{i}}) + E = 0 \tag{2-43}$$

(3) 内部蓄热体动态热平衡：

$$M C_{\mathrm{M}} \frac{\partial T_{\mathrm{M}}}{\partial t} + h_{\mathrm{M}} A_{\mathrm{M}} (T_{\mathrm{M}} - T_{\mathrm{i}}) = 0 \tag{2-44}$$

可以看出，由于风量波动，式(2-43)中存在非线性项，这导致上述方程组难以获得解析解。Yam 等假定室内空气温度与热压驱动的通风量均呈简谐波动，采用数值方法对上述方程组进行求解。从其数值结果可以看出，室内空气温度相对于室外空气温度的时间差不超过 6h，而通风量相对于室外空气温度的时间差则可能超过 6h，但不超过 12h。Yam 意识到了室内空气温度与通风量可能存在高阶波动，但其采用的数学方法只能对一阶波动进行数值求解，不能应对高阶波动项的求解。

2.2.2　基于傅里叶级数表达的模型及其近似解

1. 问题抽象

笔者仍以单区两开口建筑作为分析对象，认为室内存在热源，使得室内空气平均温度相对于室外空气有所提升。将室外空气温度波动近似为一阶简谐波，但也要说明的是，将本节提出的表达稍做改动后，该方法也适用于室外空气温度呈现多阶波动的情况。将所有内部蓄热体视作一个整体。图 2-5 示意了呈周期性波动的室外空气温度作用下的单区两开口建筑热压通风模型。其余的假设如下。

(1) 建筑室内空气充分混合，则可认为建筑室内空气温度均匀，并用 $T_{\mathrm{i}}(t)$ 表示。

(2) 不考虑建筑内部蓄热体、围护结构与外界环境之间的辐射换热，即认为建筑热过程仅受对流换热与热传导控制。

(3) 将建筑室内所有的得热或产热合并为一个整体热源项 E。认为热源的释热率足够大，使得在任何时刻都存在 $T_{\mathrm{i}}(t) \geqslant T_{\mathrm{o}}(t)$，以至于在周期性波动的室内外热环境下，室外气流始终不会自上而下地向室内倒灌。于是，在方程(2-42)中，$q = C_{\mathrm{d}} A^{*} \sqrt{2gh(T_{\mathrm{i}} - T_{\mathrm{o}}) / T_{\mathrm{o}}} \approx$

$C_{\mathrm{d}}A^{*}\sqrt{2gh(T_{\mathrm{i}}-T_{\mathrm{o}})/\overline{T}_{\mathrm{o}}}$。建筑室内的通风方向在整个周期中始终是自下而上的，并设定该方向为气流的正方向。

(4) 认为蓄热体内部的导热热阻远小于其表面的对流换热热阻，这样，蓄热体内部温度虽然波动，但在任何时刻都是均匀的，且将蓄热体温度表征为 $T_{\mathrm{M}}(t)$。

显然，室内空气温度 T_{i}、建筑内部蓄热体温度 T_{M} 与通风量 q 这三个不同步波动的变量为热压通风时的待求变量。

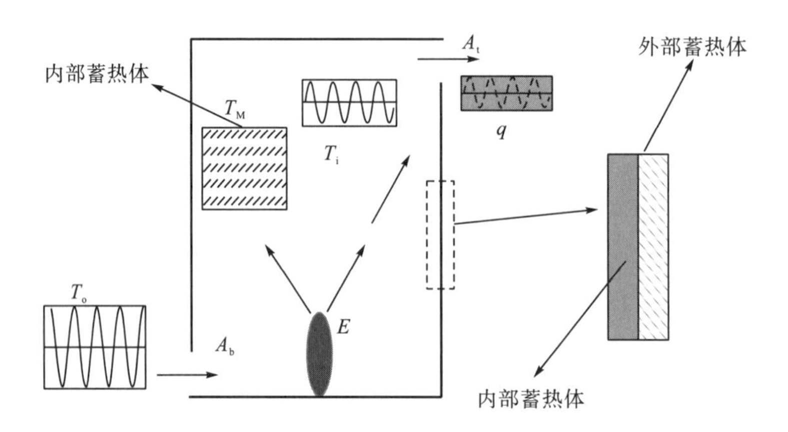

图 2-5　呈周期性波动的室外空气温度作用下的单区两开口建筑热压通风模型

2. 变量的傅里叶级数表征与方程非线性项的近似处理

笔者将三个待求变量视为时间平均项与不同频率波动项的叠加，并将其波动项采用傅里叶级数进行表征：

$$
\begin{aligned}
T_{\mathrm{i}} &= \overline{T}_{\mathrm{i}}+\tilde{T}_{\mathrm{i}}=\overline{T}_{\mathrm{i}}+A_{\mathrm{i},1}\mathrm{e}^{\mathrm{i}(\omega t-\varphi_{\mathrm{i},1})}+A_{\mathrm{i},2}\mathrm{e}^{\mathrm{i}(2\omega t-\varphi_{\mathrm{i},2})}+A_{\mathrm{i},3}\mathrm{e}^{\mathrm{i}(3\omega t-\varphi_{\mathrm{i},3})}+\cdots+A_{\mathrm{i},N}\mathrm{e}^{\mathrm{i}(N\omega t-\varphi_{\mathrm{i},N})}\\
&=\overline{T}_{\mathrm{i}}+A'_{\mathrm{i},1}\mathrm{e}^{\mathrm{i}(\omega t)}+A'_{\mathrm{i},2}\mathrm{e}^{\mathrm{i}(2\omega t)}+A'_{\mathrm{i},3}\mathrm{e}^{\mathrm{i}(3\omega t)}+\cdots+A'_{\mathrm{i},N}\mathrm{e}^{\mathrm{i}(N\omega t)}\\
&=\overline{T}_{\mathrm{i}}+\sum_{j=1}^{N}A'_{\mathrm{i},j}\mathrm{e}^{\mathrm{i}(j\cdot\omega t)}
\end{aligned}\tag{2-45}
$$

$$
\begin{aligned}
T_{\mathrm{M}} &= \overline{T}_{\mathrm{M}}+\tilde{T}_{\mathrm{M}}\\
&=\overline{T}_{\mathrm{M}}+A_{\mathrm{M},1}\mathrm{e}^{\mathrm{i}(\omega t-\varphi_{\mathrm{M},1})}+A_{\mathrm{M},2}\mathrm{e}^{\mathrm{i}(2\omega t-\varphi_{\mathrm{M},2})}+A_{\mathrm{M},3}\mathrm{e}^{\mathrm{i}(3\omega t-\varphi_{\mathrm{M},3})}+\cdots+A_{\mathrm{M},N}\mathrm{e}^{\mathrm{i}(N\omega t-\varphi_{\mathrm{M},N})}\\
&=\overline{T}_{\mathrm{M}}+A'_{\mathrm{M},1}\mathrm{e}^{\mathrm{i}(\omega t)}+A'_{\mathrm{M},2}\mathrm{e}^{\mathrm{i}(2\omega t)}+A'_{\mathrm{M},3}\mathrm{e}^{\mathrm{i}(3\omega t)}+\cdots+A'_{\mathrm{M},N}\mathrm{e}^{\mathrm{i}(N\omega t)}\\
&=\overline{T}_{\mathrm{M}}+\sum_{j=1}^{N}A'_{\mathrm{M},j}\mathrm{e}^{\mathrm{i}(j\cdot\omega t)}
\end{aligned}\tag{2-46}
$$

$$
\begin{aligned}
q &= \overline{q}+\tilde{q}=\overline{q}+A_{q,1}\mathrm{e}^{\mathrm{i}(\omega t-\varphi_{q,1})}+A_{q,2}\mathrm{e}^{\mathrm{i}(2\omega t-\varphi_{q,2})}+A_{q,3}\mathrm{e}^{\mathrm{i}(3\omega t-\varphi_{q,3})}+\cdots+A_{q,N}\mathrm{e}^{\mathrm{i}(N\omega t-\varphi_{q,N})}\\
&=\overline{q}+A'_{q,1}\mathrm{e}^{\mathrm{i}(\omega t)}+A'_{q,2}\mathrm{e}^{\mathrm{i}(2\omega t)}+A'_{q,3}\mathrm{e}^{\mathrm{i}(3\omega t)}+\cdots+A'_{q,N}\mathrm{e}^{\mathrm{i}(N\omega t)}\\
&=\overline{q}+\sum_{j=1}^{N}A'_{q,j}\mathrm{e}^{\mathrm{i}(j\cdot\omega t)}
\end{aligned}\tag{2-47}
$$

式中，$A_{\mathrm{i},j}$、$A_{\mathrm{M},j}$ 与 $A_{q,j}$ 分别为室内空气温度的 j 阶温度波振幅、蓄热体的 j 阶温度波振幅

与通风流量的 j 阶振幅。其中，j=1, 2, 3, …, N。$A'_{i,j}=A_{i,j}e^{-i\varphi_{i,j}}$，$A'_{M,j}=A_{M,j}e^{-i\varphi_{M,j}}$，$A'_{q,j}=A_{q,j}e^{-i\varphi_{q,j}}$。$\varphi_{i,j}$、$\varphi_{M,j}$、$\varphi_{q,j}$ 为各阶变量相对于室外空气温度的相位差，单位为 rad。ω 为角频率，单位为 s^{-1}；$\omega=2\pi/T$，T 为周期。

另外，只考虑室外空气温度的一阶波动项，则有

$$T_o=\overline{T}_o+\tilde{T}_o=\overline{T}_o+A_o e^{i(\omega t-\varphi_{o,1})} \tag{2-48}$$

一般可认为 $\varphi_{o,1}$ 为 0。将变量的波动项表征为不同频率波动量的线性叠加，可为理论模型中非线性方程的近似线性拆分与解析创造条件。图 2-6 以通风量为例，给出了其时间平均项(可认为是零阶波)、一阶波、二阶波和三阶波，及上述四项线性叠加而成的合成波。值得注意的是，理论上的合成波应由零到无穷阶波动量叠加而成，因此，图 2-6 中的通风量合成波存在截断误差。然而，由数学物理常识可知，随着阶数的增加，波动量的振幅会逐渐衰减，意味着高阶波对于合成波的能量贡献会随着阶数递增而逐渐趋于零。

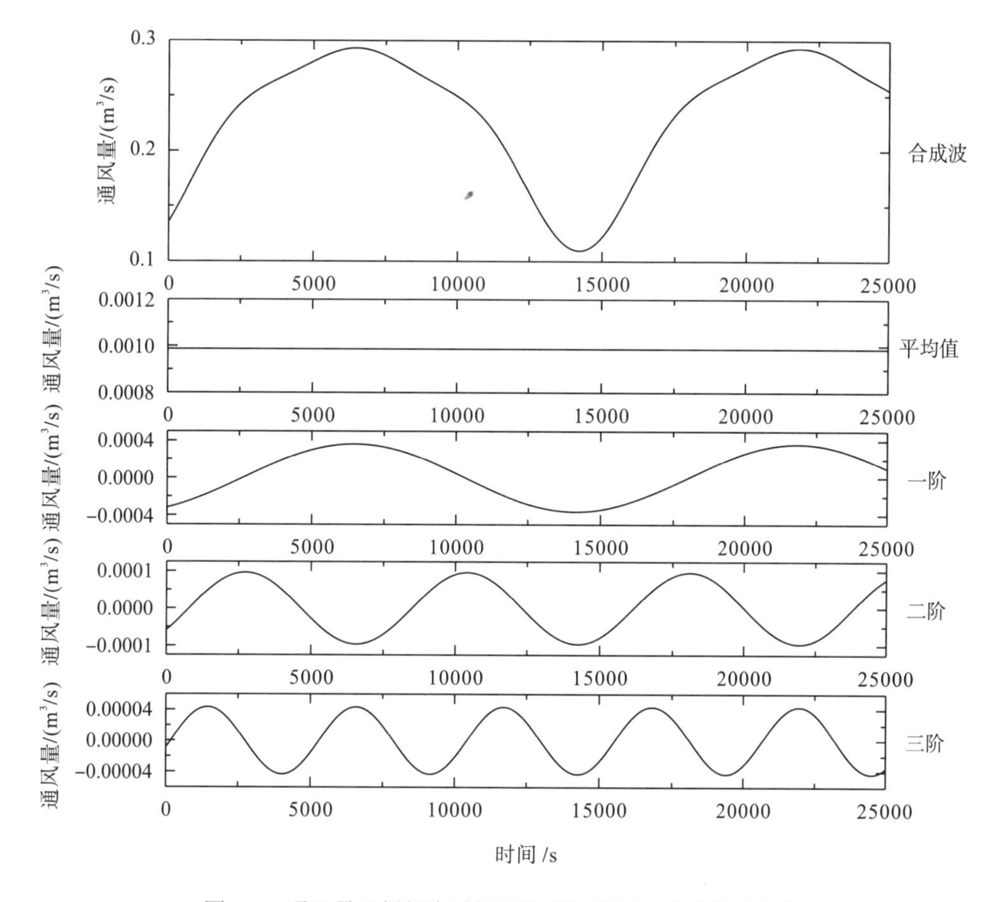

图 2-6　通风量及拆解为时间平均项与各阶波动项的示意图

热压介入导致热平衡方程中出现通风量与气流温度相乘的非线性项。以下文的式(2-61)为例，将变量的波动项表示为傅里叶级数后，方程展开后出现的波动项乘积项可做如下处理：

$$\begin{aligned}\tilde{q}_1 \cdot \tilde{T}_{\mathrm{i},1} &= A'_{q,1}\mathrm{e}^{\mathrm{i}(\omega t)} \cdot A'_{\mathrm{i},1}\mathrm{e}^{\mathrm{i}(\omega t)} = A_{q,1}\mathrm{e}^{\mathrm{i}(\omega t-\varphi_{q,1})} \cdot A_{\mathrm{i},1}\mathrm{e}^{\mathrm{i}(\omega t-\varphi_{\mathrm{i},1})} \\ &= A'_{q,1}A'_{\mathrm{i},1}\mathrm{e}^{\mathrm{i}(2\omega t)} = A_{q,1}A_{\mathrm{i},1}\mathrm{e}^{\mathrm{i}(2\omega t-\varphi_{q,1}-\varphi_{\mathrm{i},1})}\end{aligned} \tag{2-49}$$

式中，$\tilde{q}_1$ 与 $\tilde{T}_{\mathrm{i},1}$ 分别为通风量与室内空气温度的一阶波动项。

类似的操作可以使下文的式(2-61)变为

$$\begin{aligned}&\frac{\rho_{\mathrm{a}} C_{\mathrm{a}} \overline{T}_{\mathrm{o}}}{Q_{\mathrm{d}}}[\overline{q} + A'_{q,1}\mathrm{e}^{\mathrm{i}(\omega t)} + A'_{q,2}\mathrm{e}^{\mathrm{i}(2\omega t)} + \cdots + A'_{q,N}\mathrm{e}^{\mathrm{i}(N\omega t)}]^3 \\ &+\rho_{\mathrm{a}} C_{\mathrm{a}} V_{\mathrm{i}} \frac{\partial\left\{\frac{T_{\mathrm{o}}}{Q_{\mathrm{d}}}[\overline{q} + A'_{q,1}\mathrm{e}^{\mathrm{i}(\omega t)} + A'_{q,2}\mathrm{e}^{\mathrm{i}(2\omega t)} + \cdots + A'_{q,N}\mathrm{e}^{\mathrm{i}(N\omega t)}]^2 + \overline{T}_{\mathrm{o}} + A_{\mathrm{o}}\mathrm{e}^{\mathrm{i}(\omega t)}\right\}}{\partial t} \\ &+\frac{h_2 S_{\mathrm{M}} T_{\mathrm{o}}}{Q_{\mathrm{d}}}[\overline{q} + A'_{q,1}\mathrm{e}^{\mathrm{i}(\omega t)} + A'_{q,2}\mathrm{e}^{\mathrm{i}(2\omega t)} + \cdots + A'_{q,N}\mathrm{e}^{\mathrm{i}(N\omega t)}]^2 \\ &+h_2 S_{\mathrm{M}}(\overline{T}_{\mathrm{o}} + A_{\mathrm{o}}\mathrm{e}^{\mathrm{i}(\omega t)} - \overline{T}_{\mathrm{M}} - A'_{\mathrm{M},1}\mathrm{e}^{\mathrm{i}(\omega t)} - A'_{\mathrm{M},2}\mathrm{e}^{\mathrm{i}(2\omega t)} - \cdots - A'_{\mathrm{M},N}\mathrm{e}^{\mathrm{i}(N\omega t)}) \\ &+K_{\mathrm{e}} S_{\mathrm{e}} \frac{T_{\mathrm{o}}}{Q_{\mathrm{d}}}[\overline{q} + A'_{q,1}\mathrm{e}^{\mathrm{i}(\omega t)} + A'_{q,2}\mathrm{e}^{\mathrm{i}(2\omega t)} + \cdots + A'_{q,N}\mathrm{e}^{\mathrm{i}(N\omega t)}]^2 = E\end{aligned} \tag{2-50}$$

值得注意的是，式(2-50)仍包含完整的傅里叶级数，可简化表示为

$$f_0 + f_1 + f_2 + \cdots + f_N = E \tag{2-51}$$

式中，f_0、f_1、f_2 与 f_N 分别代表式(2-50)左端的各项。

如果截取待求变量的前 N 阶波动项，例如 $N = 2$，即保留待求变量的时间平均项、一阶波动项与二阶波动项，则式(2-50)的左端只余下如下几项：

$$f'_0 + f'_1 + \cdots + f'_4 = E' \tag{2-52}$$

值得注意的是，此时的 f'_0、f' 及 f'_4 与基于完整的傅里叶级数表达所获得的 f_0、f_1 及 f_4 存在差异。自然地，式(2-52)右端的 E' 也与式(2-51)中的 E 存在差异，我们可以把二者的差异理解为级数截断带来的能量损失。当 $N = 2$ 时，级数截断带来的相对误差则为

$$\delta E = \frac{E - E'}{E} = \frac{E - (f'_0 + f'_1 + \cdots + f'_4)}{E} \qquad (\text{如取} N = 2) \tag{2-53}$$

这也说明，当对表征变量的傅里叶级数的高阶项进行截断后，得到的结果是近似解，但显式近似解在工程应用中的意义不言而喻。并且，可以预期的是，N 越大，近似解会更逼近真实解。因此，该方法将被用于对下述非线性方程求解。

3. 控制方程及其显式近似解

如前文假设所述，若热源 E 大到能保证整个周期中的通风气流方向均为自下而上时，则热压驱动的通风量可由下式进行计算：

$$q = C_{\mathrm{d}} A^* \sqrt{2gh(T_{\mathrm{i}} - T_{\mathrm{o}})/T_{\mathrm{o}}} \approx C_{\mathrm{d}} A^* \sqrt{2gh(T_{\mathrm{i}} - T_{\mathrm{o}})/\overline{T}_{\mathrm{o}}} \tag{2-54}$$

建筑室内空气的热平衡方程为

$$\rho_{\mathrm{a}} C_{\mathrm{a}} q(T_{\mathrm{o}} - T_{\mathrm{i}}) + K_{\mathrm{e}} S_{\mathrm{e}}(T_{\mathrm{o}} - T_{\mathrm{i}}) + E = \rho_{\mathrm{a}} C_{\mathrm{a}} V_{\mathrm{i}} \frac{\partial T_{\mathrm{i}}}{\partial t} + h_2 S_{\mathrm{M}}(T_{\mathrm{i}} - T_{\mathrm{M}}) \tag{2-55}$$

式中，ρ_{a} 为空气密度，$\mathrm{kg/m^3}$；C_{a} 为空气比热容，$\mathrm{J/(kg \cdot K)}$；S_{e} 为围护结构表面积，$\mathrm{m^2}$；

S_{M} 为蓄热体表面积，m^2；E 为室内等效热源的释热率，W；V_{i} 为建筑内的空气体积，m^3；K_{e} 为室内外空气通过围护结构的传热系数，$\mathrm{W/(m^2\cdot K)}$；h_2 为内部蓄热体的表面传热系数，$\mathrm{W/(m^2\cdot K)}$。

建筑内部蓄热体的热平衡方程为

$$MC_{\mathrm{M}}\frac{\partial T_{\mathrm{M}}}{\partial t}+h_2S_{\mathrm{M}}(T_{\mathrm{M}}-T_{\mathrm{i}})=0 \tag{2-56}$$

将式(2-54)、式(2-55)和式(2-56)各自分解为平均项和波动项方程。

平均项方程：

$$\frac{\overline{T}_{\mathrm{o}}}{2gh}\frac{1}{C_{\mathrm{d}}^{2}A^{*2}}\overline{q}^2=\overline{T}_{\mathrm{i}}-\overline{T}_{\mathrm{o}} \tag{2-57}$$

$$\rho_{\mathrm{a}}C_{\mathrm{a}}\overline{q}(\overline{T}_{\mathrm{o}}-\overline{T}_{\mathrm{i}})+K_{\mathrm{e}}S_{\mathrm{e}}(\overline{T}_{\mathrm{o}}-\overline{T}_{\mathrm{i}})+E=h_2S_{\mathrm{M}}(\overline{T}_{\mathrm{i}}-\overline{T}_{\mathrm{M}}) \tag{2-58}$$

$$\overline{T}_{\mathrm{M}}-\overline{T}_{\mathrm{i}}=0 \tag{2-59}$$

波动项方程：

$$\frac{\overline{T}_{\mathrm{o}}}{2gh}\frac{1}{C_{\mathrm{d}}^{2}A^{*2}}(2\overline{q}\tilde{q}+\tilde{q}^2)=\tilde{T}_{\mathrm{i}}-\tilde{T}_{\mathrm{o}} \tag{2-60}$$

$$\rho_{\mathrm{a}}C_{\mathrm{a}}[\tilde{q}(\overline{T}_{\mathrm{o}}-\overline{T}_{\mathrm{i}})+\tilde{q}(\tilde{T}_{\mathrm{o}}-\tilde{T}_{\mathrm{i}})+\overline{q}(\tilde{T}_{\mathrm{o}}-\tilde{T}_{\mathrm{i}})]+K_{\mathrm{e}}S_{\mathrm{e}}(\tilde{T}_{\mathrm{o}}-\tilde{T}_{\mathrm{i}})=\rho_{\mathrm{a}}C_{\mathrm{a}}V_{\mathrm{i}}\frac{\partial\tilde{T}_{\mathrm{i}}}{\partial t}+h_2S_{\mathrm{M}}(\tilde{T}_{\mathrm{i}}-\tilde{T}_{\mathrm{M}}) \tag{2-61}$$

$$MC_{\mathrm{M}}\frac{\partial\tilde{T}_{\mathrm{M}}}{\partial t}+h_2S_{\mathrm{M}}(\tilde{T}_{\mathrm{M}}-\tilde{T}_{\mathrm{i}})=0 \tag{2-62}$$

基于表 2-3 中的无量纲参数，将平均项方程与波动项方程转换为无量纲形式。要注意的是，本节中使用的无量纲参数与 2.1.3 节存在一定差异，一是考虑到热压通风时风量是波动的，于是采用了风量的时间平均值；二是通过引入角频率，实现了对时间常数 τ 的无量纲化。

平均项方程的无量纲形式：

$$\frac{\overline{q}^2}{Q_{\mathrm{d}}}=\frac{1}{\sigma}=\frac{\overline{T}_{\mathrm{i}}-\overline{T}_{\mathrm{o}}}{\overline{T}_{\mathrm{o}}} \tag{2-63}$$

$$(1+\lambda_{\mathrm{w}}')\frac{\overline{T}_{\mathrm{o}}-\overline{T}_{\mathrm{i}}}{\overline{T}_{\mathrm{o}}}+\theta=0\rightarrow(1+\lambda_{\mathrm{w}}')=\sigma\theta \tag{2-64}$$

式中，$\sigma=Q_{\mathrm{d}}/\overline{q}^2$。

波动项方程的无量纲形式：

$$\frac{2\overline{q}\tilde{q}+\tilde{q}^2}{Q_{\mathrm{d}}}=\frac{\tilde{T}_{\mathrm{i}}-\tilde{T}_{\mathrm{o}}}{\overline{T}_{\mathrm{o}}} \tag{2-65}$$

$$\frac{\tilde{q}}{\overline{q}}(\overline{T}_{\mathrm{o}}-\overline{T}_{\mathrm{i}})+\left(\frac{\tilde{q}}{\overline{q}}+1+\lambda_{\mathrm{w}}'\right)(\tilde{T}_{\mathrm{o}}-\tilde{T}_{\mathrm{i}})=\lambda(\tilde{T}_{\mathrm{i}}-\tilde{T}_{\mathrm{M}})+D\sum_{j=1}^{N}\mathrm{i}A_{\mathrm{i},j}'\mathrm{e}^{\mathrm{i}(j\cdot\omega t)}j \tag{2-66}$$

$$\tau\sum_{j=1}^{N}\mathrm{i}A_{\mathrm{M},j}'\mathrm{e}^{\mathrm{i}(j\cdot\omega t)}j+\lambda(\tilde{T}_{\mathrm{M}}-\tilde{T}_{\mathrm{i}})=0 \tag{2-67}$$

表 2-3 无量纲参数的数学表达与物理含义

无量纲参数	表达式	物理含义
τ	$MC_{\mathrm{M}}\omega/(\rho_{\mathrm{a}}C_{\mathrm{a}}\overline{q})$	蓄热体蓄热能力
λ	$h_2S_{\mathrm{M}}/(\rho_{\mathrm{a}}C_{\mathrm{a}}\overline{q})$	内部蓄热体表面传热能力
θ	$E/(\rho_{\mathrm{a}}C_{\mathrm{a}}\overline{T}_{\mathrm{o}}\overline{q})$	热源强度
D	$V_{\mathrm{i}}\omega/\overline{q}$	气流在室内的停留时间
λ'_{w}	$K_{\mathrm{e}}S_{\mathrm{e}}/(\rho_{\mathrm{a}}C_{\mathrm{a}}\overline{q})$	外墙传热能力

下面分别对平均项和波动项进行求解。

1) 平均项求解

令 $Q_{\mathrm{d}}=2ghC_{\mathrm{d}}^2A^{*2}$，则方程(2-57)可写为

$$\frac{\overline{T}_{\mathrm{o}}}{Q_{\mathrm{d}}}\overline{q}^2=\overline{T}_{\mathrm{i}}-\overline{T}_{\mathrm{o}} \tag{2-68}$$

联立方程(2-58)、方程(2-59)和方程(2-68)，可得

$$\overline{q}^3+\frac{K_{\mathrm{e}}S_{\mathrm{e}}}{\rho_{\mathrm{a}}C_{\mathrm{a}}}\overline{q}^2-\frac{EQ_{\mathrm{d}}}{\rho_{\mathrm{a}}C_{\mathrm{a}}\overline{T}_{\mathrm{o}}}=0 \tag{2-69}$$

根据用于一元三次方程求解的盛金公式可知，式(2-69)的解的个数由判别式 $\varDelta=B^2-4AC$ 的大小决定。当 $\varDelta=0$ 时，方程有三个实根，其中两个负重根被舍去，则通风量平均值为

$$\overline{q}=\frac{-b}{a}+K \tag{2-70}$$

当 $\varDelta>0$ 时，方程有一个实根和两个虚根，其中虚根被舍去，则通风量平均值为

$$\overline{q}=\frac{-b-(\sqrt[3]{Y_1}+\sqrt[3]{Y_2})}{3a} \tag{2-71}$$

当 $\varDelta<0$ 时，方程有三个实根，其中两个负根被舍去，则通风量平均值为

$$\overline{q}=\frac{-b+\sqrt{A}\left(\cos\frac{Y_4}{3}+\sin\frac{Y_4}{3}\right)}{3a} \tag{2-72}$$

式中，$A=b^2-3ac$，$B=bc-9ad$，$C=c^2-3bd$，$a=1$，$b=K_{\mathrm{e}}S_{\mathrm{e}}/(\rho_{\mathrm{a}}C_{\mathrm{a}})$，$c=0$，$d=-\frac{EQ_{\mathrm{d}}}{\rho_{\mathrm{a}}C_{\mathrm{a}}\overline{T}_{\mathrm{o}}}$，

$Y_1=Ab+3a\frac{(-B+\sqrt{B^2-4AC})}{2}$，$Y_2=Ab+3a\frac{(-B-\sqrt{B^2-4AC})}{2}$，$Y_4=\arccos\left(\frac{2Ab-3aB}{2\sqrt{A^3}}\right)$，

$K=\frac{B}{A}\left(A\neq 0,\ -1<\frac{2Ab-3aB}{2\sqrt{A^3}}<1\right)$。

于是，由式(2-68)可得室内空气温度平均值：

$$\overline{T}_{\mathrm{i}}=\frac{\overline{T}_{\mathrm{o}}}{Q_{\mathrm{d}}}\overline{q}^{2}+\overline{T}_{\mathrm{o}}=\frac{\overline{T}_{\mathrm{o}}}{\sigma}+\overline{T}_{\mathrm{o}} \tag{2-73}$$

2) 波动项求解

将式(2-45)、式(2-46)、式(2-47)与式(2-48)中的波动项 $\tilde{T}_{\mathrm{i}}$、$\tilde{T}_{\mathrm{M}}$、$\tilde{q}$ 与 $\tilde{T}_{\mathrm{o}}$ 代入方程(2-60)、方程(2-61)与方程(2-62)，可得

$$\begin{aligned}&\frac{\overline{T}_{\mathrm{o}}}{Q_{\mathrm{d}}}[2\overline{q}(A'_{q,1}\mathrm{e}^{\mathrm{i}(\omega t)}+A'_{q,2}\mathrm{e}^{\mathrm{i}(2\omega t)}+\cdots+A'_{q,N}\mathrm{e}^{\mathrm{i}(N\omega t)})+(A'_{q,1}\mathrm{e}^{\mathrm{i}(\omega t)}+A'_{q,2}\mathrm{e}^{\mathrm{i}(2\omega t)}+\cdots+A'_{q,N}\mathrm{e}^{\mathrm{i}(N\omega t)})^{2}]\\&=A'_{\mathrm{i},1}\mathrm{e}^{\mathrm{i}(\omega t)}+A'_{\mathrm{i},2}\mathrm{e}^{\mathrm{i}(2\omega t)}+\cdots+A'_{\mathrm{i},N}\mathrm{e}^{\mathrm{i}(N\omega t)}-A_{\mathrm{o}}\mathrm{e}^{\mathrm{i}(\omega t)}\end{aligned} \tag{2-74}$$

$$\begin{aligned}&\rho_{\mathrm{a}}C_{\mathrm{a}}[(A'_{q,1}\mathrm{e}^{\mathrm{i}(\omega t)}+A'_{q,2}\mathrm{e}^{\mathrm{i}(2\omega t)}+\cdots+A'_{q,N}\mathrm{e}^{\mathrm{i}(N\omega t)})(\overline{T}_{\mathrm{o}}-\overline{T}_{\mathrm{i}})\\&+(A'_{q,1}\mathrm{e}^{\mathrm{i}(\omega t)}+A'_{q,2}\mathrm{e}^{\mathrm{i}(2\omega t)}+\cdots+A'_{q,N}\mathrm{e}^{\mathrm{i}(N\omega t)})(A'_{\mathrm{o}}\mathrm{e}^{\mathrm{i}(\omega t)}-A'_{\mathrm{i},1}\mathrm{e}^{\mathrm{i}(\omega t)}-A'_{\mathrm{i},2}\mathrm{e}^{\mathrm{i}(2\omega t)}-\cdots-A'_{\mathrm{i},N}\mathrm{e}^{\mathrm{i}(N\omega t)})\\&+\overline{q}(A'_{\mathrm{o}}\mathrm{e}^{\mathrm{i}(\omega t)}-A'_{\mathrm{i},1}\mathrm{e}^{\mathrm{i}(\omega t)}-A'_{\mathrm{i},2}\mathrm{e}^{\mathrm{i}(2\omega t)}-\cdots-A'_{\mathrm{i},N}\mathrm{e}^{\mathrm{i}(N\omega t)})]\\&+K_{\mathrm{e}}S_{\mathrm{e}}(A_{\mathrm{o}}\mathrm{e}^{\mathrm{i}(\omega t)}-A'_{\mathrm{i},1}\mathrm{e}^{\mathrm{i}(\omega t)}-A'_{\mathrm{i},2}\mathrm{e}^{\mathrm{i}(2\omega t)}-\cdots-A'_{\mathrm{i},N}\mathrm{e}^{\mathrm{i}(N\omega t)})\\&=V_{\mathrm{i}}C_{\mathrm{a}}\rho_{\mathrm{a}}(\mathrm{i}\omega A'_{\mathrm{i},1}\mathrm{e}^{\mathrm{i}(\omega t)}+2\mathrm{i}\omega A'_{\mathrm{i},2}\mathrm{e}^{\mathrm{i}(2\omega t)}+\cdots+N\mathrm{i}\omega A'_{\mathrm{i},N}\mathrm{e}^{\mathrm{i}(N\omega t)})\\&+MC_{\mathrm{M}}(\mathrm{i}\omega A'_{\mathrm{M},1}\mathrm{e}^{\mathrm{i}(\omega t)}+2\mathrm{i}\omega A'_{\mathrm{M},2}\mathrm{e}^{\mathrm{i}(2\omega t)}+\cdots+N\mathrm{i}\omega A'_{\mathrm{M},N}\mathrm{e}^{\mathrm{i}(N\omega t)})\end{aligned} \tag{2-75}$$

根据式(2-74)与式(2-75)，室内空气温度与通风量的前 N 阶波动项可被式(2-76)、式(2-77)与式(2-78)约束：

$$\begin{aligned}&A'_{\mathrm{i},1}-A_{\mathrm{o}}=(\overline{T}_{\mathrm{o}}/Q_{\mathrm{d}})2\overline{q}A'_{q,1} && (N=1)\\&A'_{\mathrm{i},3}=(\overline{T}_{\mathrm{o}}/Q_{\mathrm{d}})(2\overline{q}A'_{q,3}+2A'_{q,1}A'_{q,2}) && (N=3)\\&A'_{\mathrm{i},N}=(\overline{T}_{\mathrm{o}}/Q_{\mathrm{d}})[2\overline{q}A'_{q,N}+(2A'_{q,1}A'_{q,(N-1)}+\cdots+2A'_{q,(N-1)/2}A'_{q,(N+1)/2})]\\& && (\text{如}N\geqslant 5\text{并且}N\text{为奇数})\end{aligned} \tag{2-76}$$

$$\begin{aligned}&A'_{\mathrm{i},2}=(\overline{T}_{\mathrm{o}}/Q_{\mathrm{d}})[2\overline{q}A'_{q,2}+{A'_{q,1}}^{2}] && (N=2)\\&A'_{\mathrm{i},4}=(\overline{T}_{\mathrm{o}}/Q_{\mathrm{d}})[2\overline{q}A'_{q,4}+({A'_{q,2}}^{2}+2A'_{q,1}A'_{q,3})] && (N=4)\\&A'_{\mathrm{i},N}=(\overline{T}_{\mathrm{o}}/Q_{\mathrm{d}})[2\overline{q}A'_{q,N}+({A'_{q,(N/2)}}^{2}+2A'_{q,1}A'_{q,(N-1)}+\cdots+2A'_{q,(N/2)-1}A'_{q,(N/2)+1})]\\& && (\text{如}N\geqslant 6\text{并且}N\text{为偶数})\end{aligned} \tag{2-77}$$

$$\begin{aligned}&\rho_{\mathrm{a}}C_{a}[A'_{q,1}(\overline{T}_{\mathrm{o}}-\overline{T}_{\mathrm{i}})+\overline{q}(A_{\mathrm{o}}-A'_{\mathrm{i},1})]+K_{\mathrm{e}}S_{\mathrm{e}}(A_{\mathrm{o}}-A'_{i,1})\\&=\rho_{\mathrm{a}}C_{\mathrm{a}}V_{i}A'_{\mathrm{i},1}\mathrm{i}\omega+MC_{\mathrm{M}}A'_{\mathrm{M},1}\mathrm{i}\omega && (N=1)\\&\rho_{\mathrm{a}}C_{\mathrm{a}}[A'_{q,2}(\overline{T}_{\mathrm{o}}-\overline{T}_{\mathrm{i}})-\overline{q}A'_{\mathrm{i},2}-A'_{q,1}(A'_{\mathrm{i},1}-A_{\mathrm{o}})]-K_{\mathrm{e}}S_{\mathrm{e}}A'_{\mathrm{i},2}\\&=2\rho_{\mathrm{a}}C_{\mathrm{a}}V_{\mathrm{i}}A'_{\mathrm{i},2}\mathrm{i}\omega+2MC_{\mathrm{M}}A'_{\mathrm{M},2}\mathrm{i}\omega && (N=2)\\&\rho_{\mathrm{a}}C_{\mathrm{a}}[A'_{q,N}(\overline{T}_{\mathrm{o}}-\overline{T}_{\mathrm{i}})-\overline{q}A'_{\mathrm{i},N}-A'_{q,1}A'_{\mathrm{i},(N-1)}-\cdots-A'_{q,(N-1)}(A'_{\mathrm{i},1}-A_{\mathrm{o}})]-K_{\mathrm{e}}S_{\mathrm{e}}A'_{\mathrm{i},N}\\&=N\rho_{\mathrm{a}}C_{\mathrm{a}}V_{\mathrm{i}}A'_{\mathrm{i},N}\mathrm{i}\omega+NMC_{\mathrm{M}}A'_{\mathrm{M},N}\mathrm{i}\omega && (N\geqslant 3)\end{aligned} \tag{2-78}$$

式中，$A'_{\mathrm{M},N}=h_{2}S_{\mathrm{M}}A'_{\mathrm{i},N}\big/(NMC_{\mathrm{M}}\mathrm{i}\omega+h_{2}S_{\mathrm{M}})$。

代入表 2-3 的无量纲参数，式(2-76)、式(2-77)与式(2-78)的无量纲形式可表示为

$$\frac{A'_{q,1}}{\overline{q}}=\frac{\sigma(A'_{i,1}-A_o)}{2\overline{T}_o} \qquad (N=1)$$

$$\frac{A'_{q,3}}{\overline{q}}=\frac{\sigma A'_{i,3}}{2\overline{T}_o}-\frac{A'_{q,1}}{\overline{q}}\frac{A'_{q,2}}{\overline{q}} \qquad (N=3) \tag{2-79}$$

$$\frac{A'_{q,N}}{\overline{q}}=\frac{\sigma A'_{i,N}}{2\overline{T}_o}-\left[\frac{A'_{q,1}}{\overline{q}}\frac{A'_{q,(N-1)}}{\overline{q}}+\frac{A'_{q,2}}{\overline{q}}\frac{A'_{q,(N-2)}}{\overline{q}}+\cdots+\frac{A'_{q,(N-1)/2}}{\overline{q}}\frac{A'_{q,(N+1)/2}}{\overline{q}}\right]$$

(如$N\geqslant5$并且N为奇数)

$$\frac{A'_{q,2}}{\overline{q}}=\frac{\sigma A'_{i,2}}{2\overline{T}_o}-\frac{1}{2}\left(\frac{A'_{q,1}}{\overline{q}}\right)^2 \qquad (N=2)$$

$$\frac{A'_{q,4}}{\overline{q}}=\frac{\sigma A'_{i,4}}{2\overline{T}_o}-\left[\frac{1}{2}\left(\frac{A'_{q,2}}{\overline{q}}\right)^2+\frac{A'_{q,1}}{\overline{q}}\frac{A'_{q,3}}{\overline{q}}\right] \qquad (N=4) \tag{2-80}$$

$$\frac{A'_{q,N}}{\overline{q}}=\frac{\sigma A'_{i,N}}{2\overline{T}_o}-\left[\frac{1}{2}\left(\frac{A'_{q,(N/2)}}{\overline{q}}\right)^2+\frac{A'_{q,1}}{\overline{q}}\frac{A'_{q,(N-1)}}{\overline{q}}+\cdots+\frac{A'_{q,((N/2)-1)}}{\overline{q}}\frac{A'_{q,((N/2)+1)}}{\overline{q}}\right]$$

(如$N\geqslant6$并且N为偶数)

$$\frac{A'_{q,1}}{\overline{q}}(\overline{T}_o-\overline{T}_i)+(A_o-A'_{i,1})+\lambda'_w(A_o-A'_{i,1})=DiA'_{i,1}+\frac{\lambda\tau i}{\lambda+\tau i}A'_{i,1} \qquad (N=1)$$

$$\left[\frac{A'_{q,2}}{\overline{q}}(\overline{T}_o-\overline{T}_i)-A'_{i,2}-\frac{A'_{q,1}}{\overline{q}}(A'_{i,1}-A_o)\right]-\lambda'_wA'_{i,2}=2DiA'_{i,2}+\frac{2\lambda\tau i}{\lambda+2\tau i}A'_{i,2} \qquad (N=2) \tag{2-81}$$

$$\left[\frac{A'_{q,N}}{\overline{q}}(\overline{T}_o-\overline{T}_i)-A'_{i,N}-\frac{A'_{q,1}}{\overline{q}}A'_{i,(N-1)}-\cdots-\frac{A'_{q,(N-1)}}{\overline{q}}(A'_{i,1}-A_o)\right]-\lambda'_wA'_{i,N}$$

$$=NDiA'_{i,N}+\frac{N\lambda\tau i}{\lambda+N\tau i}A'_{i,N} \qquad (N\geqslant3)$$

由此，可以推导出室内空气温度的前N阶波动项的显式表达式：

$$A'_{i,1}=[A_o+\lambda'_wA_o+\frac{1}{2}A_o]\Big/\left(Di+\frac{\lambda\tau i}{\lambda+\tau i}+\lambda'_w+\frac{3}{2}\right) \qquad (N=1) \tag{2-82}$$

$$A'_{i,2}=\frac{\dfrac{\overline{T}_o}{\sigma}\left[\dfrac{1}{2}\left(\dfrac{A'_{q,1}}{\overline{q}}\right)^2\right]-\dfrac{A'_{q,1}}{\overline{q}}(A'_{i,1}-A_o)}{\left(2Di+\dfrac{2\lambda\tau i}{\lambda+2\tau i}+\lambda'_w+\dfrac{3}{2}\right)} \qquad (N=2) \tag{2-83}$$

$$A'_{i,3}=\frac{\dfrac{\overline{T}_o}{\sigma}\left[\dfrac{A'_{q,1}}{\overline{q}}\dfrac{A'_{q,2}}{\overline{q}}\right]-\dfrac{A'_{q,1}}{\overline{q}}A'_{i,2}-\dfrac{A'_{q,2}}{\overline{q}}(A'_{i,1}-A_o)}{\left(3Di+\dfrac{3\lambda\tau i}{\lambda+3\tau i}+\lambda'_w+\dfrac{3}{2}\right)} \qquad (N=3) \tag{2-84}$$

$$A'_{i,4}=\frac{\frac{\overline{T}_o}{\sigma}\left[\frac{1}{2}\left(\frac{A'_{q,2}}{\overline{q}}\right)^2+\frac{A'_{q,1}}{\overline{q}}\frac{A'_{q,3}}{\overline{q}}\right]-\frac{A'_{q,1}}{\overline{q}}A'_{i,3}-\frac{A'_{q,2}}{\overline{q}}A'_{i,2}-\frac{A'_{q,3}}{\overline{q}}(A'_{i,1}-A_o)}{\left(4Di+\frac{4\lambda\tau i}{\lambda+4\tau i}+\lambda'_w+\frac{3}{2}\right)}\quad (N=4) \tag{2-85}$$

$$A'_{i,N}=\frac{\frac{\overline{T}_o}{\sigma}\left[\frac{A'_{q,1}}{\overline{q}}\frac{A'_{q,(N-1)}}{\overline{q}}+\cdots+\frac{A'_{q,(N-1)/2}}{\overline{q}}\frac{A'_{q,(N+1)/2}}{\overline{q}}\right]-\frac{A'_{q,1}}{\overline{q}}A'_{i,(N-1)}-\cdots-\frac{A'_{q,(N-1)}}{\overline{q}}(A'_{i,1}-A_o)}{\left(NDi+\frac{N\lambda\tau i}{\lambda+N\tau i}+\lambda'_w+\frac{3}{2}\right)} \tag{2-86}$$

(如N≥5并且N为奇数)

$$A'_{i,N}=\frac{\frac{\overline{T}_o}{\sigma}\left[\frac{1}{2}\left(\frac{A'_{q,(N/2)}}{\overline{q}}\right)^2+\frac{A'_{q,1}}{\overline{q}}\frac{A'_{q,(N-1)}}{\overline{q}}+\cdots+\frac{A'_{q,(N/2)-1}}{\overline{q}}\frac{A'_{q,(N/2)+1}}{\overline{q}}\right]-\frac{A'_{q,1}}{\overline{q}}A'_{i,(N-1)}-\cdots-\frac{A'_{q,(N-1)}}{\overline{q}}(A'_{i,1}-A_o)}{\left(NDi+\frac{N\lambda\tau i}{\lambda+N\tau i}+\lambda'_w+\frac{3}{2}\right)}$$

(如N≥6并且N为偶数)

(2-87)

而后，可以得到通风量前N阶波动项的显式表达式：

$$\frac{A'_{q,1}}{\overline{q}}=\frac{\sigma(A'_{i,1}-A_o)}{2\overline{T}_o}\quad (N=1) \tag{2-88}$$

$$\frac{A'_{q,2}}{\overline{q}}=\frac{\sigma A'_{i,2}}{2\overline{T}_o}-\frac{1}{2}\left(\frac{A'_{q,1}}{\overline{q}}\right)^2\quad (N=2) \tag{2-89}$$

$$\frac{A'_{q,3}}{\overline{q}}=\frac{\sigma A'_{i,3}}{2\overline{T}_o}-\frac{A'_{q,1}}{\overline{q}}\frac{A'_{q,2}}{\overline{q}}\quad (N=3) \tag{2-90}$$

$$\frac{A'_{q,4}}{\overline{q}}=\frac{\sigma A'_{i,4}}{2\overline{T}_o}-\left[\frac{1}{2}\left(\frac{A'_{q,2}}{\overline{q}}\right)^2+\frac{A'_{q,1}}{\overline{q}}\frac{A'_{q,3}}{\overline{q}}\right]\quad (N=4) \tag{2-91}$$

$$\frac{A'_{q,N}}{\overline{q}}=\frac{\sigma A'_{i,N}}{2\overline{T}_o}-\left[\frac{A'_{q,1}}{\overline{q}}\frac{A'_{q,(N-1)}}{\overline{q}}+\frac{A'_{q,2}}{\overline{q}}\frac{A'_{q,(N-2)}}{\overline{q}}+\cdots+\frac{A'_{q,(N-1)/2}}{\overline{q}}\frac{A'_{q,(N+1)/2}}{\overline{q}}\right] \tag{2-92}$$

(如N≥5并且N为奇数)

$$\frac{A'_{q,N}}{\overline{q}}=\frac{\sigma A'_{i,N}}{2\overline{T}_o}-\left[\frac{1}{2}\left(\frac{A'_{q,(N/2)}}{\overline{q}}\right)^2+\frac{A'_{q,1}}{\overline{q}}\frac{A'_{q,(N-1)}}{\overline{q}}+\cdots+\frac{A'_{q,((N/2)-1)}}{\overline{q}}\frac{A'_{q,((N/2)+1)}}{\overline{q}}\right] \tag{2-93}$$

(如N≥6并且N为偶数)

2.2.3　模型验证与新现象解释

本节通过实验对上述理论模型进行了验证，呈现了热压与建筑本体蓄热耦合后产生的新现象，并利用理论模型对这些现象进行了诠释。

实验台由三层箱体构成，内部是模型建筑，中间是模拟建筑室外环境的箱体(下文简称其为环境箱)，最外层是用于缓冲外界对环境箱热扰动的箱体(下文简称其为缓冲箱)。实验台的构造及主要部位的尺寸如图 2-7 所示。在环境箱中营造了近似余弦函数的空气温度曲线，并且将其周期控制为 256min，即 $\omega = 2\pi / T = 4.09\times10^{-4}\text{s}^{-1}$ 。在模型建筑底部设置电热丝，用来模拟室内热源。模型建筑室内的热压会驱动环境箱的空气从模型建筑底部开口进入，而后从上部开口流出。将若干钢球布置于模型建筑中，用以模拟部分内部蓄热体。钢球的直径均为 16mm，其毕奥(Biot)数远小于 0.1。模型建筑内部的布置如图 2-8 所示。

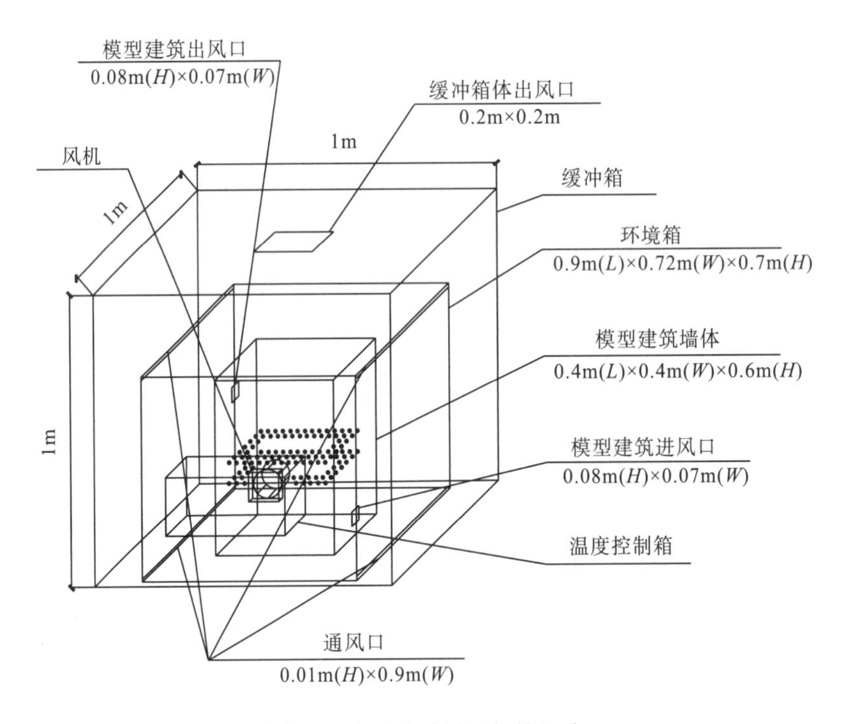

图 2-7 实验台关键部位的尺寸

图 2-8 模型建筑内部布置的电热丝与钢球

表 2-4　各工况对应的理论模型输入参数

工况编号	$\overline{T}_o$ /K	A_o /K	钢球数量	θ	τ	λ	λ'_w	热源功率/W
1	306.2	7.0	80	0.039	1.10	1.49	0.25	20.5
2	305.2	7.0	0	0.018	1.24	1.26	0.28	6.4
3	304.7	7.0	160	0.018	1.69	1.81	0.28	6.4

表 2-4 给出了各工况对应的理论模型输入参数。实验设置的其他细节与理论模型输入参数的获取方法可参见本章文献[9]与文献[10]，这里不再赘述。工况 1 的室内热源释热率较大，被称为高温工况；工况 2 与工况 3 的室内热源释热率相对较小，被称为低温工况。针对低温工况中出现的一些有趣的新现象，笔者会利用在 2.2.2 节中建立的理论模型予以解释。三个工况的环境箱空气温度曲线设置如下。

工况 1：

$$T_o = 33.0 + 7.0\cos(4.09\times10^{-4}t - \pi) \tag{2-94}$$

工况 2：

$$T_o = 32.0 + 7.0\cos(4.09\times10^{-4}t - \pi) \tag{2-95}$$

工况 3：

$$T_o = 31.5 + 7.0\cos(4.09\times10^{-4}t - \pi) \tag{2-96}$$

利用理论模型求解出室内空气温度与通风流量的平均项，并求出其一阶、二阶和三阶波动项的振幅及相位差。而后，将平均项与各阶波动项叠加而成的合成波与实验结果进行对比。图 2-9 展示了工况 1 的理论模型结果与实验结果的对比情况。

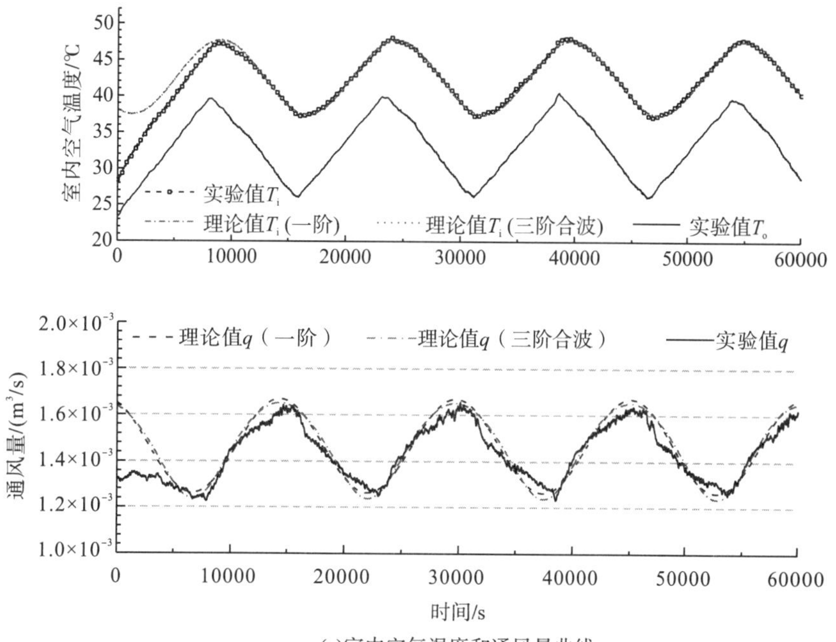

(a)室内空气温度和通风量曲线

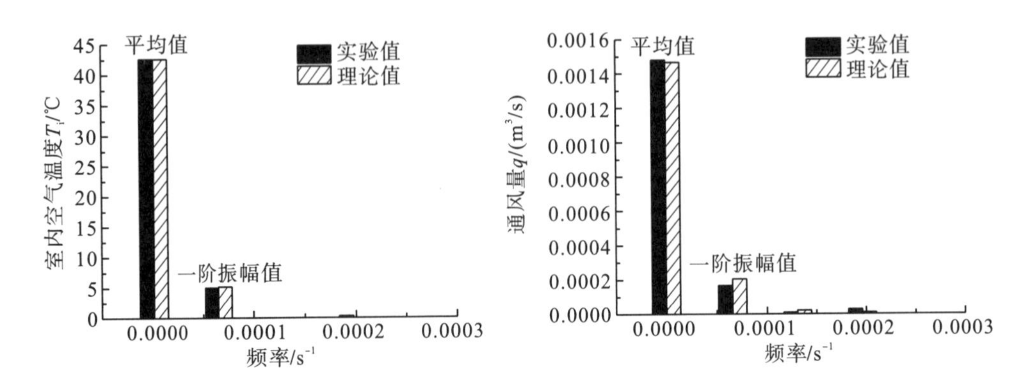

(b)室内空气温度和通风量的频谱分析

图 2-9 工况 1 的理论模型计算结果与实验结果对比

从图 2-9(a)可以看出，理论模型得到的室内空气温度与通风量的一阶波(简谐波)和三阶合成波均与实验数据吻合较好。图 2-9(b)展示了对实验数据的频谱分析结果，并与理论模型得到的各阶波动项振幅进行了对比。可以看出，室内空气温度与通风量的高频波的振幅均趋近于 0，这说明对于热源释热率较大的工况，室内空气温度与通风量的波形近似于简谐波，其波动项可用理论模型获得的一阶波(简谐波)来替代。工况 1 的室内空气温度一阶波相对于室外空气温度的相位差为 0.314rad；其通风量相对于室外空气温度的相位差为 2.51rad，超过了 $\pi/2$ 。

工况 2 与工况 3 是热源释热率较小的工况。从图 2-10(a)与图 2-11(a)中可以看出，理论模型得到的室内空气温度的一阶波(简谐波)和三阶合成波均与实验数据吻合较好。但是，对于通风量，三阶合成波与实验数据吻合更好，这说明实验中的通风量呈现非简谐波动。从图 2-11(b)中对实验结果的频谱分析也可看出，低温工况中的通风量的高阶波振幅开始变得显著。

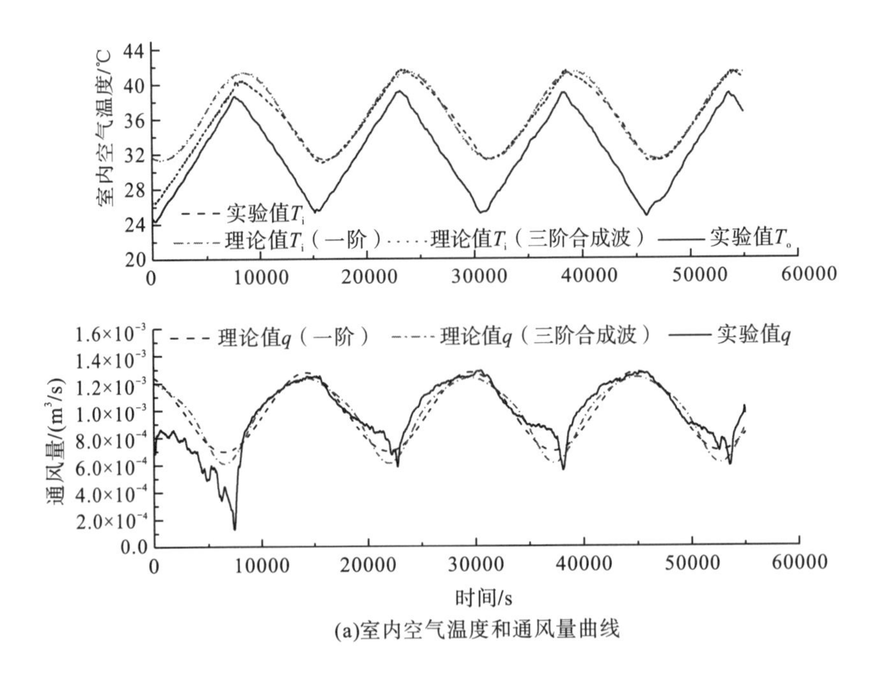

(a)室内空气温度和通风量曲线

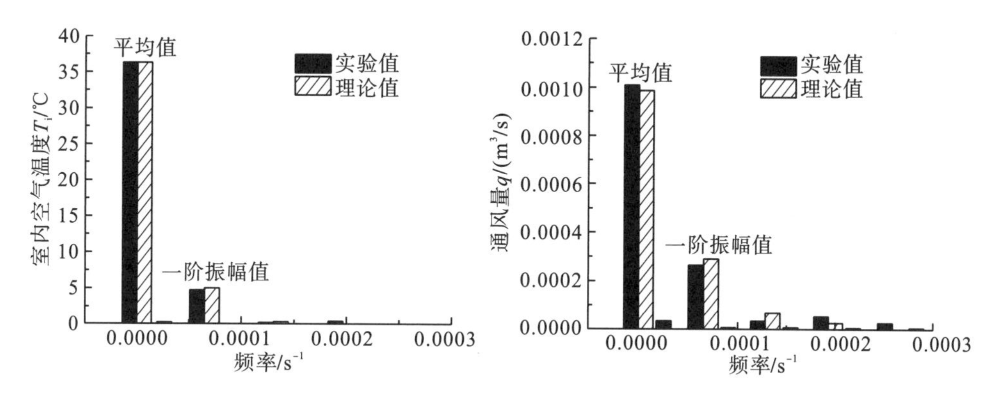

(b)室内空气温度和通风量的频谱分析

图 2-10　工况 2 的理论模型计算结果与实验结果对比

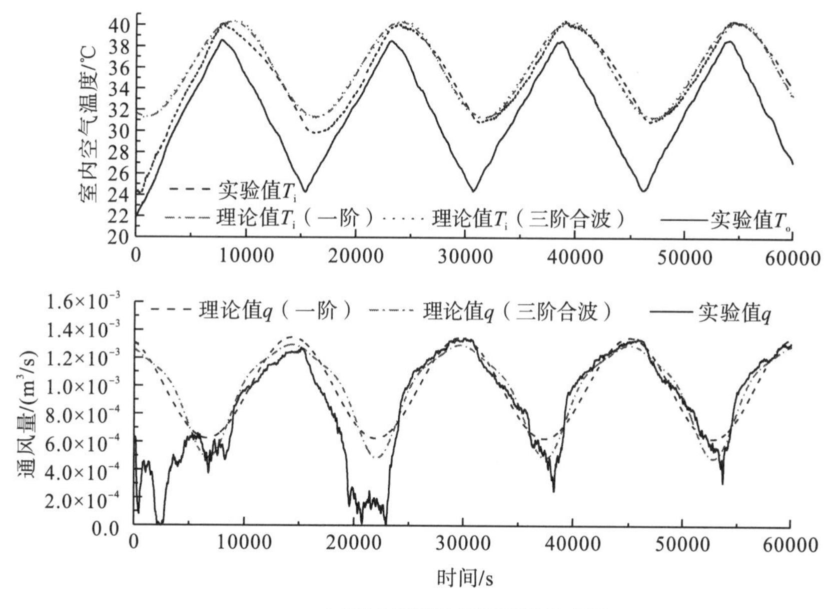

(a)室内空气温度和通风量曲线

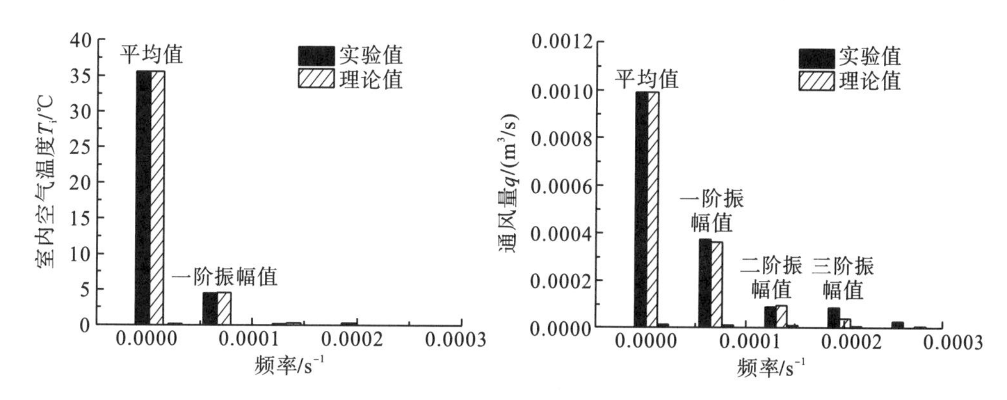

(b)室内空气温度和通风量的频谱分析

图 2-11　工况 3 的理论模型计算结果与实验结果对比

表 2-5 给出了通过理论模型得到的室内空气温度与通风量前三阶波的振幅比。这里的振幅比理解为各阶波动项振幅与一阶波振幅之比。可以看出，随着阶数的增加，室内空气温度波动项的振幅比变小，说明高阶波对合成波的贡献在减弱。在高温工况中，通风量的二阶波的振幅比仅为 10%左右。而在工况 3（低温工况）中，通风量二阶波和三阶波的振幅比分别达到 26.53%和 11.97%，表明在低温工况中通风量显现出非简谐波动的特性，不能仅由一阶简谐波来描述，而应将高阶波动项叠加进来。

表 2-5　室内空气温度与通风量理论计算结果中各阶波的振幅比

工况	阶数	温度振幅/℃	通风量振幅/(m^3/s)	温度振幅比	通风量振幅比
1	1 阶	5.1100	2.03×10^{-4}	100%	100%
	2 阶	0.0965	2.13×10^{-5}	1.89%	10.48%
	3 阶	0.0107	3.75×10^{-6}	0.21%	1.84%
2	1 阶	4.9686	2.90×10^{-4}	100%	100%
	2 阶	0.1968	6.47×10^{-5}	3.96%	22.33%
	3 阶	0.0477	2.43×10^{-5}	0.96%	8.40%
3	1 阶	4.4727	3.62×10^{-4}	100%	100%
	2 阶	0.2652	9.61×10^{-5}	5.93%	26.53%
	3 阶	0.0726	4.33×10^{-5}	1.62%	11.97%

从表 2-5 还可看出，当蓄热体的体量增大时，室内空气温度的一阶波振幅会略微减小，而高阶波振幅会略微增大；然而，通风量各阶波的振幅均增大。因此，可以认为蓄热体体量的增大有助于削减热压通风时室内空气温度主频波的振幅，但却使得通风量的波动加剧。图 2-12 为理论模型获得的工况 3 中室内空气温度和通风量各阶波动项相对于室外空气温度的相位差。可以看出，通风量前三阶波的相位差均超过了 $\pi/2$；随着频率的增大，其相位差呈单调递减趋势。室内空气温度相位差却随着频率的增加先增大后减小，其一阶波相对于室外空气温度的相位差小于 $\pi/2$，二阶和三阶波的相位差均超过了 $\pi/2$。通风量的一阶波相位差远大于室内空气温度一阶波，说明室内空气温度与通风量的波动高度不同步。

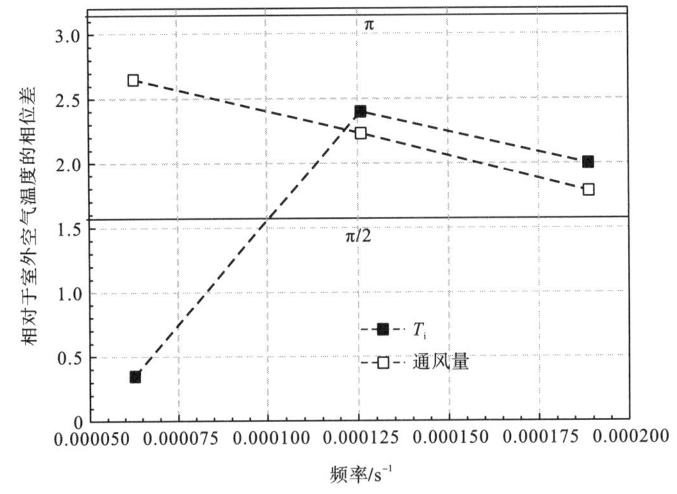

图 2-12　工况 3 中室内空气温度和通风量各阶波动项相对于室外空气温度的相位差

理论模型与实验结果均证实，热压与建筑本体蓄热耦合时可能导致通风量出现非简谐多频波动。当室内热源的释热率较小、室内空气温度相对低时，该现象会更显著，此时利用笔者建立的理论模型可对其进行量化。并且，通过理论模型，可以很方便地判断出热压通风时室内空气温度、通风量与室外空气温度间的相位差所处的区间。对式(2-82)所示的室内空气温度一阶波动项稍作处理即可得到式(2-97)。很显然，该复变量位于第四象限，这从理论上解释了室内空气温度一阶波的相位差不会超过π/2 的原因。再由式(2-88)，由于室内空气温度一阶波的特征复变量 $A'_{i,1}$ 的模值小于室外空气温度振幅 A_o，结合图 2-13 中复变量四则运算的几何表达可知，通风量一阶波的特征复变量 $A'_{q,1}$ 一定位于第三象限，从而解释了热压通风时其通风量的一阶波与室外空气温度的相位差位于π/2 与π之间的原因。

$$
\begin{aligned}
A'_{i,1} &= [A_o + \lambda'_w A_o + \frac{1}{2}A_o] \Big/ \left(D\mathrm{i} + \frac{\lambda\tau\mathrm{i}}{\lambda+\tau\mathrm{i}} + \lambda'_w + \frac{3}{2}\right) \\
&= \frac{\left(\dfrac{3}{2}+\lambda'_w\right)A_o\left[\dfrac{\lambda\tau^2}{\lambda^2+\tau^2}+\lambda'_w+\dfrac{3}{2}-\left(\dfrac{\lambda^2\tau}{\lambda^2+\tau^2}+D\right)\mathrm{i}\right]}{\left(\dfrac{\lambda\tau^2}{\lambda^2+\tau^2}+\lambda'_w+\dfrac{3}{2}\right)^2+\left(\dfrac{\lambda^2\tau}{\lambda^2+\tau^2}+D\right)^2}
\end{aligned}
\tag{2-97}
$$

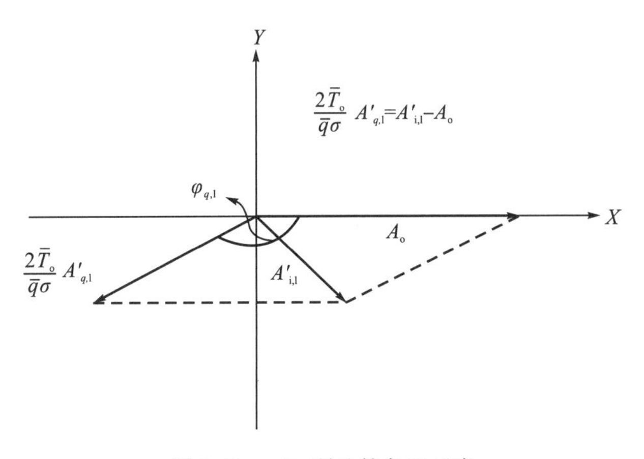

图 2-13　$A'_{q,1}$ 所处的象限示意

2.2.4　渐近解的应用价值讨论

我们可以从正反两个角度来看待 2.2.2 节给出的渐近解的作用。当气候参数、建筑尺寸、围护结构参数、通风口面积、蓄热体体量与室内热源释热率等确定时，我们可以利用该渐近解来量化热压通风时的室内空气温度与通风量的波动行为，也就是量化上述两个关键参数的振幅与相位差。而当我们对室内空气温度与通风量的波动特性有特定要求时，则可根据该渐近解来反向指导自然通风口的设置与蓄热体的定量配置。

还应说明的是，室内空气温度的动态行为实际上是热压驱动气流携带的天然冷量、建筑内部蓄热体蓄/放热过程及围护结构蓄传热过程综合作用的结果。虽然上述几个动态过程不同步，但有了 2.2.2 节的渐近解，就可以量化通风气流供给室内的冷量、建筑蓄热体及围护结构与室内空气之间换热量的瞬时值，这为调制上述动态热流提供了理论工具，使得在热压通风这种被动模式下实现室内空气温度的精准调控成为了可能。

参 考 文 献

[1] Yam J, Li Y G, Zheng Z H. Nonlinear coupling between thermal mass and natural ventilation in buildings[J]. International Journal of Heat and Mass Transfer，2003，46(7)：1251-1264.

[2] Zhou J L，Zhang G Q，Lin Y L，et al. Coupling of thermal mass and natural ventilation in buildings[J]. Energy and Buildings，2008，40(6)：979-986.

[3] 中国建筑科学研究院. 民用建筑热工设计规范：GB 50176—2016[S]. 北京：中国建筑工业出版社，2016.

[4] 柳孝图. 建筑物理[M]. 2 版. 北京：中国建筑工业出版社，2000.

[5] ASHRAE Standards Committee. Ventilation for acceptable indoor air quality：ASHRAE standard 62—2001[S]. Atlanta：American Society of Heating，Refrigerating and Air-Conditioning Engineers，Inc.，2001.

[6] 中华人民共和国建设部. 采暖通风与空气调节设计规范：GB 50019—2003[S]. 北京：中国计划出版社，2004.

[7] 中国气象局气象信息中心气象资料室. 中国建筑热环境分析专用气象数据集[M]. 北京：中国建筑工业出版社，2005.

[8] McQuiston F C, Parker J D, Spitler J D. Heating, ventilating and air conditioning, analysis and design[M]. 6th edition. New York：Wiley，2005.

[9] 郭源浩. 热压与空气-土壤换热器(EAHE)耦合通风换热理论模型研究[D]. 重庆：重庆大学，2016.

[10] Yang D，Guo Y H. Fluctuation of natural ventilation induced by nonlinear coupling between buoyancy and thermal mass[J]. International Journal of Heat and Mass Transfer，2016，96：218-230.

第3章　动态室外热环境下的EAHE换热模型

室外空气温度与土壤温度均为 EAHE 换热模型的边界条件，以往的研究大多考查二者为恒定值时，EAHE 的换热性能及产生的 EAHE 出口空气温度。实际上，EAHE 的入口空气温度(即室外空气温度)与浅层土壤温度存在年、日两个波动周期。EAHE 介入后，EAHE 管内空气与土壤间的换热又会改变土壤的原始温度，导致土壤与 EAHE 管内空气之间相互影响，二者的瞬时温差实际上决定了 EAHE 的瞬时蓄/放热量，而这是将 EAHE 入口空气温度与土壤温度视为恒定值时无法解决的问题。本章将室外空气温度与浅层土壤温度视为振动不同步、振幅不一致的简谐波，在此边界条件下推导 EAHE 换热模型，获得了描述 EAHE 出口空气温度动态变化的解析解。针对潮湿地区可能存在的 EAHE 管内空气与壁面间的热湿耦合传递过程，建立了数学模型，获得了 EAHE 出口空气温度与含湿量变化的数值解。

3.1　室外空气温度与土壤原始温度表征

3.1.1　室外空气温度与综合温度

在年、日两个周期中，室外空气温度 T_o 和室外综合温度 $T_{sol\text{-}air}$ 都可被视为时间的谐波函数。年周期一般为 365d，其波动频率 $\omega = 2\pi/365\text{d}$；日周期为 24h，则对应的波动频率 $\omega = 2\pi/24\text{h}$。因此，室外空气温度和室外综合温度可分别表示为

$$T_o = \bar{T}_o + A_o \cos(\omega t) \tag{3-1}$$

$$T_{sol\text{-}air} = \bar{T}_{sol\text{-}air} + A_{sol\text{-}air} \cos(\omega t - \varphi_{sol\text{-}air}) \tag{3-2}$$

其中，T_o 为室外空气温度，℃；$\overline{T_o}$ 为室外空气温度平均值，℃；A_o 为室外空气温度振幅；ω 为波动频率，s^{-1}；$T_{sol\text{-}air}$ 为室外综合温度，℃；$\bar{T}_{sol\text{-}air}$ 为室外综合温度平均值，℃；$A_{sol\text{-}air}$ 为室外综合温度振幅；$\varphi_{sol\text{-}air}$ 为室外综合温度相对于室外空气温度的相位差，rad。

以典型夏热冬冷地区重庆市为例，图 3-1 展示了其典型年的室外空气温度与室外综合温度[1]。其中，在计算综合温度时，将围护结构外表面的太阳辐射吸收系数(solar radiation absorbility factor)取为 0.7。图 3-2 和图 3-3 分别为夏季典型日(即 7 月 30 日)和冬季典型日(即 1 月 8 日)的室外空气温度与室外综合温度的变化情况。表 3-1 总结了上述气候参数。

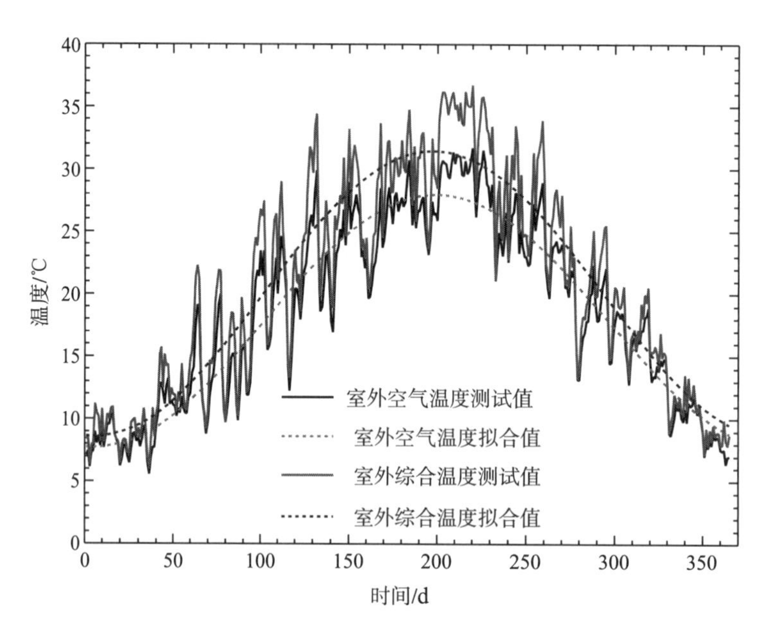

图 3-1 重庆典型年室外空气温度和室外综合温度的变化情况

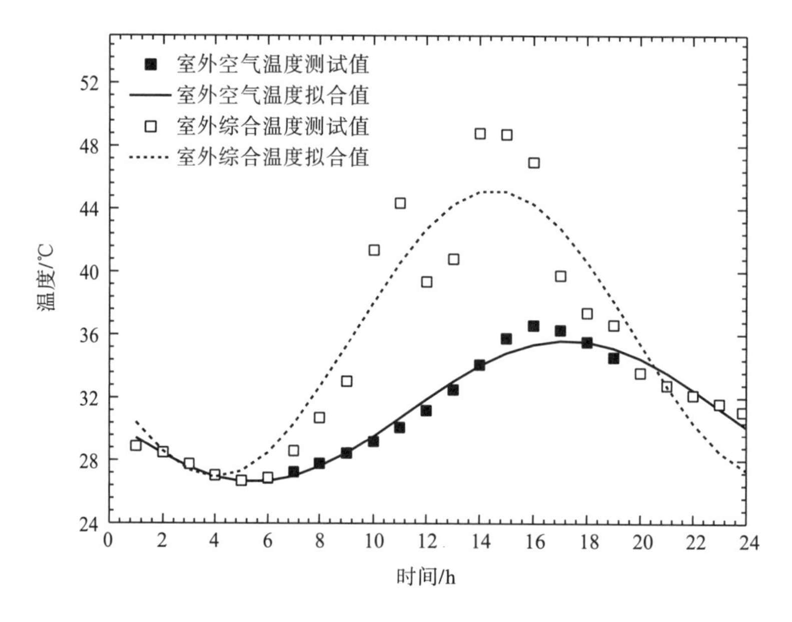

图 3-2 重庆典型夏季日室外空气温度和室外综合温度的变化情况

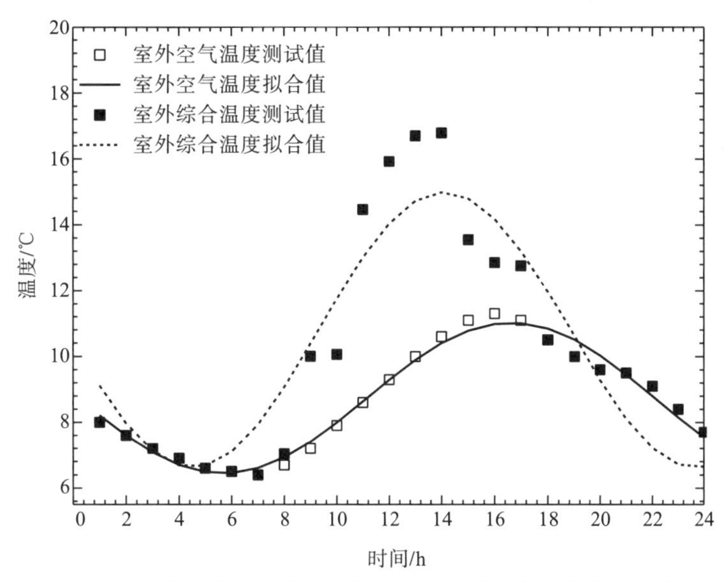

图 3-3　重庆典型冬季日室外空气温度和室外综合温度的变化情况

表 3-1　重庆地区的典型室外空气温度与综合温度汇总

参数	年周期	冬季日周期	夏季日周期
$\overline{T}_{o}$ /K	290.84	281.70	304.13
$\overline{T}^{*}_{sol\text{-}air}$ /K	293.03	283.80	309.07
$\kappa_{sol\text{-}air}$	1.13	1.83	2.03
$\varphi_{sol\text{-}air}$ /rad	0.01	−0.14	−0.24

*建筑围护结构外表面的太阳辐射吸收系数取为 0.7。

3.1.2　土壤温度分布

将地表以下的土壤看作一个半无限大物体，则其导热微分方程可以用下式表示：

$$\frac{1}{\alpha_s}\frac{\partial T_s}{\partial t}=\frac{\partial^2 T_s}{\partial z^2} \tag{3-3}$$

对应的边界条件为

$$T_s(0,t)=\overline{T}_g+A_g\cos\left(\frac{2\pi t}{P}-\varphi_{sag}-\varphi_g\right) \tag{3-4}$$

$$T_s(z\to\infty,t)=\overline{T}_g \tag{3-5}$$

也可在地表处采用第三类边界条件：

$$-\lambda_s\frac{\partial T_s}{\partial z}\bigg|_{z=0}=h_5(T_{sol\text{-}air\text{-}g}-T_s|_{z=0})=h_5(T_{sol\text{-}air\text{-}g}-T_g) \tag{3-6}$$

其中，$\overline{T}_g$ 表示地表的平均温度，℃；A_g 为地表温度的振幅；P 为波动周期，年波动周期为 365d，日波动周期为 24h；$T_{sol\text{-}air\text{-}g}$ 为以地表为对象的室外综合温度，℃。值得指出的是，由于地表对于太阳辐射的吸收率及其表面的对流换热系数均与建筑围护结构外表面的相应参数存在差异，因此，$T_{\text{sol-air-g}}$ 并不等同于式(3-2)中的室外综合温度 $T_{\text{sol-air}}$；φ_{sag} 为 $T_{\text{sol-air-g}}$ 相对于室外空气温度的相位差，rad，如果投向地表的太阳辐射被遮挡，则 φ_{sag} 等于零；φ_{g} 为地表温度 T_{g} 相对于 $T_{\text{sol-air-g}}$ 的相位差，rad；ω 为波动频率，即 $\omega = 2\pi / P$，s^{-1}；α_{s} 为土壤的热扩散系数，$\alpha_{\text{s}} = \lambda_{\text{s}} / \rho_{\text{s}} C_{\text{s}}$，$\text{m}^2/\text{s}$。其中，$\lambda_{\text{s}}$ 为土壤的导热系数，W/(m·K)；ρ_{s} 为土壤的密度，kg/m^3；C_{s} 为土壤的比热容，J/(kg·K)；h_5 为地表的表面传热系数，$\text{W/(m}^2\cdot\text{K)}$。

对导热微分方程(3-3)采用分离变量法求解[2]，可以得到：

$$\hat{T} = \exp\left(-\frac{\hat{z}}{\sqrt{2}}\right)\cos\left(\hat{t} - \frac{\hat{z}}{\sqrt{2}} - \varphi_{\text{sag}} - \varphi_{\text{g}}\right) \tag{3-7}$$

其中，$\hat{T} = \dfrac{T_{\text{s}} - \overline{T}_{\text{g}}}{A_{\text{g}}}$，$\hat{z} = z\sqrt{\dfrac{\omega}{\alpha_{\text{s}}}}, \hat{t} = \omega t$。

而 $T_{\text{sol-air-g}}$ 也可表达为谐波函数：

$$T_{\text{sol-air-g}} = \overline{T}_{\text{sol-air-g}} + A_{\text{sag}} \cos(\hat{t} - \varphi_{\text{sag}}) \tag{3-8}$$

对式(3-6)～式(3-8)进行整理，可得

$$\overline{T}_{\text{g}} = \overline{T}_{\text{sol-air-g}} \tag{3-9}$$

$$\varphi_{\text{g}} = \frac{\pi}{2} + \arctan\frac{\lambda_{\text{s}}\sqrt{\pi / \alpha_{\text{s}} P} + h_5}{-\lambda_{\text{s}}\sqrt{\pi / \alpha_{\text{s}} P}} \tag{3-10}$$

$$\kappa_{\text{g}} = \frac{A_{\text{g}}}{A_{\text{sag}}} = \frac{h_5}{\sqrt{\dfrac{2\lambda_{\text{s}}^2 \pi}{\alpha_{\text{s}} P} + h_5^2 + 2\lambda_{\text{s}} h_5 \sqrt{\pi / \alpha_{\text{s}} P}}} \tag{3-11}$$

将式(3-9)～式(3-11)代入式(3-7)，可得年周期和日周期中深度 z 处的土壤温度变化曲线：

$$T_{\text{s}}(z, t_{\text{y}}) = \overline{T}_{\text{g,y}} + A_{\text{g,y}} \mathrm{e}^{-z\sqrt{\frac{\omega_{\text{y}}}{2\alpha_{\text{s}}}}} \cos\left(\omega t_{\text{y}} - \varphi_{\text{sag,y}} - \varphi_{\text{g,y}} - z\sqrt{\frac{\omega_{\text{y}}}{2\alpha_{\text{s}}}}\right) \tag{3-12}$$

$$T_{\text{s}}(z, t_{\text{d}}) = \overline{T}_{\text{g,y}} + \sum_{m=\text{y,d}} A_{\text{g},m} \exp\left(-\sqrt{\frac{\pi}{\alpha_{\text{s}} P_m}} z\right)\cos\left(\frac{2\pi t_m}{P_m} - \varphi_{\text{sag},m} - \varphi_{\text{g},m} - \sqrt{\frac{\pi}{\alpha_{\text{s}} P_m}} z\right) \tag{3-13}$$

如果近似认为 $T_{\text{sol-air-g}} = T_{\text{o}}$ 与 $\varphi_{\text{sag}}=0$，则有

$$\begin{aligned} T_{\text{s,y}}(t_{\text{y}}, z) &= \overline{T}_{\text{s},z,\text{y}} + \tilde{T}_{\text{s},z,\text{y}} \\ &= \overline{T}_{\text{o,y}} + A_{\text{o,y}} \kappa_{\text{g,y}} \exp\left(-\sqrt{\frac{\pi}{\alpha_{\text{s}} P_{\text{y}}}} z\right)\cos\left(\frac{2\pi t_{\text{y}}}{P_{\text{y}}} - \varphi_{\text{g,y}} - \sqrt{\frac{\pi}{\alpha_{\text{s}} P_{\text{y}}}} z\right) \end{aligned} \tag{3-14}$$

$$\begin{aligned} T_{\text{s,d}}(t_{\text{d}}, z) &= \overline{T}_{\text{s},z,\text{d}} + \tilde{T}_{\text{s},z,\text{d}} = T_{\text{s,y}}(t_{\text{y}}, z) + \tilde{T}_{\text{s},z,\text{d}} \\ &= \overline{T}_{\text{o,y}} + \sum_{m=\text{y,d}} A_{\text{o},m} \kappa_{\text{g},m} \exp\left(-\sqrt{\frac{\pi}{\alpha_{\text{s}} P_m}} z\right)\cos\left(\frac{2\pi t_m}{P_m} - \varphi_{\text{g},m} - \sqrt{\frac{\pi}{\alpha_{\text{s}} P_m}} z\right) \end{aligned} \tag{3-15}$$

从式(3-14)与式(3-15)可以看出，土壤温度的波动具有以下几个特性。

(1)年周期的平均值保持恒定，在时间 t 足够长时，土壤导热进入正规状况阶段，不

同深度处土壤温度在年周期中的平均值相等。但在日周期中，对于不同深度处的土壤，其平均温度要根据土壤温度的年周期波动曲线计算。同一深度处的土壤在不同日周期中的平均温度是不一样的。

(2) 振幅随着埋深的增加而衰减，深度 z 处的土壤原始温度的振幅为 $A_{s,z}=A_{g}\mathrm{e}^{-z\sqrt{\frac{\omega}{2\alpha_{s}}}}$。由此可见，土壤温度的振幅随着深度 z 的增加呈指数衰减。

(3) 相位相对于地表温度滞后，深度 z 处的土壤温度相对于地表温度的相位差为 $\varphi_{s,z}=z\sqrt{\frac{\omega}{2\alpha_{s}}}$。

综上所述，土壤温度呈周期性波动，不同深度处的土壤温度在年周期中的平均值保持一致。但是，随着深度的增加，振幅逐渐衰减，而相位差增大。当振幅衰减到可以忽略时，则认为到达了恒温层[3]。相比于年周期，地表温度在日周期中的振幅小，且波动频率大，因此，日周期中来自地表的温度波在向土壤深处渗透的过程中振幅衰减较快，渗透厚度较小。一般情况下，年周期中的渗透厚度可达 15m，而在日周期中只有 1.5m 左右[4-6]。

3.2　圆形截面 EAHE 换热模型

3.2.1　EAHE 周围土壤的过余波动温度

当 EAHE 未介入土壤时，土壤的原始温度由地表的温度波动与土壤自身的热物性决定，在 3.1.2 节中已经给出了土壤原始温度的定量表达。但当 EAHE 介入土壤后，来自 EAHE 管内的空气温度波穿过埋管壁面并沿土壤径向渗透，使 EAHE 周围土壤同时受到来自 EAHE 管内空气与地表的热流扰动，土壤温度会偏离其原始温度。EAHE 管内空气温度波是沿着径向传播的，但随着径向距离的增加，其影响逐渐减弱。如图 3-4(a) 所示，在 $r\to\infty$ 处，土壤温度趋近其原始温度。引入“过余波动温度”来表征受到 EAHE 管内空气扰动后的土壤温度波动项与土壤原始温度波动项之差，它实则代表了来自 EAHE 的温度波在土壤径向上的传播能力。下面以土壤原始温度的波动值 $\tilde{T}_{s,z}$ 为基准，引入过余波动温度。

EAHE 周围土壤的过余波动温度：

$$\tilde{\theta}_{s,r}=\tilde{T}_{s,r}-\tilde{T}_{s,z} \tag{3-16}$$

EAHE 管内空气的过余波动温度：

$$\tilde{\theta}_{n}=\tilde{T}_{n}-\tilde{T}_{s,z} \tag{3-17}$$

室外空气(即 EAHE 入口空气)的过余波动温度：

$$\tilde{\theta}_{o}=\tilde{T}_{o}-\tilde{T}_{s,z} \tag{3-18}$$

显然，在径向坐标趋于无穷大时，存在 $\tilde{T}_{s,\infty}\to\tilde{T}_{s,z}$，$\tilde{\theta}_{s,\infty}\to 0$。对于深埋的 EAHE，由于 $\tilde{T}_{s,z}=0$，则 $\tilde{\theta}_{n}=\tilde{T}_{n}$，$\tilde{\theta}_{s,r}=\tilde{T}_{s,r}$。

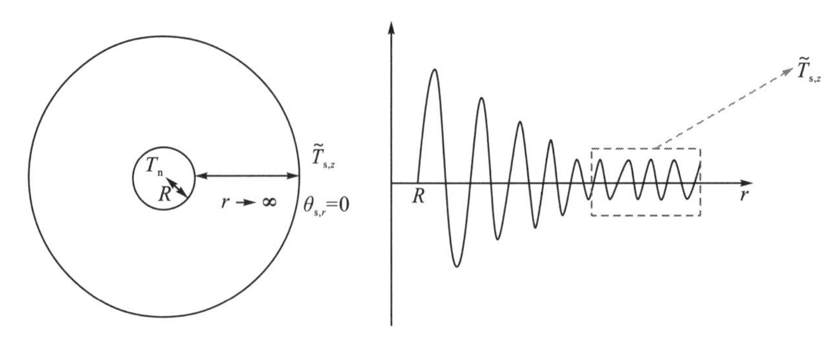

(a)EAHE横截面上土壤温度波动沿径向的变化

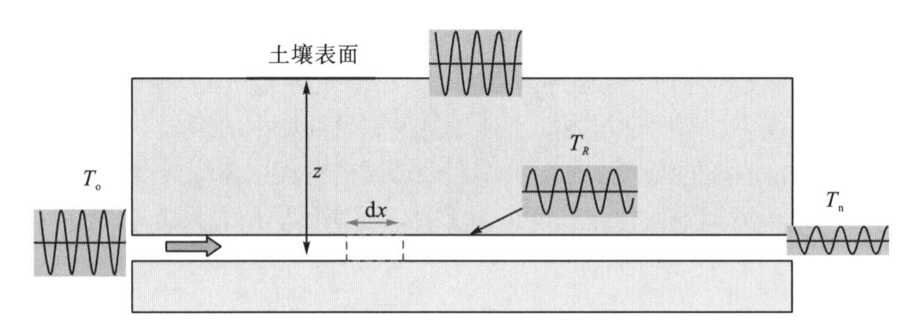

(b)EAHE纵剖面上几个主要温度变量的波动

图 3-4 EAHE 周围土壤温度与管内空气温度波动示意

3.2.2 拉普拉斯变换简述

EAHE 周围土壤的导热可视为半无限大圆筒的周期性导热问题。在导热微分方程中既有对时间的偏导数项，又有对径向坐标的二阶偏导数项，无法直接积分求解[2]，对于此类问题常用的求解方法有分离变量法与积分变换法(拉普拉斯变换或傅里叶变换)。在 3.1.2 节中，将 EAHE 未介入前的土壤导热视作半无限大物体的周期性导热问题，采用分离变量法进行求解。但是，当 EAHE 介入土壤后，若仍采用该方法求解土壤导热微分方程，计算过程十分复杂，不便于获得解析式。

不同于分离变量法，积分变换法的一个重要优势是能将导数项变换为代数项，从而使微分方程中的自变量个数减少，降低了方程的求解难度。拉普拉斯变换(以下简称拉氏变换)作为积分变换的一种方法，其原理就是将一个函数或方程从时间域(τ 域)变换到复数域(s 域)进行运算，然后再对运算结果进行拉普拉斯反变换，获得对应时间域的结果。本书采用拉氏变换及其反变换，对 EAHE 介入后的土壤导热微分方程组进行求解。下面对拉氏变换及反变换的定义及性质进行简要说明[2,7,8]。

函数 $f(\tau)$ 的拉氏变换表达为

$$F(s)=\int_0^{\infty}\mathrm{e}^{-s\tau}f(\tau)\mathrm{d}\tau \tag{3-19}$$

若拉氏变换用符号“L”表示，则

$$L[f(\tau)]=F(s) \tag{3-20}$$

其中，$f(\tau)$ 为拉氏变换的原函数；$F(\tau)$ 为 $f(\tau)$ 的象函数；s 为复变量。由象函数求原函数的运算称作拉普拉斯反变换，即

$$f(\tau)=L^{-1}[F(s)] \tag{3-21}$$

设 $s=a+\mathrm{i}b$，则拉氏反变换表达为

$$f(\tau)=\frac{1}{2\pi\mathrm{i}}\int_{a-\mathrm{i}\infty}^{a+\mathrm{i}\infty}F(s)\mathrm{e}^{s\tau}\,\mathrm{d}s \tag{3-22}$$

在求解 EAHE 介入后的土壤导热微分方程时，不仅会用到拉氏变换与反变换，还会涉及拉氏变换的三条性质。设 $L[f(\tau)]=F(s)$，$L[g(\tau)]=G(s)$，则有如下性质：

(1)线性性质：

$$L[c_1f(\tau)+c_2g(\tau)]=c_1F(s)+c_2G(s) \tag{3-23}$$

$$L^{-1}[c_1F(s)+c_2G(s)]=c_1f(\tau)+c_2f(\tau) \tag{3-24}$$

其中，c_1、c_2 为常数。

(2)导数的拉氏变换：

$$L[f'(\tau)]=sF(s)-f(0) \tag{3-25}$$

$$L[f^{(n)}(\tau)]=sL[f^{(n-1)}(\tau)-f^{(n-1)}(0)] \tag{3-26}$$

(3)卷积定理：

$$f(\tau)*g(\tau)=\int_0^\tau f(\tau-\tau')g(\tau')\mathrm{d}\tau'=\int_0^\tau f(\tau')g(\tau-\tau')\mathrm{d}\tau' \tag{3-27}$$

3.2.3　EAHE 周围土壤动态导热过程的数学描述

若 EAHE 埋管的横截面为圆形，则土壤导热方程可在柱坐标系中表示。其中，导热方程的波动部分及其相应的边界条件和初始条件可以由 3.2.1 节中提出的过余波动温度来表征：

$$\frac{\partial\tilde{\theta}_\mathrm{s}(t,r)}{\partial t}=\frac{\alpha_\mathrm{s}}{r}\frac{\partial}{\partial r}\left(r\frac{\partial\tilde{\theta}_\mathrm{s}(t,r)}{\partial r}\right) \tag{3-28}$$

$$-\lambda_\mathrm{s}\frac{\partial\tilde{\theta}_\mathrm{s}}{\partial r}\bigg|_{r=R}=h_1(\tilde{\theta}_\mathrm{n}-\tilde{\theta}_\mathrm{s}(t,R)),\quad r=R \tag{3-29}$$

$$\tilde{\theta}_\mathrm{s}=0,\quad r=\infty \tag{3-30}$$

$$\tilde{\theta}_\mathrm{s}(0,r)=0,\quad t=0,\ R<r<\infty \tag{3-31}$$

圆形截面 EAHE 埋管内壁面的表面传热系数 h_1 为

$$h_1=Nu\cdot k_\mathrm{a}/d \tag{3-32}$$

其中，k_a 为空气的导热系数；d 为 EAHE 埋管的内径。EAHE 管内空气的雷诺数为

$$Re=V_\mathrm{a}d/v_\mathrm{a} \tag{3-33}$$

其中，v_a 为空气的运动黏度，$\mathrm{m^2/s}$；V_a 是空气在 EAHE 埋管横截面上的平均速度。

Incropera 和 DeWitt 给出了圆管内对流换热的努塞特数[9]：

$$Nu=4.36,\quad Re<2300 \tag{3-34}$$

$$Nu=\frac{(f/8)(Re-1000)Pr}{1+12.7(f/8)^{1/2}(Pr^{2/3}-1)},\quad Re>2300 \tag{3-35}$$

其中，f 为 EAHE 埋管壁面的摩擦系数，可以根据佩图霍夫(Petukhov)公式[9]进行确定：

$$f=(0.79\ln Re-1.64)^{-2} \tag{3-36}$$

对式(3-28)～式(3-31)进行拉普拉斯变换，可以得到：

$$\frac{\partial^2\hat{\theta}_{\mathrm{s}}}{\partial r^2}+\frac{1}{r}\frac{\partial\hat{\theta}_{\mathrm{s}}}{\partial r}=\frac{s}{\alpha_{\mathrm{s}}}\hat{\theta}_{\mathrm{s}} \tag{3-37}$$

$$-\lambda_{\mathrm{s}}\frac{\partial\hat{\theta}_{\mathrm{s}}}{\partial r}\bigg|_{r=R}=h_1(\hat{\theta}_{\mathrm{n}}-\hat{\theta}_{\mathrm{s}}\big|_{r=R}) \tag{3-38}$$

$$\hat{\theta}_{\mathrm{s}}(s,\infty)=0 \tag{3-39}$$

结合式(3-39)给出的初始条件，式(3-37)的通解可以表示为修正的贝塞尔函数的组合：

$$\hat{\theta}_{\mathrm{s},r}=AI_0\left(\sqrt{\frac{s}{\alpha_{\mathrm{s}}}}r\right)+BK_0\left(\sqrt{\frac{s}{\alpha_{\mathrm{s}}}}r\right) \tag{3-40}$$

其中，A 和 B 都是由边界条件决定的。

在 $r=\infty$ 处，存在 $I_0\left(\sqrt{\frac{s}{\alpha_{\mathrm{s}}}}r\right)\to\infty$ 和 $K_0\left(\sqrt{\frac{s}{\alpha_{\mathrm{s}}}}r\right)\to 0$，因此，$A=0$，则有

$$\hat{\theta}_{\mathrm{s},r}=BK_0\left(\sqrt{\frac{s}{\alpha_{\mathrm{s}}}}r\right) \tag{3-41}$$

代入式(3-38)表示的边界条件，可以得到：

$$-\lambda_{\mathrm{s}}\left[-B\sqrt{\frac{s}{\alpha_{\mathrm{s}}}}K_1\left(\sqrt{\frac{s}{\alpha_{\mathrm{s}}}}R\right)\right]=h_1\left[\hat{\theta}_{\mathrm{n}}-BK_0\left(\sqrt{\frac{s}{\alpha_{\mathrm{s}}}}R\right)\right] \tag{3-42}$$

然后，对式(3-42)进行整理，可得

$$B=\hat{\theta}_{\mathrm{n}}\cdot\frac{h_1}{h_1K_0\left(\sqrt{\frac{s}{\alpha_{\mathrm{s}}}}R\right)+\lambda_{\mathrm{s}}\sqrt{\frac{s}{\alpha_{\mathrm{s}}}}K_1\left(\sqrt{\frac{s}{\alpha_{\mathrm{s}}}}R\right)} \tag{3-43}$$

将式(3-43)代入式(3-41)，可得

$$\hat{\theta}_{\mathrm{s},r}=\hat{\theta}_{\mathrm{n}}\cdot\frac{h_1K_0\left(\sqrt{\frac{s}{\alpha_{\mathrm{s}}}}r\right)}{h_1K_0\left(\sqrt{\frac{s}{\alpha_{\mathrm{s}}}}R\right)+\lambda_{\mathrm{s}}\sqrt{\frac{s}{\alpha_{\mathrm{s}}}}K_1\left(\sqrt{\frac{s}{\alpha_{\mathrm{s}}}}R\right)}=\hat{\theta}_{\mathrm{n}}\cdot F(s,r) \tag{3-44}$$

其中，

$$F(s,r)=\frac{h_1K_0\left(\sqrt{\frac{s}{\alpha_{\mathrm{s}}}}r\right)}{h_1K_0\left(\sqrt{\frac{s}{\alpha_{\mathrm{s}}}}R\right)+\lambda_{\mathrm{s}}\sqrt{\frac{s}{\alpha_{\mathrm{s}}}}K_1\left(\sqrt{\frac{s}{\alpha_{\mathrm{s}}}}R\right)} \tag{3-45}$$

设 $f(t,r)$ 为 $F(s,r)$ 的拉普拉斯反变换结果，对式(3-44)利用拉普拉斯变换的卷积定理[10]，当时间 t 足够长时，可以得到：

$$\tilde{\theta}_{\mathrm{s}}(t,r)=f(t,r)*\tilde{\theta}_{\mathrm{n}}=\int_0^t\left[f(\varsigma,r)\tilde{\theta}_{\mathrm{n}}(t-\varsigma)\right]\mathrm{d}\varsigma\approx\int_0^{\infty}\left[f(\varsigma,r)\tilde{\theta}_{\mathrm{n}}(t-\varsigma)\right]\mathrm{d}\varsigma \tag{3-46}$$

由于 $\tilde{\theta}_{\mathrm{n}}=A'_{\mathrm{n}}\mathrm{e}^{\mathrm{i}\omega t}-A'_{\mathrm{s},z}\mathrm{e}^{\mathrm{i}\omega t}$，则 EAHE 埋管周围土壤的过余波动温度为

$$\tilde{\theta}_{\mathrm{s}}(t,r)=\int_0^{\infty}f(\varsigma,r)\cdot(A'_{\mathrm{n}}-A'_{\mathrm{s},z})\exp[\mathrm{i}\omega(t-\varsigma)]\mathrm{d}\varsigma=(A'_{\mathrm{n}}-A'_{\mathrm{s},z})\exp(\mathrm{i}\omega t)\cdot\int_0^{\infty}f(\varsigma,r)\exp(-\mathrm{i}\omega\varsigma)\mathrm{d}\varsigma=\tilde{\theta}_{\mathrm{n}}\cdot F(\mathrm{i}\omega,r) \tag{3-47}$$

于是，得到 EAHE 埋管内壁面过余波动温度与管内空气过余波动温度的关系为

$$\tilde{\theta}_{\mathrm{s}}(t,R)=\tilde{\theta}_{\mathrm{n}}\cdot F(\mathrm{i}\omega,R) \tag{3-48}$$

其中，$F(\mathrm{i}\omega,R)$ 为修正的贝塞尔函数的组合：

$$F(\mathrm{i}\omega,R)=\frac{h_1K_0\left(\sqrt{\dfrac{\mathrm{i}\omega}{\alpha_{\mathrm{s}}}}R\right)}{h_1K_0\left(\sqrt{\dfrac{\mathrm{i}\omega}{\alpha_{\mathrm{s}}}}R\right)+\lambda_s\sqrt{\dfrac{\mathrm{i}\omega}{\alpha_{\mathrm{s}}}}K_1\left(\sqrt{\dfrac{\mathrm{i}\omega}{\alpha_{\mathrm{s}}}}R\right)} \tag{3-49}$$

3.2.4　EAHE 出口空气温度解析式

对图 3-4(b) 中的 EAHE 管内空气微元体建立热平衡方程：

$$\rho_{\mathrm{a}}C_{\mathrm{a}}\pi R^2\mathrm{d}x\frac{\partial T_{\mathrm{n}}}{\partial t}=-\rho_{\mathrm{a}}C_{\mathrm{a}}V_{\mathrm{a}}\pi R^2\frac{\partial T_{\mathrm{n}}}{\partial x}\mathrm{d}x-h_1(T_{\mathrm{n}}-T_R)2\pi R\mathrm{d}x \tag{3-50}$$

式(3-50)中的波动项方程为

$$\frac{R}{V_{\mathrm{a}}}\frac{\partial\tilde{T}_{\mathrm{n}}}{\partial t}=-R\frac{\partial\tilde{T}_{\mathrm{n}}}{\partial x}-2\delta'(\tilde{T}_{\mathrm{n}}-\tilde{T}_R) \tag{3-51}$$

其中，$\delta'=h_1/\rho_{\mathrm{a}}C_{\mathrm{a}}V_{\mathrm{a}}$，$V_{\mathrm{a}}$ 是空气在 EAHE 埋管横截面上的平均速度。将式(3-48)和式(3-17)代入式(3-51)，可以得到

$$\frac{\mathrm{i}\omega}{V_{\mathrm{a}}}(\tilde{\theta}_{\mathrm{n}}+\tilde{T}_{\mathrm{s},z})=-\frac{\partial\tilde{\theta}_{\mathrm{n}}}{\partial x}-\frac{2\delta'}{R}(1-F)\tilde{\theta}_{\mathrm{n}} \tag{3-52}$$

对式(3-52)进行再次整理，可得

$$\frac{\partial\tilde{\theta}_{\mathrm{n}}}{\partial x}+\left[\frac{\mathrm{i}\omega}{V_{\mathrm{a}}}+\frac{2\delta'}{R}(1-F)\right]\tilde{\theta}_{\mathrm{n}}+\frac{\mathrm{i}\omega}{V_{\mathrm{a}}}\tilde{T}_{\mathrm{s},z}=0 \tag{3-53}$$

结合边界条件 $\tilde{\theta}_{\mathrm{n}}\big|_{x=0}=\tilde{\theta}_{\mathrm{o}}=\tilde{T}_{\mathrm{o}}-\tilde{T}_{\mathrm{s},z}$，可获得式(3-53)的解：

$$\tilde{\theta}_{\mathrm{n}}=\tilde{T}_{\mathrm{o}}\mathrm{e}^{-\left[\frac{\mathrm{i}\omega}{V_{\mathrm{a}}}+\frac{2\delta'}{R}(1-F)\right]\cdot x}+\left[\frac{V_{\mathrm{a}}2\delta'(F-1)\mathrm{e}^{-\left[\frac{\mathrm{i}\omega}{V_{\mathrm{a}}}+\frac{2\delta'}{R}(1-F)\right]\cdot x}-R\mathrm{i}\omega}{R\mathrm{i}\omega+V_{\mathrm{a}}2\delta'(1-F)}\right]\tilde{T}_{\mathrm{s},z} \tag{3-54}$$

整理成 EAHE 出口空气温度波动项表达式：

$$\tilde{T}_{\mathrm{n}}=\tilde{T}_{\mathrm{o}}\mathrm{e}^{-\left[\frac{\mathrm{i}\omega}{V_{\mathrm{a}}}+\frac{2\delta'}{R}(1-F)\right]\cdot x}+\left[\frac{V_{\mathrm{a}}2\delta'(F-1)\mathrm{e}^{-\left[\frac{\mathrm{i}\omega}{V_{\mathrm{a}}}+\frac{2\delta'}{R}(1-F)\right]\cdot x}+V_{\mathrm{a}}2\delta'(1-F)}{R\mathrm{i}\omega+V_{\mathrm{a}}2\delta'(1-F)}\right]\tilde{T}_{\mathrm{s},z} \tag{3-55}$$

式(3-55)也可表示为

$$A'_{\mathrm{n}}=A_{\mathrm{o}}\mathrm{e}^{-\left[\frac{\mathrm{i}\omega}{V_{\mathrm{a}}}+\frac{2\delta'}{R}(1-F)\right]\cdot x}+\left[\frac{V_{\mathrm{a}}2\delta'(F-1)\mathrm{e}^{-\left[\frac{\mathrm{i}\omega}{V_{\mathrm{a}}}+\frac{2\delta'}{R}(1-F)\right]\cdot x}+V_{\mathrm{a}}2\delta'(1-F)}{R\mathrm{i}\omega+V_{\mathrm{a}}2\delta'(1-F)}\right]A'_{\mathrm{s},z} \tag{3-56}$$

其中，$F=F(\mathrm{i}\omega,R)$。

EAHE 出口空气温度相对于室外空气温度的振幅比与相位差为

$$\kappa_{\mathrm{n}}=A_{\mathrm{n}}/A_{\mathrm{o}}=\mathrm{abs}(A'_{\mathrm{n}})/A_{\mathrm{o}} \tag{3-57}$$

$$\varphi_{\mathrm{n}}=(-1)\cdot\mathrm{angle}(A'_{\mathrm{n}}) \tag{3-58}$$

其中，abs 和 angle 分别表示求复数的幅值和幅角。上述解析式同时适用于年周期与日周期，二者的差异在于波动频率 ω 的取值不同。对于深埋 EAHE，由于 $A'_{\mathrm{s},z}\to 0$，其出口空气温度可简化为

$$A'_{\mathrm{n}}(x)=A_{\mathrm{o}}\mathrm{e}^{-\left[\frac{\mathrm{i}\omega}{V_{\mathrm{a}}}+\frac{2\delta'(1-F)}{R}\right]x} \tag{3-59}$$

如果忽略地表接收的太阳辐射，则土壤温度的年平均值 $\bar{T}_{\mathrm{s},z,\mathrm{y}}$ 近似等于室外空气温度的年平均值，即

$$\bar{T}_{\mathrm{s},z,\mathrm{y}}\approx\bar{T}_{\mathrm{o,y}} \tag{3-60}$$

$$\bar{T}_{\mathrm{n,y}}\approx\bar{T}_{\mathrm{o,y}} \tag{3-61}$$

则 EAHE 出口空气温度在年周期中的变化可表达为

$$T_{\mathrm{n,y}}=\bar{T}_{\mathrm{n,y}}+\tilde{T}_{\mathrm{n,y}}=\bar{T}_{\mathrm{o,y}}+\kappa_{\mathrm{n,y}}A_{\mathrm{o,y}}\cos(\omega_{\mathrm{y}}t_{\mathrm{y}}-\theta_{\mathrm{n,y}}) \tag{3-62}$$

对于日周期，EAHE 出口空气温度可表示为

$$\begin{aligned}T_{\mathrm{n,d}}&=\bar{T}_{\mathrm{n,d}}+\tilde{T}_{\mathrm{n,d}}\\&=\bar{T}_{\mathrm{o,y}}+\kappa_{\mathrm{n,y}}A_{\mathrm{o,y}}\cos\left(\frac{2\pi}{365\mathrm{d}}t_{\mathrm{y}}-\theta_{\mathrm{n,y}}\right)+\kappa_{\mathrm{n,d}}A_{\mathrm{o,d}}\cos\left(\frac{2\pi}{24\mathrm{h}}t_{\mathrm{d}}-\theta_{\mathrm{n,d}}\right)\end{aligned} \tag{3-63}$$

式中，t_{y} 为年周期的天数；t_{d} 为日周期的小时数。

3.2.5 圆形截面 EAHE 数值模拟

本节采用计算流体力学软件 ANSYS Fluent 对 EAHE 管内空气与土壤之间的换热过程进行模拟计算。EAHE 埋管长为 60m，半径为 0.32m，埋深为 4m。在数值模拟过程中忽略 EAHE 埋管管壁的厚度[11,12]。计算域与横截面上的网格如图 3-5 所示。计算域长 60m，宽 10m，高 8m。网格单元总数为 986876。为了缩短模拟时间，这里设定的波动周期比实际年周期短得多，设定为 1000s。对应地，土壤的热扩散系数的设定值需要远大于真实土

壤的热扩散系数，才能保证模拟计算的热扩散过程与实际土壤内的热扩散过程一致，对应的热物性参数设定值如表 3-2 所示。通过人为调整土壤密度，设定了两种土壤热扩散系数，实现在相同的计算域中模拟两种埋深的 EAHE。工况 1 中的土壤热扩散系数设定值比工况 2 大，因此其土壤温度受到地表温度波动与管内空气热扰动影响的范围比工况 2 更大。可认为工况 1 对应浅埋的 EAHE 管道，而工况 2 对应深埋的 EAHE 管道。

室外空气温度与土壤表面温度均呈周期性波动，被作为边界条件施加在 EAHE 的入口与土壤计算域的上表面。二者皆服从以下函数：

$$T_{\mathrm{o}} = T_{\mathrm{g}} = 293 - 12\cos(2\pi t/1000) \tag{3-64}$$

其中，t 是时间，s。

土壤温度的初始条件与深度 z 相关，表示为

$$T_{\mathrm{s},z,\mathrm{ini}} = 293 - 12\exp\left(-z\sqrt{\frac{\pi}{1000\alpha_{\mathrm{s}}}}\right)\cos(-z\sqrt{\frac{\pi}{1000\alpha_{\mathrm{s}}}}) \tag{3-65}$$

图 3-6 展示了工况 1 与工况 2 中在不同管长处的管内空气温度的数值模拟结果与理论模型计算结果。理论模型计算结果与数值模拟结果均表明，对于浅埋与深埋 EAHE，管内空气温度的振幅均随着管长的增加而减小，其与室外空气温度的相位差则随着管长的增加而增大。

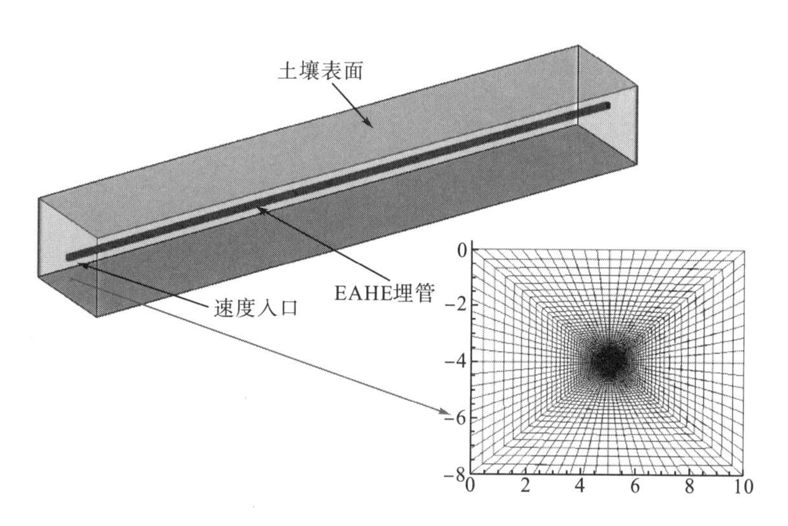

图 3-5　土壤计算域及其横截面网格情况

表 3-2　土壤与空气的热物性参数

工况编号	土壤				空气			
	密度/(kg/s)	导热性能/[W/(m·K)]	比热容/[J/(kg·K)]	热扩散系数/(m^2/s)	密度/(kg/s)	导热性能/[W/(m·K)]	比热容[J/(kg·K)]	热扩散系数/(m^2/s)
工况 1	0.014	0.93	1170	0.0557	1.225	0.0242	1006	1.79×10^{-5}
工况 2	0.913	0.93	1170	8.7×10^{-4}	1.225	0.0242	1006	1.79×10^{-5}

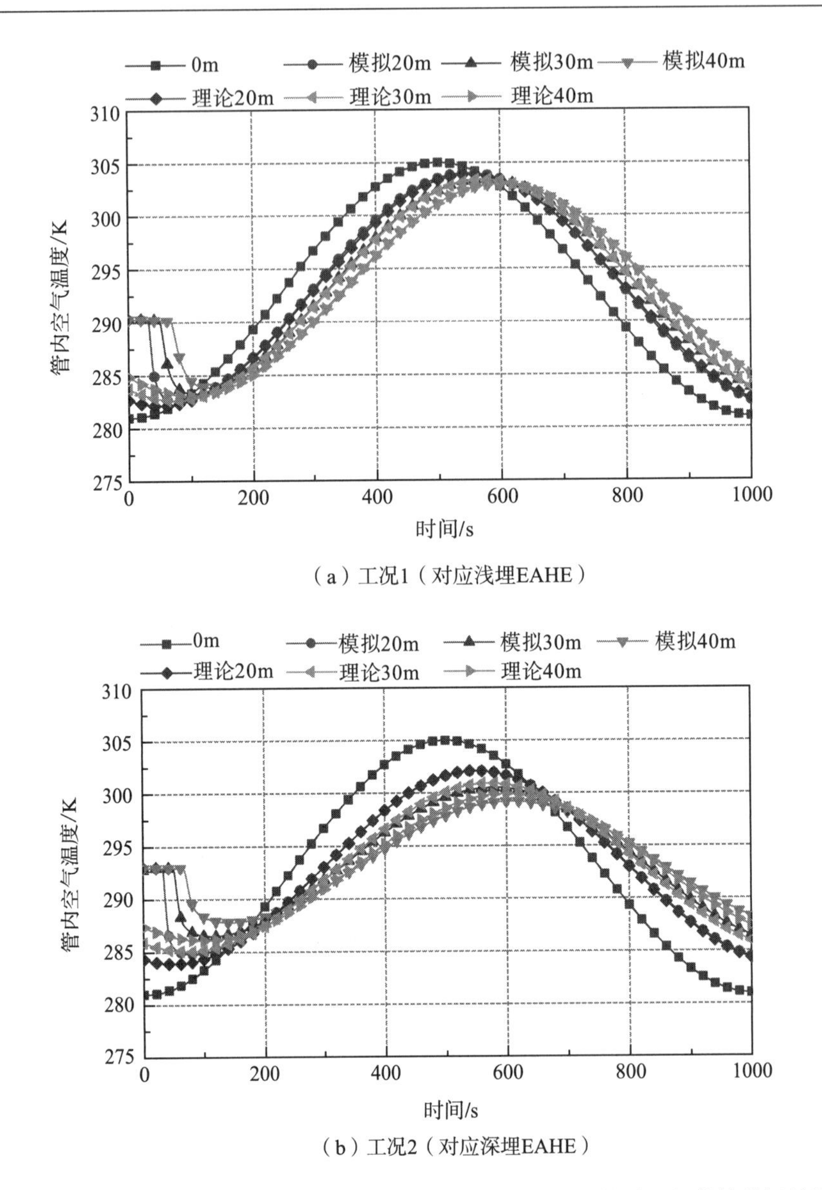

（a）工况1（对应浅埋EAHE）

（b）工况2（对应深埋EAHE）

图 3-6 不同管长处圆形截面 EAHE 管内空气温度的理论计算结果与数值模拟结果

3.3 扁平截面 EAHE 换热模型

包括笔者在内的众多学者通过理论分析与实验测试对 EAHE 换热性能及其影响因素开展了研究[13]，基本掌握了 EAHE 管内空气与土壤间的换热特性，并定量考查了 EAHE 管内空气温度随埋深、管径、管长及风速等关键参数的变化。然而，已有的研究基本上是针对圆形截面 EAHE 的。已有研究表明[14-16]，圆形截面 EAHE 换热性能可能会受到埋管周围土壤热/冷堆积的制约，表现为埋管周围局部区域的土壤温度梯度偏小，进而导致传热动力不足。另外，Zukowski 等[17]通过实验测试发现，扁平截面 EAHE 的换热性能要强于圆形截面 EAHE。笔者提出，扁平截面 EAHE 可作为圆形截面 EAHE 的补充或替代形式，其优势是可增大管内空气与管壁的接触面积，并改善埋管周围土壤温度的空间分布，缓解埋管周围土壤因为热/冷堆积而导致的传热动力不足的问题，有利于更充分地利用土壤蓄存的热/冷量来改善 EAHE 管内空气温度的波动特性。与 3.2 节一脉相承，本节针对动态室外热环境下的扁平截面 EAHE 建立了换热理论模型，量化其出口空气温度。本节的部分结果也在文献[18]中做了介绍。

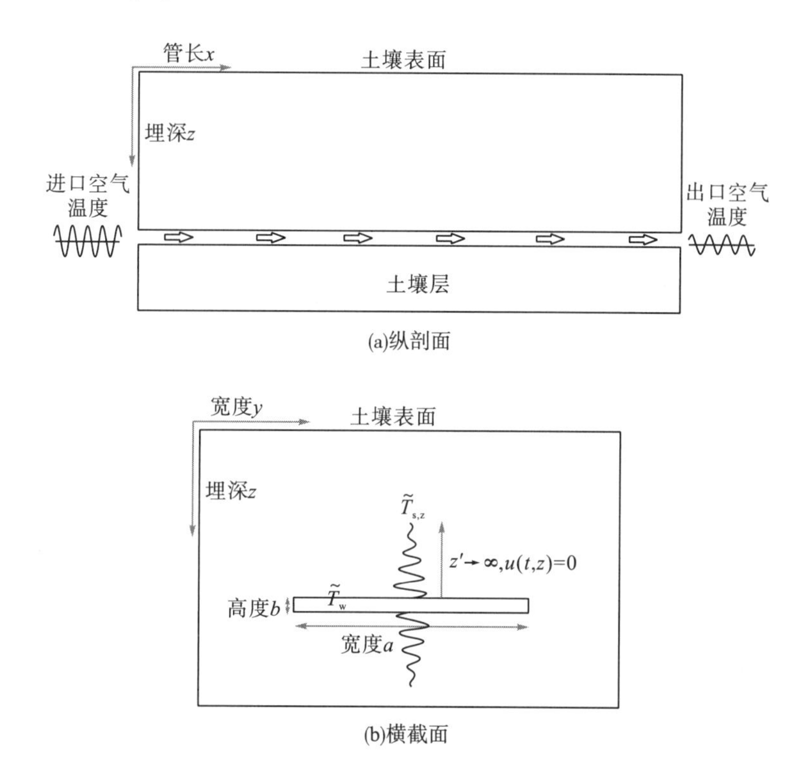

图 3-7　扁平截面 EAHE 换热示意图

室外空气进入 EAHE 埋管后，与埋管内壁面发生受迫对流换热。交换的热量在 EAHE 埋管周围土壤中进行传导。管内空气与埋管壁面间的对流换热，以及埋管周围土壤内的导热过程均呈周期性变化，这使得管内空气温度也呈现周期性波动，但在不同管长处具有不同的振幅与相位差。在理论模型中考虑了 EAHE 入口空气温度与土壤温度的周期性波动对于 EAHE 换热过程的影响。为获得扁平截面 EAHE 换热理论模型的解析式，对该问题作如下假设与简化。

(1)假设扁平截面 EAHE 埋管的横截面宽高比大于或等于 10，如图 3-7 所示。这样，可以近似认为埋管周围土壤的导热主要发生在 EAHE 埋管横截面高度方向，而其宽度方向上的导热可以忽略。并且，认为埋管周围土壤温度在轴向上的梯度很小，则可忽略埋管周围土壤在管长方向上的导热。通过上述处理，将土壤内的导热过程简化为一维导热问题。另外，认为同一深度处埋管周围土壤的热物性参数相同且各向同性，而且，土壤与埋管外壁面紧密接触，进而可忽略埋管管壁与土壤间的接触热阻。此外，近似认为 EAHE 埋管内壁面的对流换热系数在管内保持一致。

(2) 本节的模型只考虑埋管内空气与管壁间的显热交换，未考虑管内空气与管壁间的湿传递造成的潜热交换。

(3) 将作周期性波动的室外空气温度和 EAHE 管内空气温度均拆分为平均项和波动项两部分。波动项可写成三角函数形式，也可根据欧拉公式再将三角函数形式转换为复数的指数形式，这样有利于对模型求解。

室外空气温度为

$$T_{\rm o}(t)=\overline{T}_{\rm o}+\tilde{T}_{\rm o}=\overline{T}_{\rm o}+A_{\rm o}\cos(\omega t-\varphi_{\rm o})=\overline{T}_{\rm o}+A_{\rm o}{\rm e}^{{\rm i}(\omega t-\varphi_{\rm o})}=\overline{T}_{\rm o}+A'_{\rm o}{\rm e}^{{\rm i}\omega t} \tag{3-66}$$

EAHE 管内空气温度为

$$T_{\rm n}(t)=\overline{T}_{\rm n}+\tilde{T}_{\rm n}=\overline{T}_{\rm n}+A_{\rm n}\cos(\omega t-\varphi_{\rm n})=\overline{T}_{\rm n}+A_{\rm n}{\rm e}^{{\rm i}(\omega t-\varphi_{\rm n})}=\overline{T}_{\rm n}+A'_{\rm n}{\rm e}^{{\rm i}\omega t} \tag{3-67}$$

其中，$\overline{T}$ 为空气温度的平均项，℃；$\tilde{T}$ 为空气温度的波动项，℃；A 为空气温度的波动振幅；φ 为相对于室外空气温度的相位差，rad；$\omega=2\pi/P$ 为波动频率，$\rm s^{-1}$；P 为波动周期，在年周期内，$P=3.1536\times10^7\rm s$；在日周期内，$P=8.64\times10^4\rm s$；下标 o 和 n 分别代表室外空气与 EAHE 管内空气。

(4) 在年周期中，土壤温度的振幅随土壤深度的增加呈指数下降，对应的相位差随着土壤深度的增加而增大，可由下式进行量化[19-21]：

$$T_{\rm s}(t,z)=\overline{T}_{\rm s}+\tilde{T}_{\rm s}=\overline{T}_{\rm s}+A_{\rm o}{\rm e}^{-z\sqrt{\frac{\omega}{2\alpha_{\rm s}}}}\cos\left(\omega t-z\sqrt{\frac{\omega}{2\alpha_{\rm s}}}\right)=\overline{T}_{\rm s}+A_{\rm s}{\rm e}^{{\rm i}(\omega t-\varphi_{s,z})}=\overline{T}_{\rm s}+A'_{\rm s}{\rm e}^{{\rm i}\omega t} \tag{3-68}$$

其中，$\overline{T}_{\rm s}$ 为土壤温度的平均值，℃；z 为土壤深度，m；$A_{\rm s}=A_{\rm o}{\rm e}^{-z\sqrt{\omega/(2\alpha_{\rm s})}}$；$\varphi_{s,z}=z\sqrt{\omega/(2\alpha_{\rm s})}$；$A'_{\rm s}=A_{\rm s}{\rm e}^{-{\rm i}\varphi_{s,z}}$。可以近似认为土壤的年平均温度等于室外空气的年平均温度，即 $\overline{T}_{\rm s}=\overline{T}_{\rm o}$。

(5) 将 EAHE 埋管周围土壤的导热微分方程与 EAHE 管内空气-土壤对流换热的热平衡方程分解为平均项和波动项方程，分别对平均项和波动项方程进行求解，最后将各部分的求解结果进行叠加，从而获得描述温度周期性波动的完整解。

本节仍引入“过余波动温度”来表示被管内空气扰动的土壤温度与未被扰动的土壤原始温度之差，但将坐标系由 3.2 节的径向坐标变为一维笛卡儿坐标。如图 3-7 所示，在 EAHE 埋管横截面高度方向上，距离埋管 z' 处的土壤过余波动温度表示为 $U(t,z')=\tilde{T}(t,z')-\tilde{T}_{\rm s}$。其中，$\tilde{T}_{\rm s}$ 为未受扰动的土壤原始温度。在 EAHE 进口与出口处，空气的过余波动温度分别表示为 $U_{\rm o}=\tilde{T}_{\rm o}-\tilde{T}_{\rm s}$ 和 $U_{\rm n}=\tilde{T}_{\rm n}-\tilde{T}_{\rm s}$。

3.3.1 EAHE 周围土壤的动态导热过程

将扁平截面 EAHE 埋管周围土壤在高度方向 z' 上的导热过程近似看作半无限大物体的非稳态导热。以土壤过余波动温度为待求解变量，建立扁平截面 EAHE 埋管周围土壤的导热微分方程：

$$\frac{\partial U(t,z')}{\partial t}=\alpha_{\rm s}\frac{\partial^2 U(t,z')}{\partial z'^2} \tag{3-69}$$

对应的边界条件与初始条件为

$$-\lambda_{\mathrm{s}}\frac{\partial U(t,z')}{\partial z'}\Big|_{z'=0}=h[U_{\mathrm{n}}-U(t,z')] \tag{3-70}$$

$$U(t,z')=0 \quad z'=\infty \tag{3-71}$$

$$U(0,z')=0 \quad t=0 \tag{3-72}$$

其中，U_{n} 为 EAHE 管内空气的过余波动温度，℃；h 为埋管内壁面对流换热系数。对于非圆形管道，空气在管内流动过程中对流换热系数与流动阻力计算往往采用水力直径 d_{c} 作为特征长度。d_{c} 的计算式为[22,23]:

$$d_{\mathrm{c}}=4A_{\mathrm{c}}/C \tag{3-73}$$

其中，A_{c} 为扁平截面 EAHE 埋管的横截面面积，m^2；C 为扁平截面 EAHE 埋管的横截面周长，m。

EAHE 埋管内壁面的对流换热系数 h 可由下式计算[9]：

$$h=Nu\cdot\lambda_{\mathrm{a}}/d_{\mathrm{c}} \tag{3-74}$$

其中，λ_{a} 为空气的导热系数，可取为 $2.67\times10^{-2}\mathrm{W/(m\cdot K)}$。努塞特数 Nu 的计算公式为[24-25]：

$$\begin{cases} Nu=8.23 & Re<2300 \\ Nu=0.023Pr^{0.3}Re^{0.8} & Re>2300 \end{cases} \tag{3-75}$$

其中，Pr 为普朗特数，取值为 0.701；Re 为雷诺数，$Re=V\cdot d_{\mathrm{c}}/v_{\mathrm{a}}$，$V$ 为埋管断面的平均风速，v_{a} 为空气的运动黏度，取值 $1.54\times10^{-5}\mathrm{m^2/s}$。

对导热微分方程(3-69)及对应的边界条件和初始条件，以及式(3-71)和式(3-72)做拉普拉斯变换[2,7,9]，可得

$$\frac{\partial^2\widehat{U}(s,z')}{\partial z'^2}-\frac{s}{\alpha_{\mathrm{s}}}\widehat{U}(s,z')=0 \tag{3-76}$$

$$-\lambda_{\mathrm{s}}\frac{\partial\widehat{U}(s,z')}{\partial z'}\Big|_{z'=0}=h(\widehat{U}_{\mathrm{n}}-\widehat{U}(s,z')) \tag{3-77}$$

$$\widehat{U}(s,\infty)=0 \quad z'=\infty \tag{3-78}$$

其中，式(3-76)为二阶常系数齐次微分方程。利用边界条件式(3-77)，可求得式(3-76)的通解：

$$\widehat{U}(s,z')=X_1\mathrm{e}^{z'\sqrt{s/\alpha_{\mathrm{s}}}}+X_2\mathrm{e}^{-z'\sqrt{s/\alpha_{\mathrm{s}}}} \tag{3-79}$$

式(3-79)中的系数 X_1 和 X_2 可以由边界条件确定。将边界条件式(3-78)代入式(3-79)中，再由贝塞尔函数性质可知，当 $z'\to\infty$ 时，存在 $\mathrm{e}^{-z'\sqrt{s/\alpha_{\mathrm{s}}}}\to0$ 和 $\mathrm{e}^{z'\sqrt{s/\alpha_{\mathrm{s}}}}\to\infty$。因此，式(3-79)中 $X_1=0$。于是，有

$$\widehat{U}(s,z')=X_2\mathrm{e}^{-z'\sqrt{s/\alpha_{\mathrm{s}}}} \tag{3-80}$$

然后，将式(3-80)代入式(3-77)，可得

$$X_2=h\widehat{U}_{\mathrm{n}}/(h+\lambda_{\mathrm{s}}\sqrt{s/\alpha_{\mathrm{s}}}) \tag{3-81}$$

将式(3-81)代入式(3-80)，可得 EAHE 扰动下的土壤过余波动温度的拉普拉斯变换形式：

$$\widehat{U}(s,z')=h\widehat{U}_{\mathrm{n}}\mathrm{e}^{-z'\sqrt{s/\alpha_{\mathrm{s}}}}/(h+\lambda_{\mathrm{s}}\sqrt{s/\alpha_{\mathrm{s}}})=\widehat{U}_{\mathrm{n}}\cdot G(s,z') \tag{3-82}$$

其中，$G(s,z')=h\mathrm{e}^{-z'\sqrt{s/\alpha_{\mathrm{s}}}}/(h+\lambda_{\mathrm{s}}\sqrt{s/\alpha_{\mathrm{s}}})$。

令 $g(t,z')$ 为 $G(s,z')$ 的拉普拉斯反变换结果，采用拉普拉斯反变换及卷积定理对式(3-82)进行处理[10]，可得

$$\begin{aligned}U(t,z')&=g(t,z')*U_{\mathrm{n}}\\&=\int_0^t\left[g(\varsigma,z')U_{\mathrm{n}}(t-\varsigma)\right]\mathrm{d}\varsigma\\&\approx\int_0^\infty\left[g(\varsigma,z')U_{\mathrm{n}}(t-\varsigma)\right]\mathrm{d}\varsigma\end{aligned}\tag{3-83}$$

由 $U_{\mathrm{n}}=A'_{\mathrm{n}}\mathrm{e}^{\mathrm{i}\omega t}-A'_{\mathrm{s},z}\mathrm{e}^{\mathrm{i}\omega t}$，可得 EAHE 埋管周围土壤过余波动温度为

$$\begin{aligned}U(t,z')&=\int_0^\infty g(\varsigma,z')\cdot(A'_{\mathrm{n}}-A'_{\mathrm{s},z})\mathrm{e}^{\mathrm{i}\omega(t-\varsigma)}\mathrm{d}\varsigma\\&=(A'_{\mathrm{n}}-A'_{\mathrm{s},z})\mathrm{e}^{\mathrm{i}\omega t}\cdot\int_0^\infty g(\varsigma,z')\mathrm{e}^{-\mathrm{i}\omega\varsigma}\mathrm{d}\varsigma\\&=U_{\mathrm{n}}\cdot G(\mathrm{i}\omega,z')\end{aligned}\tag{3-84}$$

其中，$G(\mathrm{i}\omega,z')=h\mathrm{e}^{-z'\sqrt{\mathrm{i}\omega/\alpha_{\mathrm{s}}}}\Big/\left(h+\lambda_{\mathrm{s}}\sqrt{\mathrm{i}\omega/\alpha_{\mathrm{s}}}\right)$。

根据过余波动温度的定义，可得 EAHE 埋管周围土壤温度的波动项为

$$\tilde{T}(t,z')=\tilde{T}_{\mathrm{n}}G(\mathrm{i}\omega,z')+[1-G(\mathrm{i}\omega,z')]\tilde{T}_{\mathrm{s}}\tag{3-85}$$

其中，当 $z'\to0$ 时，$\tilde{T}(t,0)=\tilde{T}_{\mathrm{w}}$，这实际上为埋管壁面温度的波动项。

3.3.2 EAHE 出口空气温度解析式

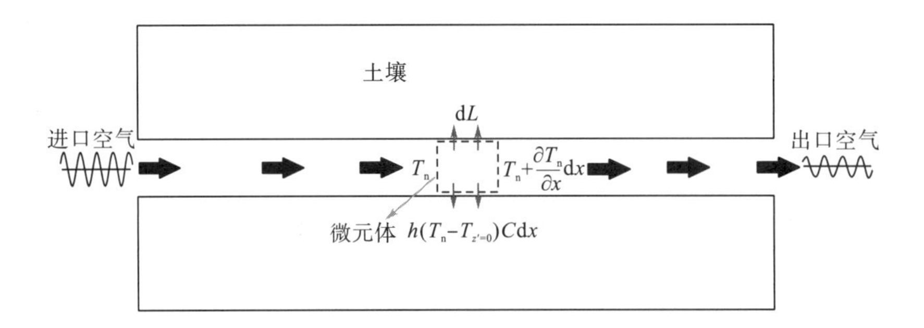

图 3-8 EAHE 管内空气微元体及其换热示意图

针对如图 3-8 所示的 EAHE 管内空气微元体建立热平衡方程：

$$\rho_{\mathrm{a}}C_{\mathrm{a}}A_{\mathrm{c}}\mathrm{d}x\frac{\partial T_{\mathrm{n}}}{\partial t}=-\rho_{\mathrm{a}}C_{\mathrm{a}}VA_{\mathrm{c}}\frac{\partial T_{\mathrm{n}}}{\partial x}\mathrm{d}x-h(T_{\mathrm{n}}-T_{z'=0})C\mathrm{d}x\tag{3-86}$$

提取式(3-86)的波动项，可得

$$\frac{1}{V}\frac{\partial\tilde{T}_{\mathrm{n}}}{\partial t}=-\frac{\partial\tilde{T}_{\mathrm{n}}}{\partial x}-\frac{hC}{\rho_{\mathrm{a}}C_{\mathrm{a}}VA_{\mathrm{c}}}(\tilde{T}_{\mathrm{n}}-\tilde{T}_{z'=0})=-\frac{\partial\tilde{T}_{\mathrm{n}}}{\partial x}-\frac{hC}{\rho_{\mathrm{a}}C_{\mathrm{a}}VA_{\mathrm{c}}}(\tilde{T}_{\mathrm{n}}-\tilde{T}_{\mathrm{w}})\tag{3-87}$$

将式(3-85)代入式(3-87)，可得

$$\frac{\partial U_{\mathrm{n}}}{\partial x}+\left\{\frac{\mathrm{i}\omega}{V}+\frac{hC}{\rho_{\mathrm{a}}C_{\mathrm{a}}VA_{\mathrm{c}}}[1-G(\mathrm{i}\omega,0)]\right\}U_{\mathrm{n}}+\frac{\mathrm{i}\omega}{V}\tilde{T}_{\mathrm{s}}=0\tag{3-88}$$

将边界条件 $U_{\mathrm{n}}\big|_{x=0}=U_{\mathrm{o}}=\tilde{T}_{\mathrm{o}}-\tilde{T}_{\mathrm{s}}$ 代入式(3-88)，可得

$$U_n = \tilde{T}_o e^{-\left[\frac{i\omega}{V}+\frac{hC(1-G)}{\rho_a C_a V A_c}\right]x} + \left\{\frac{hC(G-1)e^{-\left[\frac{i\omega}{V}+\frac{hC(1-G)}{\rho_a C_a V A_c}\right]x} - \rho_a C_a A_c i\omega}{\rho_a C_a A_c i\omega + hC(1-G)}\right\}\tilde{T}_s \tag{3-89}$$

根据式(3-89)，可以求出 EAHE 出口空气温度波动项的表达式为

$$A_n' = A_o' e^{-\left[\frac{i\omega}{V}+\frac{hC}{\rho_a C_a V A_c}(1-G)\right]x} + \left\{\frac{hC(G-1)e^{-\left[\frac{i\omega}{V}+\frac{hC}{\rho_a C_a V A_c}(1-G)\right]x} + hC(1-G)}{\rho_a C_a A_c i\omega + hC(1-G)}\right\}A_s' \tag{3-90}$$

则 EAHE 出口空气温度相对于室外空气的振幅比与相位差分别为

$$\kappa_n = A_n/A_o = \text{abs}(A_n')/A_o \tag{3-91}$$

$$\varphi_n = (-1)\cdot \text{angle}(A_n') \tag{3-92}$$

其中，abs 表示求复数的幅值；angle 表示求复数的幅角。

3.3.3 扁平截面 EAHE 数值模拟

仍然采用数值模拟软件 ANSYS Fluent 对扁平截面 EAHE 管内空气与土壤间的动态传热过程进行模拟。如图 3-9(a)所示，该算例采用的土壤计算域长 60m，宽 10m，高 8m。在土壤埋深 4m 处设置了一根扁平截面 EAHE 埋管，该埋管长 60m，宽 1m，高 0.1m。该算例的物理模型建立与网格划分是在 CFD 软件的前处理器 ICEM 中完成的，并采用了结构化网格。另外，由于在 EAHE 埋管进出口、管壁附近的温度与速度梯度较大，因此在这些区域进行了网格局部加密，如图 3-9(b)所示。

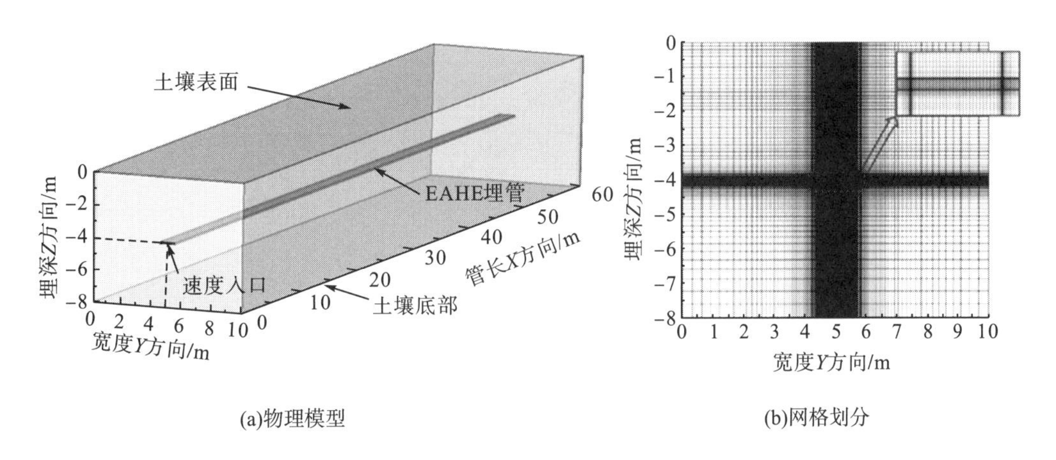

(a)物理模型 (b)网格划分

图 3-9 扁平截面 EAHE 模型计算区域和横截面上的网格

将 EAHE 埋管进口空气温度与土壤表面温度的变化设定为周期性波动的曲线，并采用重庆典型年的室外空气温度数据[1]：

$$T_o = T_{s,\text{ground}} = 17.84 + 10.1\cos(2\pi t/P_y - \pi) \tag{3-93}$$

图 3-10(a)和(b)展示了扁平截面 EAHE 在不同管长处的空气温度、埋管内壁面温度的理论模型计算结果与数值模拟结果。从图 3-10 可知，EAHE 管内空气温度与埋管内壁

面温度的振幅均随着管长的增加而减小；EAHE 管内空气温度与埋管内壁面温度相对于室外空气温度的相位差均随着管长的增加而增大。另外，EAHE 管内空气温度的振幅要大于对应位置的埋管内壁面温度振幅，而 EAHE 管内空气温度的相位差要小于对应位置的埋管内壁面温度相位差。

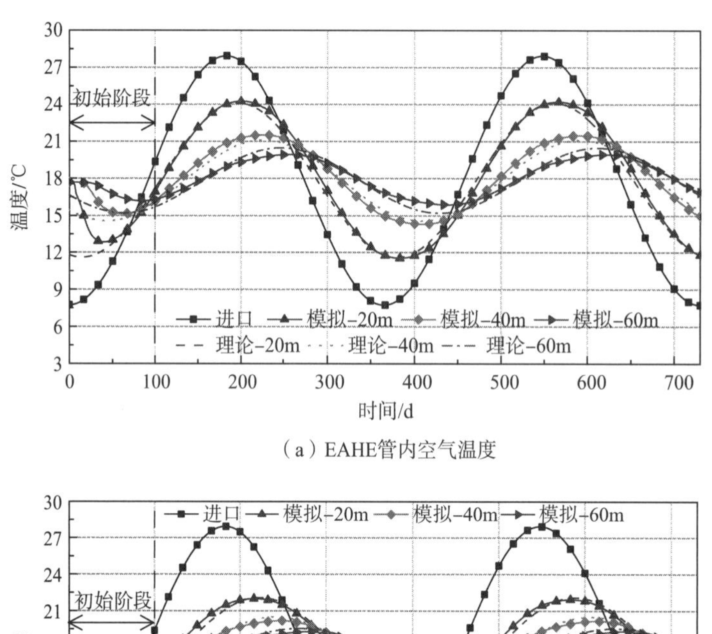

（a）EAHE管内空气温度

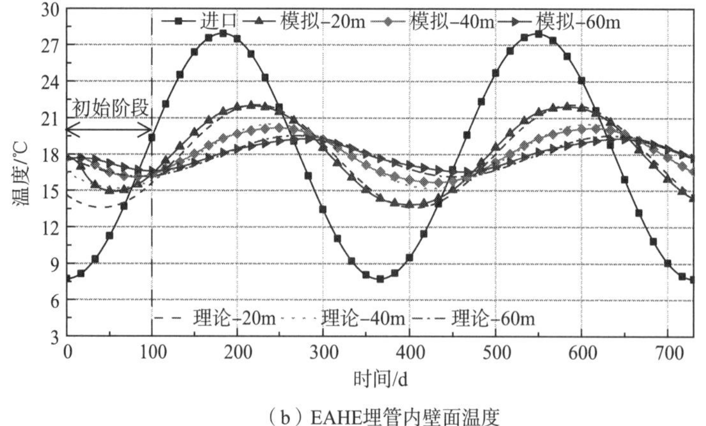

（b）EAHE埋管内壁面温度

图 3-10 扁平截面 EAHE 理论模型与数值模拟结果

3.4 圆形截面 EAHE 与扁平截面 EAHE 的性能对比

3.4.1 圆形与扁平截面 EAHE 埋管周围土壤温度分布

本节采用数值模拟，研究了年周期中相同横截面积的圆形与扁平截面 EAHE 埋管周围土壤温度的分布情况。其中，数值模拟输入参数与边界条件设置与 3.3.3 节一致。

图 3-11(a) 和 (b) 展示了冬季最冷与夏季最热时圆形与扁平截面 EAHE 在纵剖面 Y=5m 处的土壤温度分布。结果表明，随着土壤深度的增加，土壤温度受地表温度波动的影响会逐渐变小。由于土壤具有较强的热惰性，土壤温度在深度方向上分层。EAHE 埋管周围土

壤温度在冬季高于室外空气温度，而在夏季低于室外空气温度，这为土壤与 EAHE 管内空气间的换热提供了动力。对比图 3-11(a)和(b)可以看出，在埋深与管长方向上，扁平截面 EAHE 埋管周围土壤温度受到管内空气温度扰动的范围均小于圆形截面 EAHE。

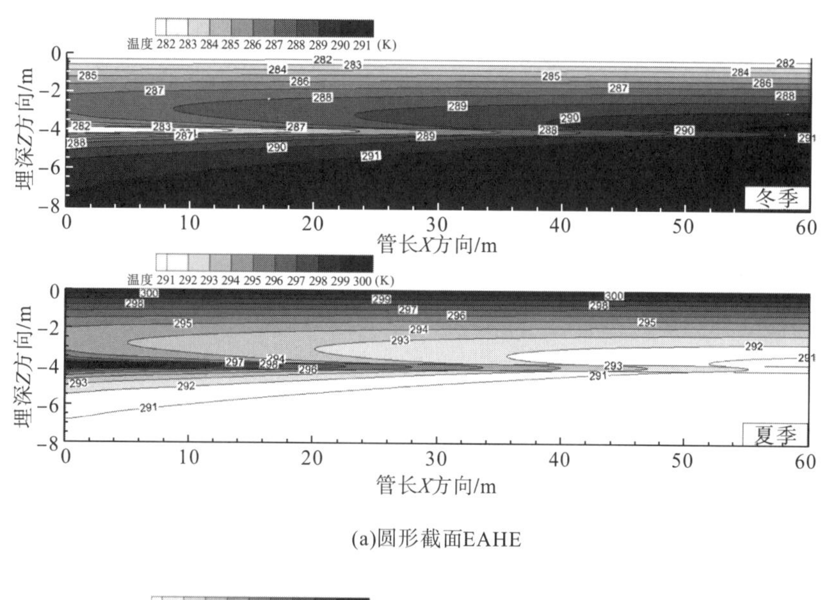

(a)圆形截面EAHE

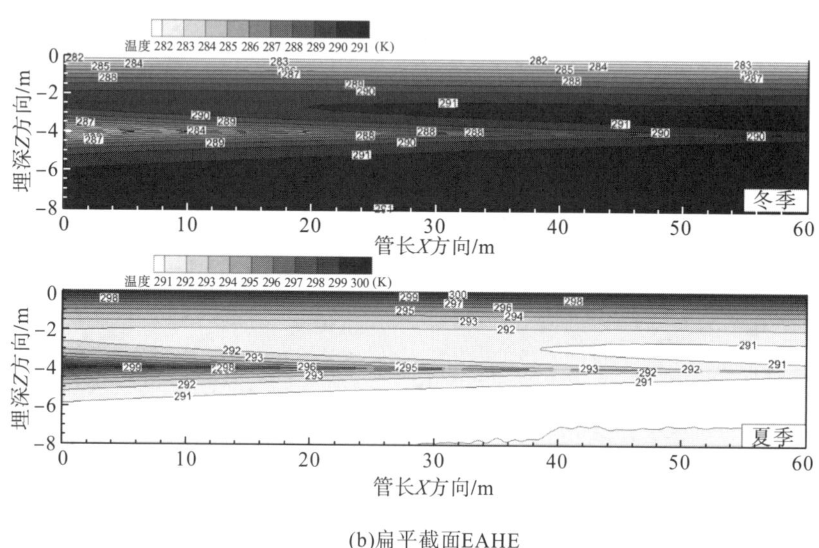

(b)扁平截面EAHE

图 3-11　在剖面 Y=5m 上的土壤温度分布

图 3-12 展示了冬季最冷与夏季最热时圆形与扁平截面 EAHE 在剖面 Z=−4m 处的土壤温度分布。在埋管宽度方向上，扁平截面 EAHE 对其周围土壤温度的扰动范围要远小于圆形截面 EAHE。这也说明，在扁平截面 EAHE 理论模型中，只考虑土壤深度方向的热传导是合理的。另外，在管长方向上，扁平截面 EAHE 对其周围土壤温度的扰动范围要比圆形截面 EAHE 小得多。

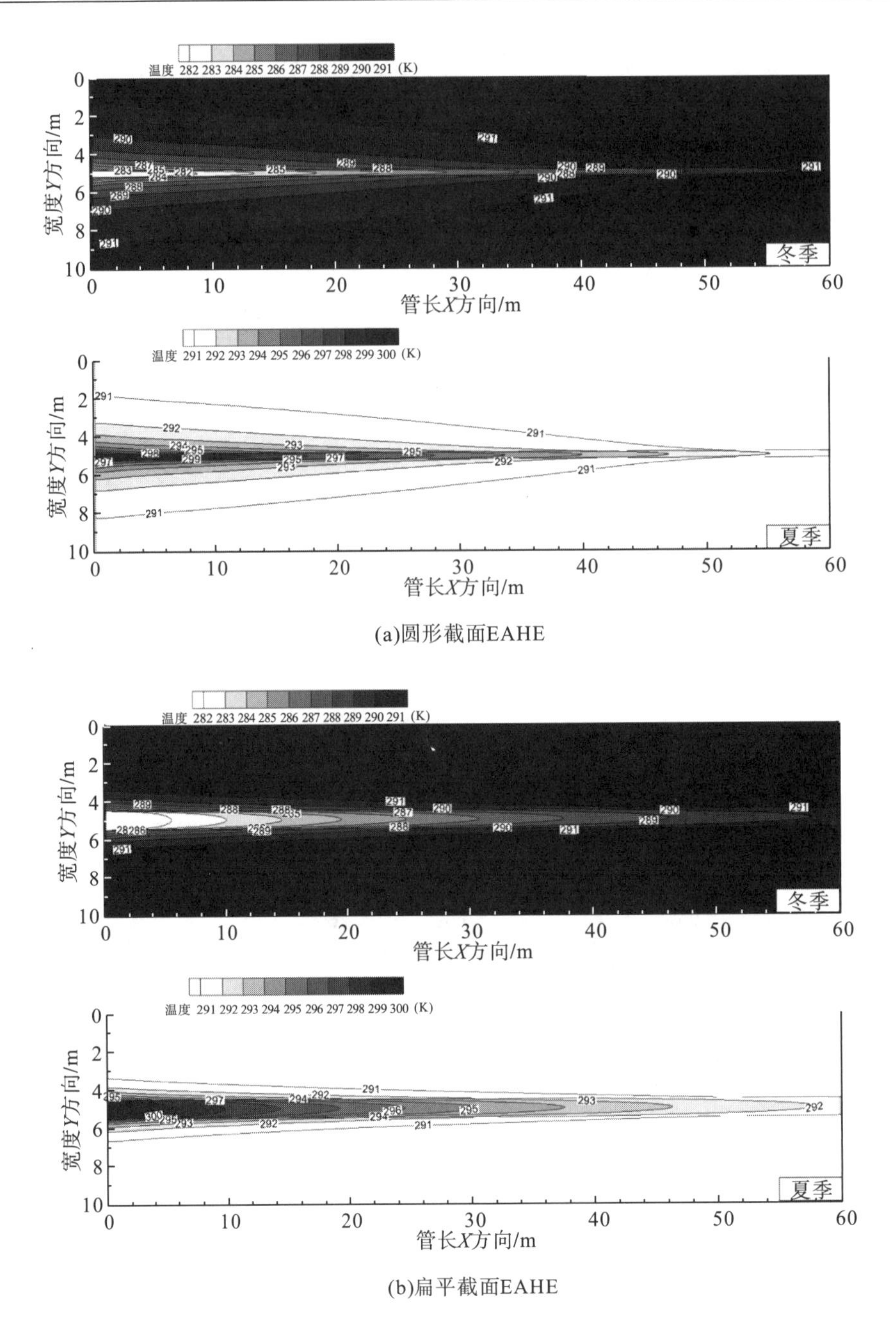

(a)圆形截面EAHE

(b)扁平截面EAHE

图 3-12 在剖面 Z=−4m 上的土壤温度分布

图 3-13 展示了冬季最冷与夏季最热时圆形与扁平截面 EAHE 在剖面 X=10m 处的土壤温度分布。结果表明，不论是冬季还是夏季，扁平截面 EAHE 在宽度与深度方向上对埋管周围土壤的热扰动范围均要小于圆形截面 EAHE，这导致埋管周围土壤的温度波衰减更快，并形成更稳定的埋管内壁面温度。扁平截面 EAHE 的这些特性可以增大管内空气与埋管内壁之间的实时温差，有利于提高 EAHE 管内空气与埋管壁面间的换热强度，使得扁平截面 EAHE 有能力制造更大的换热量。

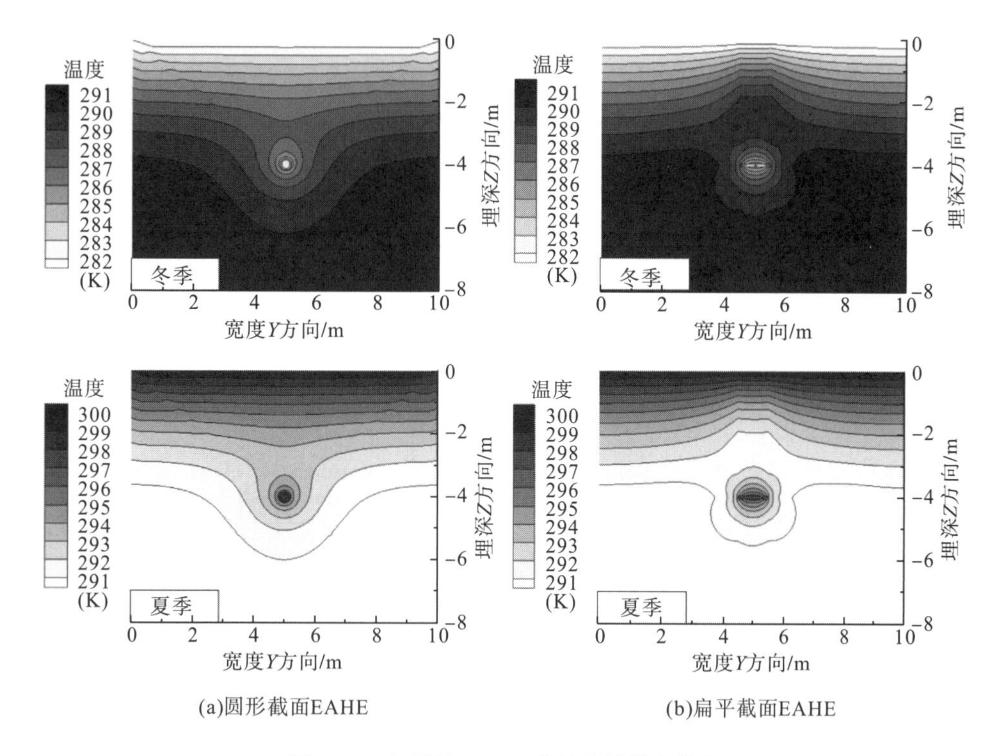

(a)圆形截面EAHE　(b)扁平截面EAHE

图 3-13　在剖面 X=10m 上的土壤温度分布

3.4.2　圆形与扁平截面 EAHE 换热性能对比

本节基于 3.2 节与 3.3 节提出的理论模型，计算对比了圆形与扁平截面 EAHE 管内空气温度、埋管内壁面温度、换热量以及能效比在年周期中的变化特性。扁平截面 EAHE 的横截面为宽 1m、高 0.1m 的长方形；圆形截面 EAHE 的横截面半径为 0.18m，二者的横截面积相等。此外，EAHE 埋深、管内风速、管长、室外空气温度以及土壤热物性参数均与 3.3.3 节保持一致。

1. 空气温度与壁面温度

图 3-14 展示了在年周期中圆形与扁平截面 EAHE 在不同管长处的空气温度波动情况。从图 3-14 可知，在管长 20m、40m 和 60m 处，扁平截面 EAHE 管内空气温度的振幅均小于圆形截面 EAHE 的管内空气温度振幅，而其管内空气温度的相位差均大于圆形截面 EAHE 的管内空气温度相位差。在管长 20m、40m 和 60m 处，扁平截面 EAHE 管内空气温度的振幅比圆形截面 EAHE 分别降低了 1.37℃、1.91℃和 2.49℃，对应的振幅降低率分别为 13.7%、24.7%和 24.7%。在管长 20m、40m 和 60m 处，扁平截面 EAHE 管内空气温度出现峰值的时间比圆形截面 EAHE 分别滞后了 4.64d、12.21d 和 22.67d。

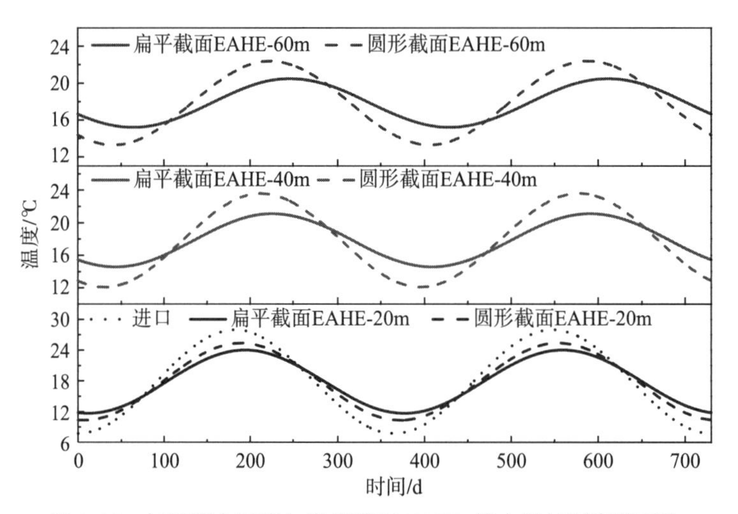

图 3-14 年周期中圆形与扁平截面 EAHE 管内空气温度的对比

图 3-15 展示了年周期中圆形与扁平截面 EAHE 在不同管长处的埋管内壁面温度的变化情况。在管长 20m、40m 和 60m 处，扁平截面 EAHE 埋管内壁面温度的振幅比圆形截面 EAHE 分别降低了 1.02℃、1.36℃和 1.73℃。在管长 20m、40m 和 60m 处，扁平截面 EAHE 埋管内壁面温度的峰值出现时间比圆形截面 EAHE 分别滞后了 9.88d、18.02d 和 26.15d。相比于圆形截面 EAHE，扁平截面 EAHE 具有更稳定的埋管内壁面温度，有利于提高 EAHE 管内空气与埋管壁面间的换热量。

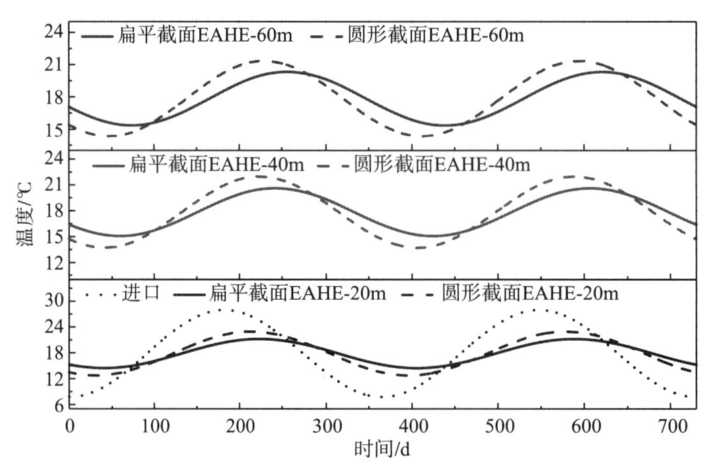

图 3-15 年周期内圆形与扁平截面 EAHE 埋管内壁面温度的对比

2. 换热量与能效比

室外空气流经 EAHE 埋管产生的换热量 Q 可采用下式计算：

$$Q = C_a \rho_a A_c V (T_n - T_o) \tag{3-94}$$

其中，Q 为正值时表示制热量，为负值时表示制冷量，W。

室外空气流经 EAHE 埋管的压降可通过下式进行计算[26]：

$$\Delta p = \lambda' \frac{L}{d_c} \frac{\rho_a V^2}{2} \tag{3-95}$$

其中，λ' 为摩擦阻力系数。由流体力学可知，摩擦阻力系数 λ' 是雷诺数 Re 的函数[26, 27]：

$$\begin{cases} \lambda' = \dfrac{64}{Re}, & Re < 2000 \\ \lambda' = \dfrac{0.3164}{Re^{0.25}}, & 2000 \leqslant Re < 10^5 \\ \lambda' = (1.82\log Re - 1.64)^{-2}, & Re \geqslant 10^5 \end{cases} \tag{3-96}$$

当利用风机驱动空气在 EAHE 管内流动时，风机能耗为

$$Q_{\text{fan}} = \Delta p \rho_a V A_c / \eta \tag{3-97}$$

其中，η 为风机的有效功率，取值为 0.6[28]。

EAHE 的能效比可以根据式(3-94)和式(3-97)进行确定：

$$\text{COP} = |Q| / Q_{\text{fan}} \tag{3-98}$$

图 3-16(a)展示了在年周期中圆形与扁平截面 EAHE 出口空气温度的变化情况。其中，圆形与扁平截面 EAHE 的管长为 60m，管内风速为 3m/s，埋深为 4m。结果表明，相对于圆形截面 EAHE，扁平截面 EAHE 出口空气温度的振幅更小，但相位差更大。图 3-16(b)展示了在年周期内圆形与扁平截面 EAHE 换热量的变化情况。由图 3-16(b)可知，在采用相同横截面积时，扁平截面 EAHE 的制冷/热能力要优于圆形截面 EAHE。图 3-16(c)展示了年周期中圆形与扁平截面 EAHE 系统的能效比的变化情况。扁平截面 EAHE 的能效比要小于圆形截面 EAHE，这是因为扁平截面 EAHE 管内空气在流动过程中需要克服的阻力要大于圆形截面 EAHE，这使得其风机能耗增加。

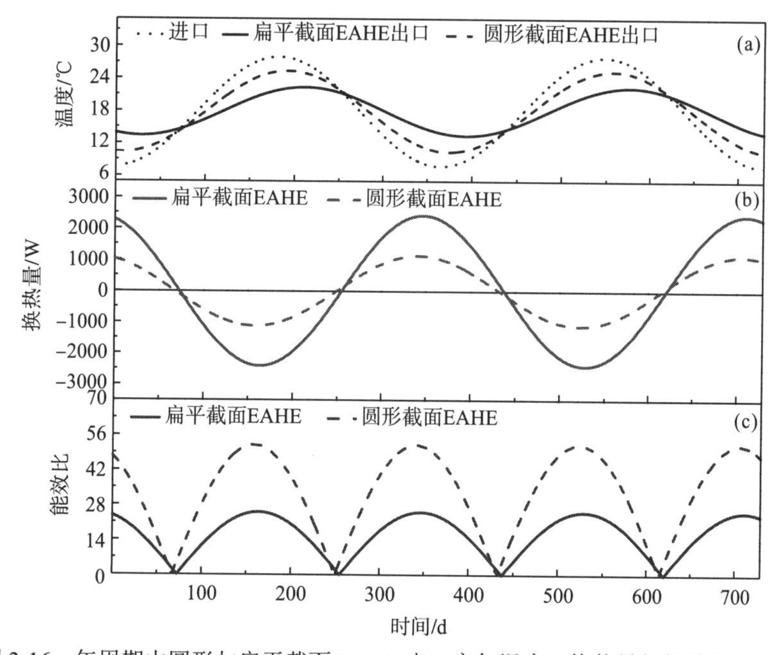

图 3-16 年周期中圆形与扁平截面 EAHE 出口空气温度、换热量与能效比的对比

3.4.3 关键参数对两种截面 EAHE 出口空气温度波动特性的影响

本节基于理论模型，分别考查了 EAHE 管长、埋深、风速以及横截面积对年周期中圆形与扁平截面 EAHE 出口空气温度无量纲振幅与相位差的影响。在考查管长、埋深和风速的影响时，扁平截面 EAHE 的横截面为宽 1m、高 0.1m 的长方形，圆形截面 EAHE 的横截面半径为 0.18m，二者的横截面积相等。在考查横截面积的影响时，会改变圆形与扁平截面 EAHE 横截面的面积，但二者变化同步。

1. 管长的影响

图 3-17 展示了圆形与扁平截面 EAHE 出口空气温度无量纲振幅与相位差随埋管长度的变化情况。其中，EAHE 埋深为 3m，管内风速为 1.5m/s。结果表明，圆形与扁平截面 EAHE 出口空气温度的无量纲振幅均随埋管长度的增加而减小，而且在埋管进口段减小得较快，然后逐渐趋于平稳；圆形与扁平截面 EAHE 出口空气温度的相位差随着埋管长度的增加而增加，并且扁平截面 EAHE 出口空气温度的相位差在埋管进口段增加得较快，然后逐渐趋于平稳，而圆形截面 EAHE 出口空气温度的相位差在整个管段内保持相近的增长速率。在相同埋管长度处，扁平截面 EAHE 出口空气温度的无量纲振幅明显小于圆形截面 EAHE 出口空气温度的无量纲振幅，而相位差则相反。

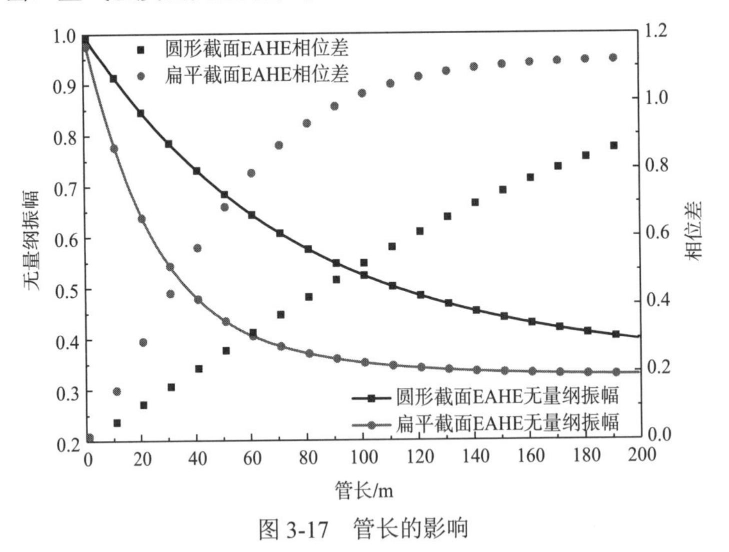

图 3-17 管长的影响

2. 埋深的影响

图 3-18 展示了圆形与扁平截面 EAHE 出口空气温度无量纲振幅与相位差随埋深的变化情况。其中，EAHE 埋管长度为 100m，管内风速为 1.5m/s。结果表明，圆形与扁平截面 EAHE 出口空气温度的相位差均随埋深的增加先增加，而后逐渐减小；圆形与扁平截面 EAHE 出口空气温度的无量纲振幅均随埋深的增加先减小，然后逐渐趋于平稳。然而，圆形与扁平截面 EAHE 出口空气温度相位差所能达到的最大值差异很大，扁平截面 EAHE

出口空气温度的最大相位差要比圆形截面 EAHE 大得多；圆形与扁平截面 EAHE 出口空气温度无量纲振幅趋近的稳定值也不相同，扁平截面 EAHE 出口空气温度无量纲振幅的稳定值要比圆形截面 EAHE 小得多。在相同埋深处，扁平截面 EAHE 出口空气温度的无量纲振幅要小于圆形截面 EAHE 出口空气温度的无量纲振幅，而相位差则相反。

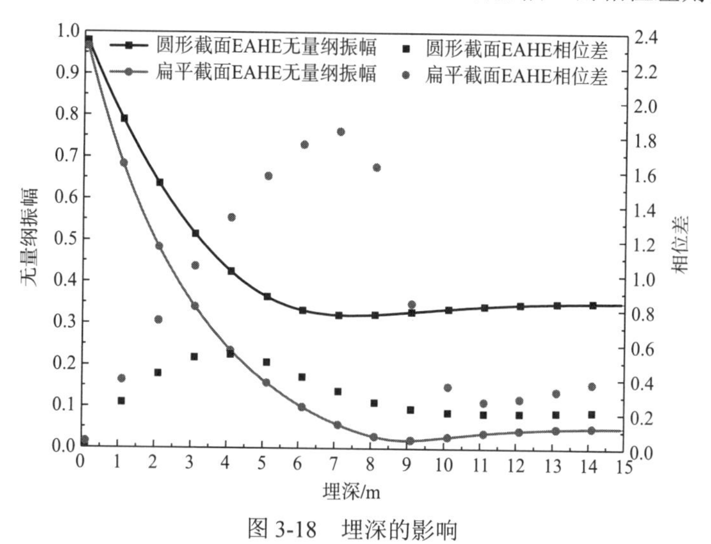

图 3-18　埋深的影响

3. 风速的影响

图 3-19 展示了圆形与扁平截面 EAHE 出口空气温度无量纲振幅与相位差随管内风速的变化情况。其中，EAHE 埋管长度为 100m，埋深为 3m。结果表明，随着管内风速的增大，圆形与扁平截面 EAHE 出口空气温度的相位差均先增加，然后逐渐减小；圆形截面 EAHE 出口空气温度的无量纳振幅随管内风速的增大先减小后增大，而扁平截面 EAHE 出口空气温度的无量纲振幅随着管内风速的增大而增大。当管内风速相同时，扁平截面 EAHE 出口空气温度的无量纲振幅要小于圆形截面 EAHE，其相位差则要大于圆形截面 EAHE。

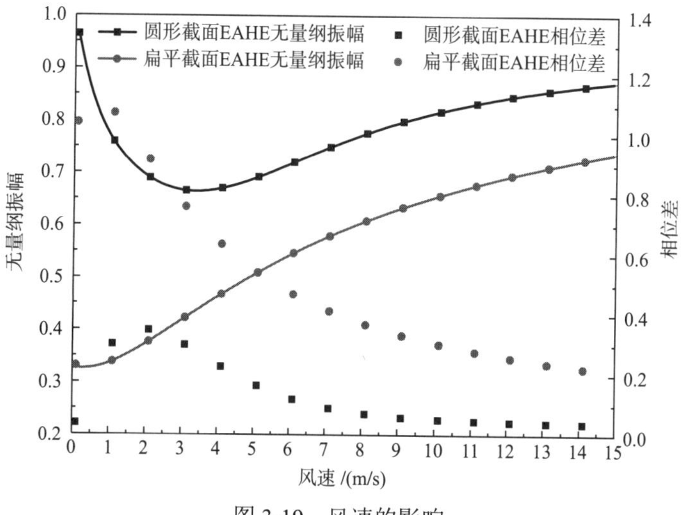

图 3-19　风速的影响

4. 横截面积的影响

图 3-20 展示了圆形与扁平截面 EAHE 出口空气温度的无量纲振幅与相位差随埋管横截面积的变化情况。其中，EAHE 埋管长度为 100m，埋深为 3m，管内风速为 1.5m/s。结果表明，圆形与扁平截面 EAHE 出口空气温度相位差均随着埋管横截面积的增大而减小；二者的出口空气温度无量纲振幅均随着埋管横截面积的增大而增大。当 EAHE 埋管横截面积相同时，扁平截面 EAHE 出口空气温度的无量纲振幅要小于圆形截面 EAHE；而相位差则相反。

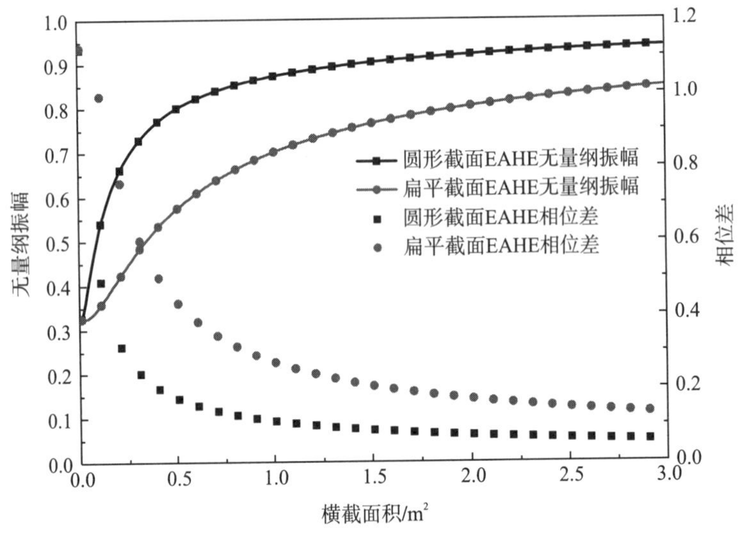

图 3-20 横截面积的影响

3.4.4 截面宽高比对扁平截面 EAHE 换热性能的影响

图 3-21 展示了宽高比为 10∶1 与 15∶1 的扁平截面 EAHE 埋管内壁面温度与出口空气温度在年周期中的变化情况。两种埋管的横截面积均为 0.1m^2，管长均为 60m，埋深均为 4m，管内风速均为 3m/s。当扁平截面 EAHE 横截面宽高比从 10∶1 增大到 15∶1 时，在相同管长下，管内空气与埋管内壁面的接触面积增大了 18.7%。为了比较扁平截面 EAHE 与圆形截面 EAHE 在相同换热面积下换热性能的差异，在图 3-21 中还展示了圆形截面 EAHE 的出口空气温度与埋管内壁温度的变化情况。该圆形截面 EAHE 埋管的周长与宽高比为 10∶1 的扁平截面 EAHE 的周长一致。可以看出，宽高比为 10∶1 与 15∶1 的扁平截面 EAHE 在横截面积相同时，二者的出口空气温度及埋管内壁面温度的差异均较小。这在一定程度上说明，当已经采用扁平截面 EAHE 时，增大其宽高比并不会显著改善埋管周围土壤温度的分布，进而不能显著提升 EAHE 的换热性能。然而，在相同埋管截面周长下，宽高比为 10∶1 的扁平截面 EAHE 出口空气温度与埋管内壁面温度的振幅都要明显小于圆形截面 EAHE 对应的温度振幅，而相位差则相反，这说明从圆形截面变为扁平截面时，EAHE 的换热性能可以显著提高。

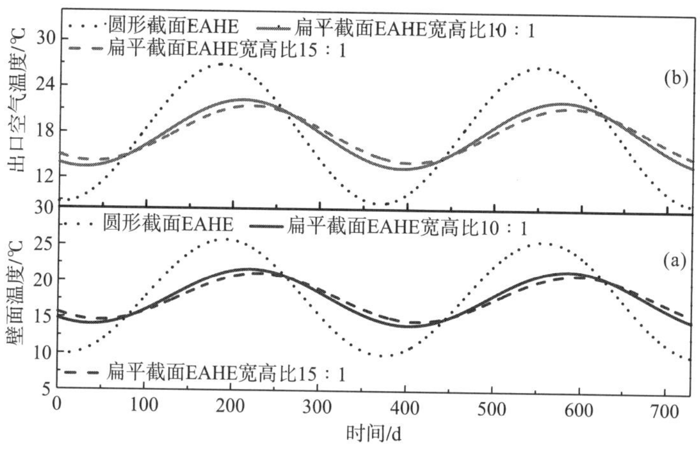

图 3-21　年周期中宽高比为 10：1 与 15：1 的扁平截面 EAHE 和圆形截面 EAHE 出口空气温度与埋管内壁温度的对比

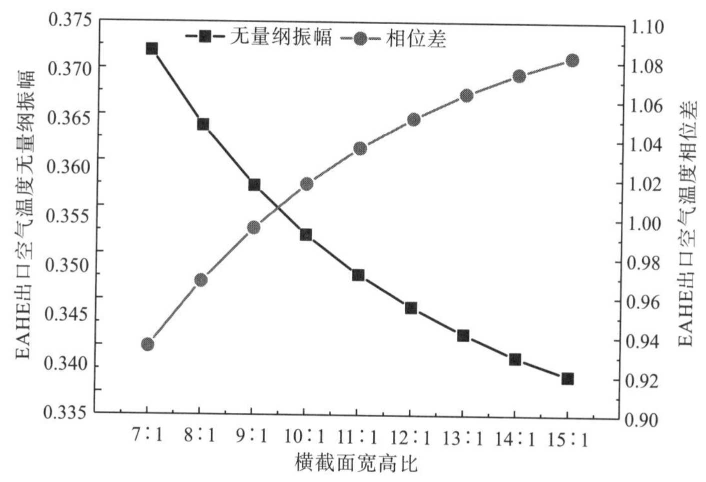

图 3-22　EAHE 横截面宽高比对其出口空气温度无量纲振幅与相位差的影响

在保持扁平截面 EAHE 横截面积不变的情况下，进一步考查了横截面宽高比对 EAHE 换热性能的影响。图 3-22 展示了扁平截面 EAHE 出口空气温度无量纲振幅与相位差随埋管横截面宽高比的变化情况。可以看出，扁平截面 EAHE 出口空气温度的相位差随着埋管横截面宽高比的增大而增大；出口空气温度无量纲振幅随着埋管横截面宽高比的增大而减小。这主要是因为在采用相同横截面积时，增大扁平截面 EAHE 宽高比，可以相应地增大其埋管周长，进而增大管内空气与埋管内壁面间的换热面积。需要注意的是，扁平截面 EAHE 宽高比从 7：1 增大至 15：1 时，埋管出口空气温度的无量纲振幅仅从 0.372 降低至 0.337，相位差从 0.93 增大至 1.08，二者的变化幅度均有限。这说明尽管增大扁平截面 EAHE 宽高比有利于提高其换热性能，但是这种改善作用并不显著。

综合以上结果可知，将 EAHE 埋管截面形状从圆形变为扁平状可以显著地提高 EAHE 的换热性能。然而，对于扁平截面 EAHE，并不能仅通过增大横截面宽高比来持续增强换热性能。

3.5 EAHE 热湿耦合传递模型初探

3.5.1 模型假设

在潮湿气候条件下，例如在夏热冬冷地区重庆，室外空气的含湿量在年周期中也近似呈简谐波动[1]。进入 EAHE 管内的湿空气与土壤间的换热过程可能受到管内空气冷凝和壁面水分蒸发的显著影响，这种现象在埋管壁面不致密时尤为突出。在夏季工况下，当 EAHE 内壁面温度降至室外空气对应的露点温度以下时，空气进入管内可能会发生冷凝，形成管内空气向壁面的湿传递。相反地，当 EAHE 管内空气的含湿量小于内壁面附近饱和空气层的含湿量时，会发生水分的蒸发，形成反向的湿传递[29]。由于 EAHE 埋管进口空气的含湿量与 EAHE 壁面温度的波动，导致管内空气与壁面之间的潜热交换也是动态变化的，EAHE 的总换热量也随之变化。

在年周期中，可以在焓湿图上划分出两个特征区：A 区对应夏季工况，其室外空气温度大于 EAHE 壁面温度，其室外空气含湿量也大于 EAHE 壁面附近空气的含湿量；B 区对应冬季工况，其室外空气温度和含湿量分别小于 EAHE 壁面温度和壁面附近空气的含湿量。对于 A 区，存在 $T_n > T_R$，$w_n > w_R$，同时，EAHE 内壁面温度低于室外空气对应的露点温度，则空气进入管内后的热湿处理过程可示意为 1～3，空气进入管内后被降温除湿；对于 B 区，存在 $T_n' < T_R$，$w_n' < w_R$，则对应的热湿处理过程为 2～3，空气进入管内后被升温加湿。以重庆的室外气候参数为例，其室外空气全年的月平均相对湿度均在 80%左右。在夏季工况下，其室外空气的状态点位于图 3-23 中的 A 区，而在冬季工况下，室外空气的状态点位于 B 区。

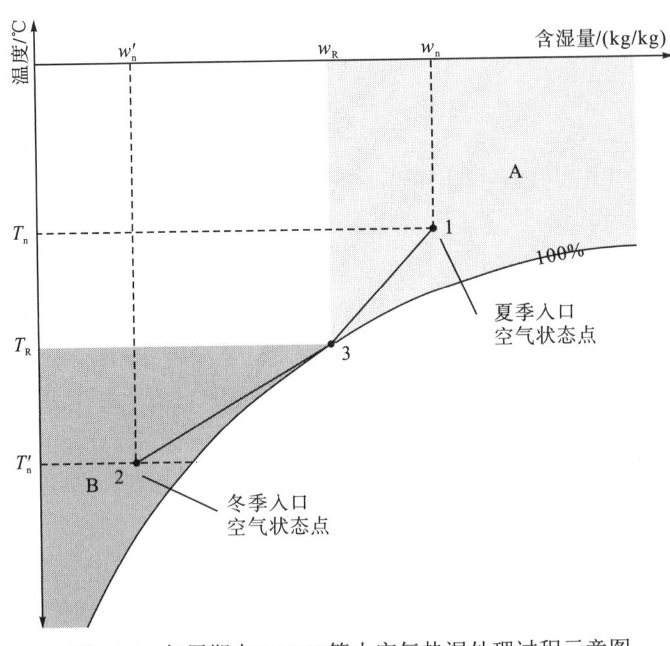

图 3-23 年周期中 EAHE 管内空气热湿处理过程示意图

对于具有不致密壁面的 EAHE，周围岩土的自然析湿作用，会使壁面常年处于潮湿状态。潮湿壁面附着一层薄薄的液膜，当空气与液膜接触时，由于水分子做不规则运动，在贴近液膜表面处会形成一个温度近似等于液膜表面温度的饱和空气边界层，该边界层内的水蒸气分压力(或饱和空气层含湿量)取决于液膜的温度，而液膜温度可近似等于壁面温度，如图 3-24 所示。

在饱和空气边界层周围，水蒸气分子仍做不规则运动，会造成一部分水分子进入边界层，同时一部分水蒸气分子离开边界层进入主体空气中。如饱和空气边界层内水蒸气分压力大于管内主体湿空气的水蒸气分压力，水蒸气分子将由边界层向主体空气迁移；反之，水蒸气分子由主体空气向边界层迁移。所谓“蒸发”与“凝结”现象就是这种水蒸气分子迁移的结果。在蒸发过程($w_{\mathrm{R}} > w_{\mathrm{n}}$)中，饱和空气边界层中减少的水蒸气分子又由液膜表面跃出的水分子补充，而岩土层向液膜析出水以补充液膜丢失的水分；在凝结过程($w_{\mathrm{n}} > w_{\mathrm{R}}$)中，边界层中过多的水蒸气分子将回到液膜，而岩土层吸收液膜中多余的水分。总之，在管内的主体湿空气和壁面附近的饱和空气边界层之间，若存在含湿量差(或水蒸气分压力差)，水蒸气的分子就会从浓度高的区域向浓度低的区域迁移，从而产生湿传递。也就是说，湿空气中水蒸气与饱和空气边界层中水蒸气分压力之差为湿传递的驱动力。管内空气与壁面附着的液膜间的湿传递通量以及由此引起的潜热交换量取决于二者的水蒸气分压力差。

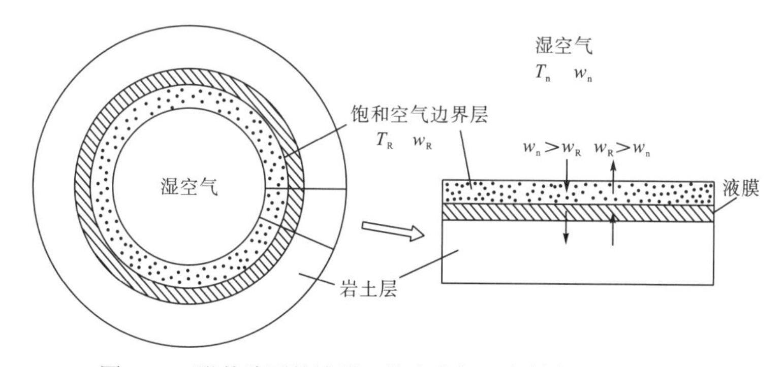

图 3-24　附着壁面的液膜、饱和空气层与管内主体湿空气

其余的假设与简化如下。

(1)假设 EAHE 周围土壤温度的年平均值 $\overline{T}_{\mathrm{s},z,\mathrm{y}}$ 与室外空气温度的年平均值大致相等，可认为在年周期中，室外空气与土壤之间实现了热平衡，则存在：

$$\overline{T}_{\mathrm{s},z,\mathrm{y}} \approx \overline{T}_{\mathrm{o,y}} \tag{3-99}$$

$$\overline{T}_{\mathrm{n,y}} \approx \overline{T}_{\mathrm{o,y}} \tag{3-100}$$

(2)假设 EAHE 壁面附近的湿空气边界层在年周期内始终处于饱和状态，且湿空气层的年平均含湿量 $\overline{w}_{\mathrm{R,y}}$ 与 EAHE 管内空气的年平均含湿量之间的差异很小，于是存在式(3-101)与式(3-102)的关系。由于 EAHE 埋管不致密，周围土壤持续向 EAHE 内壁面渗透水分，因此认为 EAHE 内壁面在全年保持湿润。管内主体空气与 EAHE 壁面之间的传质方向取决于 EAHE 壁面附近饱和空气层与主体空气的含湿量的大小关系。

$$\overline{w}_{\mathrm{R,y}} \approx \overline{w}_{\mathrm{o,y}} \tag{3-101}$$

$$\overline{w}_{n,y} \approx \overline{w}_{o,y} \tag{3-102}$$

另外，室外空气温度、EAHE 管内主体空气温度与土壤原始温度的波动项可分别表示为[30]：

$$\tilde{T}_o = A_o e^{i\omega t} \tag{3-103}$$

$$\tilde{T}_n = A'_n e^{i\omega t} = A_n e^{i(\omega t-\varphi_n)},\ \ A' = A_n e^{-i\varphi_n} \tag{3-104}$$

$$\tilde{T}_{s,z} = A'_{s,z} e^{i\omega t} = A_{s,z} e^{i(\omega t-\varphi_{s,z})},\ \ A'_{s,z} = A_{s,z} e^{-i\varphi_{s,z}} \tag{3-105}$$

(3) 温度仍表示为时间平均项和波动项之和，例如，对于室外空气温度，可由下式表示：

$$T_{o,y} = \overline{T}_{o,y} + \tilde{T}_{o,y} = \overline{T}_{o,y} + A_{o,y} e^{i\omega_y t_y} \tag{3-106}$$

土壤原始温度可由下式表达：

$$\begin{aligned} T_{s,y}(t_y,z) &= \overline{T}_{s,z,y} + \tilde{T}_{s,z,y} \\ &= \overline{T}_{s,z,y} + A_{o,y}\kappa_{g,y} \times \exp\left(-\sqrt{\frac{\pi}{\alpha_s P_y}} z\right) \exp\left[i\left(\frac{2\pi t_y}{P_y} - \varphi_{g,y} - \sqrt{\frac{\pi}{\alpha_s P_y}} z\right)\right] \end{aligned} \tag{3-107}$$

其中，P_y 是年周期的时长；ω_y 是波动角频率。

如图 3-25 所示，对于典型夏热冬冷地区、寒冷地区与严寒地区，室外空气含湿量在年周期中均近似呈简谐波动。于是，室外空气和 EAHE 管内空气含湿量的波动项可分别表示为

$$\tilde{w}_o = A_{w_o} e^{i(\omega t-\varphi_{w_o})} \tag{3-108}$$

$$\tilde{w}_n = A_w e^{i(\omega t-\varphi_{w_o}-\varphi_{w_n})} = A'_w e^{i\omega t},\ \ A'_w = A_w e^{-i\varphi_w},\ \ \varphi_w = \varphi_{w_o} + \varphi_{w_n} \tag{3-109}$$

室外空气含湿量在年周期内的变化可以表示为时间平均项和波动项之和：

$$w_{o,y} = \overline{w}_{o,y} + \tilde{w}_{o,y} = \overline{w}_{o,y} + A_{w_{o,y}} e^{i(\omega_y t_y-\varphi_{w_{o,y}})} \tag{3-110}$$

其中，φ_{w_o} 和 φ_{w_n} 分别表示室外空气与 EAHE 管内空气含湿量相对于室外空气温度的相位差。

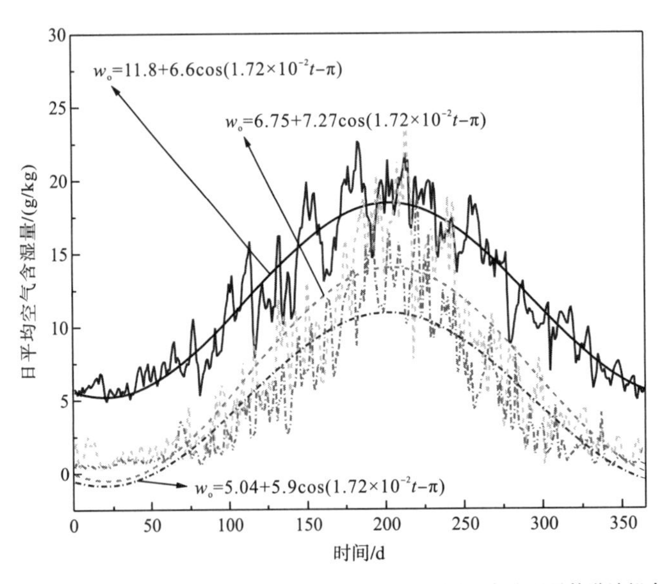

图 3-25 典型气象年中重庆、北京与哈尔滨的室外空气含湿量的变化[1]

EAHE 壁面附近饱和空气层的含湿量 w_R 与管壁温度 T_R 的关系可拟合为二次函数，如图 3-26 所示。其表达式如式(3-111)所示。

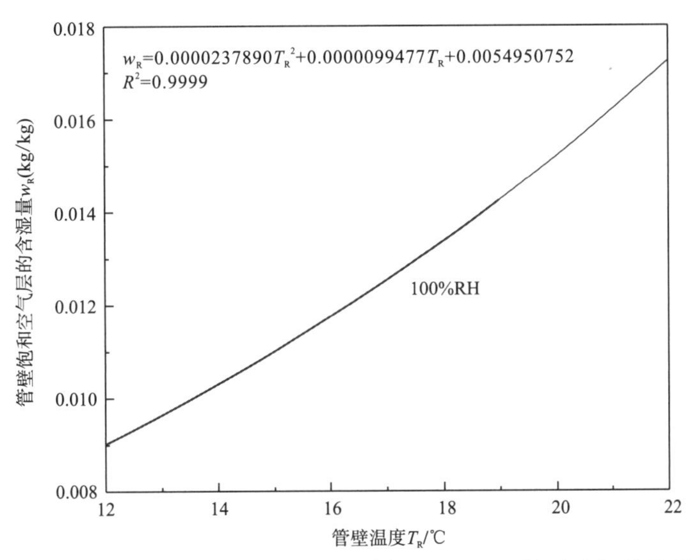

图 3-26　壁面附近饱和空气层含湿量与 EAHE 壁面温度之间的关系

$$
\begin{aligned}
w_R &= b_0 + b_1 T_R + b_2 T_R^2 \\
&= b_0 + b_1(\bar{T}_R + \tilde{T}_R) + b_2(\bar{T}_R + \tilde{T}_R)^2 \\
&= b_0 + b_1\bar{T}_R + b_2\bar{T}_R^{\,2} + b_1\tilde{T}_R + 2b_2\bar{T}_R\tilde{T}_R + b_2\tilde{T}_R^{\,2}
\end{aligned}
\tag{3-111}
$$

其中，b_0、b_1 和 b_2 为系数。若忽略二阶小量 $b_2\tilde{T}_R^{\,2}$，则 EAHE 壁面附近饱和空气层含湿量的波动项可近似表示为

$$
\tilde{w}_R = b_1\tilde{T}_R + 2b_2\bar{T}_R\tilde{T}_R \tag{3-112}
$$

3.5.2　EAHE 周围土壤的动态导热过程

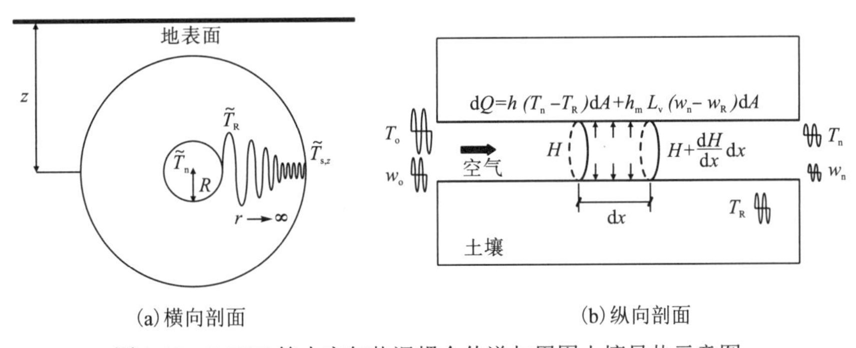

图 3-27　EAHE 管内空气热湿耦合传递与周围土壤导热示意图

如图 3-27 所示，当管内主体空气与壁面间形成热湿耦合传递时，虽然在 EAHE 壁面处存在湿传递带来的潜热交换，但认为土壤内部的热传导仍然由温度梯度主导。这里仍引

入“过余波动温度”来表征某一温度变量的波动项与未受扰动的土壤原始温度之间的差异，这在 3.2.1 节中也做了说明。以深度 z 处的土壤原始温度的波动值 $\tilde{T}_{\mathrm{s},z}$ 作为基准，分别将 EAHE 周围土壤以及 EAHE 管内主体空气的过余波动温度表示如下[30]：

$$\tilde{\theta}_{\mathrm{s,r}} = \tilde{T}_{\mathrm{s,r}} - \tilde{T}_{\mathrm{s},z} \tag{3-113}$$

$$\tilde{\theta}_{\mathrm{n}} = \tilde{T}_{\mathrm{n}} - \tilde{T}_{\mathrm{s},z} \tag{3-114}$$

当埋管周围土壤的径向坐标无限大时，可以认为 $\tilde{T}_{\mathrm{s},\infty} \to \tilde{T}_{\mathrm{s},z}$，那么 $\tilde{\theta}_{\mathrm{s},\infty} \to 0$；当埋深 z 足够大时，认为土壤位于恒温层，那么 $\tilde{T}_{\mathrm{s},z}=0$，即 $\tilde{\theta}_{\mathrm{n}}=\tilde{T}_{\mathrm{n}}$，$\tilde{\theta}_{\mathrm{s,r}} = \tilde{T}_{\mathrm{s,r}}$。

对于圆形截面的 EAHE，忽略壁面及周围土壤在轴向上导热，认为导热只在径向上进行。那么，以土壤过余波动温度为变量的土壤导热微分方程及其边界条件、初始条件如下：

$$\frac{\partial \tilde{\theta}_{\mathrm{s}}(t,r)}{\partial t} = \frac{\alpha_{\mathrm{s}}}{r}\frac{\partial}{\partial r}\left(r\frac{\partial \tilde{\theta}_{\mathrm{s}}(t,r)}{\partial r}\right) \tag{3-115}$$

$$-\lambda_{\mathrm{s}}\frac{\partial \tilde{\theta}_{\mathrm{s}}}{\partial r}\bigg|_{r=R} = h_1(\tilde{\theta}_{\mathrm{n}} - \tilde{\theta}_{\mathrm{s}}(t,R)) + h_{\mathrm{m}}(\tilde{w}_{\mathrm{n}} - \tilde{w}_{\mathrm{R}})L_{\mathrm{v}}, \quad r=R \tag{3-116}$$

$$\tilde{\theta}_{\mathrm{s}}=0, \quad r=\infty \tag{3-117}$$

$$\tilde{\theta}_{\mathrm{s}}(0,r)=0, \quad t=0, \quad R<r<\infty \tag{3-118}$$

在文献[31]中也对上述方程进行了介绍。由于考虑了管内主体空气与 EAHE 壁面附着的液膜间的湿传递，不同于式(3-29)的是，式(3-116)给出的边界条件涵盖了湿传递引起的潜热交换。EAHE 埋管内壁面的表面传热系数 h_1 仍由式(3-32)～式(3-36)确定。EAHE 壁面处的传质系数 h_{m} 可通过刘易斯关系式得到：

$$h_{\mathrm{m}} = h_1 / C_{\mathrm{p,a}}F(Le) \tag{3-119}$$

其中，$F(Le)$ 为表征刘易斯关系式的函数，其值约为 1。对式(3-116)～式(3-118)的求解思路与 3.2.3 节类似，可得到土壤过余波动温度的复数形式：

$$\tilde{\theta}_{\mathrm{s}}(t,R) = \tilde{\theta}_{\mathrm{n}}\, F(\mathrm{i}\omega,R) + (\tilde{w}_{\mathrm{n}} - \tilde{w}_{\mathrm{R}})G(\mathrm{i}\omega,R) \tag{3-120}$$

还可以将式(3-120)表示为

$$\tilde{T}_{\mathrm{R}} - \tilde{T}_{\mathrm{s},z} = (\tilde{T}_{\mathrm{n}} - \tilde{T}_{\mathrm{s},z})F + (\tilde{w}_{\mathrm{n}} - \tilde{w}_{\mathrm{R}})G \tag{3-121}$$

其中，$F = F(\mathrm{i}\omega,R)$，$G = G(\mathrm{i}\omega,R)$，这两个式子均为修正的贝塞尔函数的组合，其具体形式为

$$F = F(\mathrm{i}\omega,R) = \frac{h_1 K_0\left(\sqrt{\dfrac{s}{\alpha_{\mathrm{s}}}}R\right)}{\lambda_{\mathrm{s}}\sqrt{\dfrac{s}{\alpha_{\mathrm{s}}}}K_1\left(\sqrt{\dfrac{s}{\alpha_{\mathrm{s}}}}R\right) + h_1 K_0\left(\sqrt{\dfrac{s}{\alpha_{\mathrm{s}}}}R\right)} \tag{3-122}$$

$$G = G(\mathrm{i}\omega,R) = \frac{h_{\mathrm{m}} L_{\mathrm{v}} K_0\left(\sqrt{\dfrac{s}{\alpha_{\mathrm{s}}}}R\right)}{\lambda_{\mathrm{s}}\sqrt{\dfrac{s}{\alpha_{\mathrm{s}}}}K_1\left(\sqrt{\dfrac{s}{\alpha_{\mathrm{s}}}}R\right) + h_1 K_0\left(\sqrt{\dfrac{s}{\alpha_{\mathrm{s}}}}R\right)} \tag{3-123}$$

3.5.3　热湿耦合传递模型控制方程

1. 热平衡方程

当湿空气进入 EAHE 后，管内主体空气与壁面之间的温差制造的对流换热，被称为显热换热；湿空气与潮湿壁面之间的湿传递引起的换热被称为潜热换热。为了能同时考虑显热和潜热换热对 EAHE 管内空气温度的影响，与 3.2 节不同的是，这里采用空气焓作为变量来描述热平衡方程：

$$\rho_{\mathrm{a}}\pi R^2\mathrm{d}x\frac{\partial H_{\mathrm{ha}}}{\partial t}=-\rho_{\mathrm{a}}\pi R^2 V\frac{\partial H_{\mathrm{ha}}}{\partial x}\mathrm{d}x-h(T_{\mathrm{n}}-T_{\mathrm{R}})2\pi R\mathrm{d}x-h_{\mathrm{m}}L_{\mathrm{v}}(w_{\mathrm{n}}-w_{\mathrm{R}})\gamma 2\pi R\mathrm{d}x \quad (3\text{-}124)$$

湿空气焓值的表达式为

$$H_{\mathrm{ha}}=C_{\mathrm{p,a}}T_{\mathrm{n}}+w_{\mathrm{n}}(C_{\mathrm{p,v}}T_{\mathrm{n}}+L_{\mathrm{v}}) \quad (3\text{-}125)$$

其中，V 为 EAHE 断面上空气的平均速度；H_{ha} 为 EAHE 管内主体湿空气的焓值；$C_{\mathrm{p,a}}$ 和 $C_{\mathrm{p,v}}$ 分别为干空气和水蒸气的定压比热容；L_{v} 为水的汽化潜热；γ 为 EAHE 壁面发生湿传递的有效面积系数，于是，在微元长度 dx 上，EAHE 壁面上湿传递的有效面积为 $\gamma 2\pi R\mathrm{d}x$，该有效面积可能是影响 EAHE 管内空气与壁面间湿传递通量的关键参数[32]。对于壁面不致密的 EAHE，近似认为其湿传递发生在整个内壁上。因此，有效面积系数取为 1。将式(3-125)代入式(3-124)中，可以得到：

$$\begin{aligned}&(C_{\mathrm{p,a}}+C_{\mathrm{p,v}}w_{\mathrm{n}})\frac{\partial T_{\mathrm{n}}}{\partial t}+(C_{\mathrm{p,v}}T_{\mathrm{n}}+L_{\mathrm{v}})\frac{\partial w_{\mathrm{n}}}{\partial t}\\&=-V\left[(C_{\mathrm{p,a}}+C_{\mathrm{p,v}}w_{\mathrm{n}})\frac{\partial T_{\mathrm{n}}}{\partial x}+(C_{\mathrm{p,v}}T_{\mathrm{n}}+L_{\mathrm{v}})\frac{\partial w_{\mathrm{n}}}{\partial x}\right]-\frac{2}{\rho_{\mathrm{a}}R}[h(T_{\mathrm{n}}-T_{\mathrm{R}})+h_{\mathrm{m}}L_{\mathrm{v}}\gamma(w_{\mathrm{n}}-w_{\mathrm{w}})]\end{aligned} \quad (3\text{-}126)$$

式(3-126)的波动项可表达为

$$\begin{aligned}&[C_{\mathrm{p,a}}+C_{\mathrm{p,v}}(\bar{w}_{\mathrm{n}}+\tilde{w}_{\mathrm{n}})]\frac{\partial \tilde{T}_{\mathrm{n}}}{\partial t}+[C_{\mathrm{p,v}}(\bar{T}_{\mathrm{n}}+\tilde{T}_{\mathrm{n}})+L_{\mathrm{v}}]\frac{\partial \tilde{w}_{\mathrm{n}}}{\partial t}\\&=-V\left\{[C_{\mathrm{p,a}}+C_{\mathrm{p,v}}(\bar{w}_{\mathrm{n}}+\tilde{w}_{\mathrm{n}})]\frac{\partial \tilde{T}_{\mathrm{n}}}{\partial x}+[C_{\mathrm{p,v}}(\bar{T}_{\mathrm{n}}+\tilde{T}_{\mathrm{n}})+L_{\mathrm{v}}]\frac{\partial \tilde{w}_{\mathrm{n}}}{\partial x}\right\}\\&\quad-\frac{2}{\rho_{\mathrm{a}}R}\left[h(\tilde{T}_{\mathrm{n}}-\tilde{T}_{\mathrm{R}})+h_{\mathrm{m}}L_{\mathrm{v}}\gamma(\tilde{w}_{\mathrm{n}}-\tilde{w}_{\mathrm{R}})\right]\end{aligned} \quad (3\text{-}127)$$

忽略式(3-127)中的二阶波动项，可以得到：

$$\begin{aligned}&(C_{\mathrm{p,a}}+C_{\mathrm{p,v}}\bar{w}_{\mathrm{n}})\frac{\partial \tilde{T}_{\mathrm{n}}}{\partial t}+(C_{\mathrm{p,v}}\bar{T}_{\mathrm{n}}+L_{\mathrm{v}})\frac{\partial \tilde{w}_{\mathrm{n}}}{\partial t}\\&=-V\left[(C_{\mathrm{p,a}}+C_{\mathrm{p,v}}\bar{w}_{\mathrm{n}})\frac{\partial \tilde{T}_{\mathrm{n}}}{\partial x}+(C_{\mathrm{p,v}}\bar{T}_{\mathrm{n}}+L_{\mathrm{v}})\frac{\partial \tilde{w}_{\mathrm{n}}}{\partial x}\right]\\&\quad-\frac{2}{\rho_{\mathrm{a}}R}[h(\tilde{T}_{\mathrm{n}}-\tilde{T}_{\mathrm{R}})+h_{\mathrm{m}}L_{\mathrm{v}}\gamma(\tilde{w}_{\mathrm{n}}-\tilde{w}_{\mathrm{R}})]\end{aligned} \quad (3\text{-}128)$$

2. 湿平衡方程

在求解 EAHE 管内空气含湿量的波动项时，不考虑水分在管内轴向上的扩散，并认为土壤的水分渗透仅起到维持壁面湿润的作用，于是，建立描述管内主体空气含湿量沿管长方向变化的微分方程：

$$\rho_{\mathrm{a}}\pi R^2\mathrm{d}x\cdot\frac{\partial w_{\mathrm{n}}}{\partial t}=-\rho_{\mathrm{a}}V\pi R^2\mathrm{d}x\frac{\partial w_{\mathrm{n}}}{\partial x}-h_{\mathrm{m}}(w_{\mathrm{n}}-w_{\mathrm{R}})\gamma 2\pi R\mathrm{d}x \tag{3-129}$$

对式(3-129)进行整理，可得

$$\frac{\partial w_{\mathrm{n}}}{\partial t}=-V\frac{\partial w_{\mathrm{n}}}{\partial x}-\frac{2h_{\mathrm{m}}\gamma}{\rho_{\mathrm{a}}R}(w_{\mathrm{n}}-w_{\mathrm{R}}) \tag{3-130}$$

由式(3-130)分解出的波动项方程为

$$\frac{\partial \tilde{w}_{\mathrm{n}}}{\partial t}=-V\frac{\partial \tilde{w}_{\mathrm{n}}}{\partial x}-\frac{2h_{\mathrm{m}}\gamma}{\rho_{\mathrm{a}}R}(\tilde{w}_{\mathrm{n}}-\tilde{w}_{\mathrm{R}}) \tag{3-131}$$

可以看出，式(3-112)、式(3-121)、式(3-127)和式(3-131)中的变量包含了 EAHE 管内空气温度与含湿量，构成了相互耦合的控制方程。可以对上述控制方程进行进一步简化，以获得其最终形式。认为$(C_{\mathrm{p,v}}T_{\mathrm{n}}+L_{\mathrm{v}})\approx L_{\mathrm{v}}$，对式(3-131)和式(3-126)进行简化，可得

$$(C_{\mathrm{p,a}}+C_{\mathrm{p,v}}\overline{w}_{\mathrm{n}})\frac{\partial \tilde{T}_{\mathrm{n}}}{\partial t}=-(C_{\mathrm{p,a}}+C_{\mathrm{p,v}}\overline{w}_{\mathrm{n}})V\frac{\partial \tilde{T}_{\mathrm{n}}}{\partial x}-\frac{2h}{\rho_{\mathrm{a}}R}(\tilde{T}_{\mathrm{n}}-\tilde{T}_{\mathrm{R}}) \tag{3-132}$$

将式(3-104)代入式(3-132)，整理可得

$$\frac{\partial \tilde{T}_{\mathrm{n}}}{\partial x}+\left(\frac{\mathrm{i}\omega}{V}+\frac{2\sigma}{R}\right)\tilde{T}_{\mathrm{n}}-\frac{2\sigma}{R}\tilde{T}_{\mathrm{R}}=0 \tag{3-133}$$

其中，无量纲量参数$\sigma=\dfrac{h}{\rho_{\mathrm{a}}V(C_{\mathrm{p,a}}+C_{\mathrm{p,v}}\overline{w}_{\mathrm{n}})}$。

将式(3-131)代入式(3-121)，可得

$$\tilde{T}_{\mathrm{R}}=\frac{F\tilde{T}_{\mathrm{n}}+G\tilde{w}_{\mathrm{n}}+(1-F)\tilde{T}_{\mathrm{s},z}}{1+(b_1+2b_2\overline{T}_{\mathrm{R}})G} \tag{3-134}$$

将式(3-134)代入式(3-133)，可得

$$\begin{aligned}&\frac{\partial \tilde{T}_{\mathrm{n}}}{\partial x}+\left[\frac{\mathrm{i}\omega}{V}+\frac{2\sigma[1+(b_1+2b_2\overline{T}_{\mathrm{R}})G-F]}{R+(b_1+2b_2\overline{T}_{\mathrm{R}})RG}\right]\tilde{T}_{\mathrm{n}}-\frac{2\sigma G}{R+(b_1+2b_2\overline{T}_{\mathrm{R}})RG}\tilde{w}_{\mathrm{n}}\\&=\frac{2\sigma(1-F)}{R+(b_1+2b_2\overline{T}_{\mathrm{R}})RG}\tilde{T}_{\mathrm{s},z}\end{aligned} \tag{3-135}$$

将式(3-109)代入式(3-131)，整理可得

$$\frac{\partial \tilde{w}_{\mathrm{n}}}{\partial x}+\left(\frac{\mathrm{i}\omega}{V}+\frac{2\sigma'}{R}\right)\tilde{w}_{\mathrm{n}}-\frac{2\sigma'}{R}\tilde{w}_{\mathrm{R}}=0 \tag{3-136}$$

其中，无量纲量参数$\sigma'=\dfrac{h_{\mathrm{m}}\gamma}{\rho_{\mathrm{a}}V}$。

将式(3-112)和式(3-134)代入式(3-136)，整理可得

$$\frac{\partial \tilde{w}_{\mathrm{n}}}{\partial x}+\left[\frac{\mathrm{i}\omega}{V}+\frac{2\sigma'}{R+(b_1+2b_2\bar{T}_{\mathrm{R}})RG}\right]\tilde{w}_{\mathrm{n}}-\frac{2\sigma' F(b_1+2b_2\bar{T}_{\mathrm{R}})}{R+(b_1+2b_2\bar{T}_{\mathrm{R}})RG}\tilde{T}_{\mathrm{n}}=\frac{2\sigma'(1-F)(b_1+2b_2\bar{T}_{\mathrm{R}})}{R+(b_1+2b_2\bar{T}_{\mathrm{R}})RG}\tilde{T}_{\mathrm{s},z} \tag{3-137}$$

则描述 EAHE 管内空气温度和含湿量波动项的控制方程组最终可表示如下：

$$\frac{\partial A_{\mathrm{n}}'}{\partial x}+\left[\frac{\mathrm{i}\omega}{V}+\frac{2\sigma[1+(b_1+2b_2\bar{T}_{\mathrm{R}})G-F]}{R+(b_1+2b_2\bar{T}_{\mathrm{R}})RG}\right]A_{\mathrm{n}}'-\frac{2\sigma G}{R+(b_1+2b_2\bar{T}_{\mathrm{R}})RG}A_{\mathrm{w}}'=\frac{2\sigma(1-F)}{R+(b_1+2b_2\bar{T}_{\mathrm{R}})RG}A_{\mathrm{s},z}' \tag{3-138}$$

$$\frac{\partial A_{\mathrm{w}}'}{\partial x}+\left[\frac{\mathrm{i}\omega}{V}+\frac{2\sigma'}{R+(b_1+2b_2\bar{T}_{\mathrm{R}})RG}\right]A_{\mathrm{w}}'-\frac{2\sigma' F(b_1+2b_2\bar{T}_{\mathrm{R}})}{R+(b_1+2b_2\bar{T}_{\mathrm{R}})RG}A_{\mathrm{n}}'=\frac{2\sigma'(1-F)(b_1+2b_2\bar{T}_{\mathrm{R}})}{R+(b_1+2b_2\bar{T}_{\mathrm{R}})RG}A_{\mathrm{s},z}' \tag{3-139}$$

式(3-138)和式(3-139)组成的方程组是关于 EAHE 管内空气温度波动项 $\tilde{T}_{\mathrm{n}}$（或 A_{n}'）与 EAHE 管内空气含湿量波动项 $\tilde{w}_{\mathrm{n}}$（或 A_{w}'）的一阶线性非齐次微分方程组，其中的两个方程相互耦合。对于深埋 EAHE，周围土壤的原始温度的振幅 $A_{\mathrm{s},z}'\to 0$，则该方程组则可表示为关于 A_{n}'、A_{w}' 的一阶线性齐次微分方程组：

$$\frac{\partial A_{\mathrm{n}}'}{\partial x}+\left[\frac{\mathrm{i}\omega}{V}+\frac{2\sigma[1+(b_1+2b_2\bar{T}_{\mathrm{R}})G-F]}{R+(b_1+2b_2\bar{T}_{\mathrm{R}})RG}\right]A_{\mathrm{n}}'-\frac{2\sigma G}{R+(b_1+2b_2\bar{T}_{\mathrm{R}})RG}A_{\mathrm{w}}'=0 \tag{3-140}$$

$$\frac{\partial A_{\mathrm{w}}'}{\partial x}+\left[\frac{\mathrm{i}\omega}{V}+\frac{2\sigma'}{R+(b_1+2b_2\bar{T}_{\mathrm{R}})RG}\right]A_{\mathrm{w}}'-\frac{2\sigma' F(b_1+2b_2\bar{T}_{\mathrm{R}})}{R+(b_1+2b_2\bar{T}_{\mathrm{R}})RG}A_{\mathrm{n}}'=0 \tag{3-141}$$

由于难以对上述热湿耦合传递模型的控制方程组进行解析，可以对其进行数值求解。在获得数值解后，EAHE 管内空气温度与含湿量相对于室外空气温度的振幅比及相位差可表示为

$$\kappa_{\mathrm{n}}=A_{\mathrm{n}}/A_{\mathrm{o}}=\mathrm{abs}(A_{\mathrm{n}}')/A_{\mathrm{o}} \tag{3-142}$$

$$\varphi_{\mathrm{n}}=(-1)\cdot\mathrm{angle}(A_{\mathrm{n}}') \tag{3-143}$$

$$\kappa_{\mathrm{w}}=A_{\mathrm{w}}/A_{\mathrm{w_o}}=\mathrm{abs}(A_{\mathrm{w}}')/A_{\mathrm{w_o}} \tag{3-144}$$

$$\varphi_{\mathrm{w}}=(-1)\cdot\mathrm{angle}(A_{\mathrm{w}}') \tag{3-145}$$

EAHE 管内空气温度和含湿量在年周期中的波动曲线分别为

$$T_{\mathrm{n,y}}=\bar{T}_{\mathrm{n,y}}+\tilde{T}_{\mathrm{n,y}}=\bar{T}_{\mathrm{o,y}}+\kappa_{\mathrm{n,y}}A_{\mathrm{o,y}}\cos(\omega_{\mathrm{y}}t_{\mathrm{y}}-\varphi_{\mathrm{n,y}}) \tag{3-146}$$

$$w_{\mathrm{n,y}}=\bar{w}_{\mathrm{n,y}}+\tilde{w}_{\mathrm{n,y}}=\bar{w}_{\mathrm{o,y}}+\kappa_{\mathrm{w,y}}A_{\mathrm{w_o,y}}\cos(\omega_{\mathrm{y}}t_{\mathrm{y}}-\varphi_{\mathrm{w,y}}) \tag{3-147}$$

对应的 EAHE 管内空气的焓值为

$$\begin{aligned}H_{\mathrm{n}}&=C_{\mathrm{p,a}}T_{\mathrm{n}}+w_{\mathrm{n}}(C_{\mathrm{p,v}}T_{\mathrm{n}}+L_{\mathrm{v}})\\&=C_{\mathrm{p,a}}(\bar{T}_{\mathrm{n}}+\tilde{T}_{\mathrm{n}})+(\bar{w}_{\mathrm{n}}+\tilde{w}_{\mathrm{n}})[C_{\mathrm{p,v}}(\bar{T}_{\mathrm{n}}+\tilde{T}_{\mathrm{n}})+L_{\mathrm{v}}]\\&=C_{\mathrm{p,a}}\bar{T}_{\mathrm{n}}+L_{\mathrm{v}}\bar{w}_{\mathrm{n}}+C_{\mathrm{p,v}}\bar{T}_{\mathrm{n}}\bar{w}_{\mathrm{n}}+(C_{\mathrm{p,a}}+C_{\mathrm{p,v}}\bar{w}_{\mathrm{n}})\tilde{T}_{\mathrm{n}}+(L_{\mathrm{v}}+C_{\mathrm{p,v}}\bar{T}_{\mathrm{n}})\tilde{w}_{\mathrm{n}}+C_{\mathrm{p,v}}\tilde{T}_{\mathrm{n}}\tilde{w}_{\mathrm{n}}\end{aligned} \tag{3-148}$$

将式(3-104)和式(3-109)代入式(3-148)，整理可得

$$H_{\mathrm{n}}=C_{\mathrm{p,a}}\overline{T}_{\mathrm{n}}+L_{\mathrm{v}}\overline{w}_{\mathrm{n}}+C_{\mathrm{p,v}}\overline{T}_{\mathrm{n}}\overline{w}_{\mathrm{n}}$$
$$+(C_{\mathrm{p,a}}+C_{\mathrm{p,v}}\overline{w}_{\mathrm{n}})A_{\mathrm{n}}'\mathrm{e}^{\mathrm{i}\omega t}+(L_{\mathrm{v}}+C_{\mathrm{p,v}}\overline{T}_{\mathrm{n}})A_{\mathrm{w}}'\mathrm{e}^{\mathrm{i}\omega t}+C_{\mathrm{p,v}}A_{\mathrm{n}}'A_{\mathrm{w}}'\mathrm{e}^{2\mathrm{i}\omega t} \tag{3-149}$$

如式(3-149)所示，EAHE 管内空气焓值波动项中存在着二阶项 $C_{\mathrm{p,v}}A_{\mathrm{n}}'A_{\mathrm{w}}'\mathrm{e}^{2\mathrm{i}\omega t}$。通常，其相较于一阶简谐波来说很小，可被忽略，则 EAHE 管内空气焓值的波动项可表示为

$$\tilde{H}_{\mathrm{n}}=(C_{\mathrm{p,a}}+C_{\mathrm{p,v}}\overline{w}_{\mathrm{n}})A_{\mathrm{n}}'\mathrm{e}^{\mathrm{i}\omega t}+(L_{\mathrm{v}}+C_{\mathrm{p,v}}\overline{T}_{\mathrm{n}})A_{\mathrm{w}}'\mathrm{e}^{\mathrm{i}\omega t}=A_{\mathrm{H}}'\mathrm{e}^{\mathrm{i}\omega t} \tag{3-150}$$

$$A_{\mathrm{H}}'=(C_{\mathrm{p,a}}+C_{\mathrm{p,v}}\overline{w}_{\mathrm{n}})A_{\mathrm{n}}'+(L_{\mathrm{v}}+C_{\mathrm{p,v}}\overline{T}_{\mathrm{n}})A_{\mathrm{w}}' \tag{3-151}$$

其中，A_{H}' 为空气焓值的振幅。

EAHE 管内空气的焓值相对于室外空气焓值的振幅比与相位差分别为

$$\kappa_{\mathrm{H}}=A_{\mathrm{H}}/A_{\mathrm{H_o}}=\mathrm{abs}(A_{\mathrm{H}}')/A_{\mathrm{H_o}} \tag{3-152}$$

$$\varphi_{\mathrm{H}}=(-1)\cdot\mathrm{angle}(A_{\mathrm{H}}') \tag{3-153}$$

其中，$A_{\mathrm{H_o}}$ 为室外空气焓值的振幅。

可以看出，在上述热湿耦合传递模型的基础上，若忽略 EAHE 管内空气与壁面间的湿传递，还可以还原为 3.2 节所示的显热交换模型，下面作简要说明。若不考虑管内空气与壁面之间的湿传递带来的潜热交换，式(3-116)给出的边界条件将被还原为

$$-\lambda_{\mathrm{s}}\frac{\partial\tilde{\theta}_{\mathrm{s}}}{\partial r}\Big|_{r=R}=h_1[\tilde{\theta}_{\mathrm{n}}-\tilde{\theta}_{\mathrm{s}}(t,R)],\quad r=R \tag{3-154}$$

而式(3-120)在不考虑潜热交换时，其描述的壁面过余波动温度变为

$$\tilde{\theta}_{\mathrm{s}}(t,R)=\tilde{\theta}_{\mathrm{n}}\,F(\mathrm{i}\omega,R) \tag{3-155}$$

而由不考虑潜热交换的热平衡方程(3-126)分解出的波动项方程为

$$\frac{R}{V}\frac{\partial\tilde{T}_{\mathrm{n}}}{\partial t}=-R\frac{\partial\tilde{T}_{\mathrm{n}}}{\partial x}-\frac{2h}{\rho_{\mathrm{a}}C_{\mathrm{p,a}}V}(\tilde{T}_{\mathrm{n}}-\tilde{T}_{\mathrm{R}}) \tag{3-156}$$

将式 $\tilde{\theta}_{\mathrm{s}}(t,R)=\tilde{\theta}_{\mathrm{n}}\,F(\mathrm{i}\omega,R)$ 和 $\tilde{\theta}_{\mathrm{n}}=\tilde{T}_{\mathrm{n}}-\tilde{T}_{\mathrm{s},z}$ 代入式(3-156)，即可获得没有潜热交换时的 EAHE 出口空气温度波动项的显式解：

$$A_{\mathrm{n}}'=A_{\mathrm{o}}\mathrm{e}^{-\left[\frac{\mathrm{i}\omega}{V_{\mathrm{a}}}+\frac{2\sigma}{R}(1-F)\right]\cdot x}+\frac{2\sigma V(1-F)\left(1-\mathrm{e}^{-\left[\frac{\mathrm{i}\omega}{V_{\mathrm{a}}}+\frac{2\sigma}{R}(1-F)\right]\cdot x}\right)}{R\mathrm{i}\omega+2\sigma V(1-F)}\cdot A_{\mathrm{s},z}' \tag{3-157}$$

式(3-157)与 3.2 节中 EAHE 出口空气温度解析解的表达式一致。

3.5.4 实验验证

通过小尺寸实验模拟年周期下深埋 EAHE 的运行情况。为了提高实验效率，对波动周期人为进行了缩短。为了考查 EAHE 热湿耦合传递模型和显热传递模型[即式(3-157)]的预测效果，本节设置了两种实验工况，分别对应基本不存在管内空气与壁面间的湿传递与存在热湿耦合传递的情况。对两种工况下，EAHE 管内空气温度、含湿量和焓值的测量值与模型预测值进行了对比。

1. 实验设置

如图 3-28 所示，实验装置主要由环境箱、空气加热单元、加湿单元和用于模拟 EAHE 的中空石膏圆柱体组成。使用一个尺寸为 1m×1m×1m 的环境箱，用于模拟关键参数可控的室外环境。在环境箱顶部设置一个尺寸为 0.2m×0.2m 的开口，作为气体泄压口，以维持箱体内外的压力平衡。环境箱体采用聚氨酯保温材料。采用小型空调机组持续向环境箱输入低温的干燥空气。利用风机驱动环境箱内的空气进入石膏管道内。采用加热器加热从环境箱中进入管道的空气，并利用温控箱对空气温度进行控制。为了调控出呈简谐波动的温度曲线，空气加热器的功率通过变压器调节。超声波加湿机向湿度控制箱输入水蒸气。通过控制进入湿度控制箱中的水蒸气流量，来维持石膏管入口空气相对湿度的恒定。采用浇筑的中空石膏圆柱管道模拟 EAHE，管道周围的石膏相当于土壤。被模拟的 EAHE 由 6 节长度为 1m 的中空石膏圆柱体组成，石膏体之间采用 PVC（polyvinyl chloride，聚氯乙烯）管连接，并且在 PVC 管与石膏体的外表面覆盖保温材料。实验台的实物如图 3-29 所示，实验台的主要参数在表 3-3 中列出。

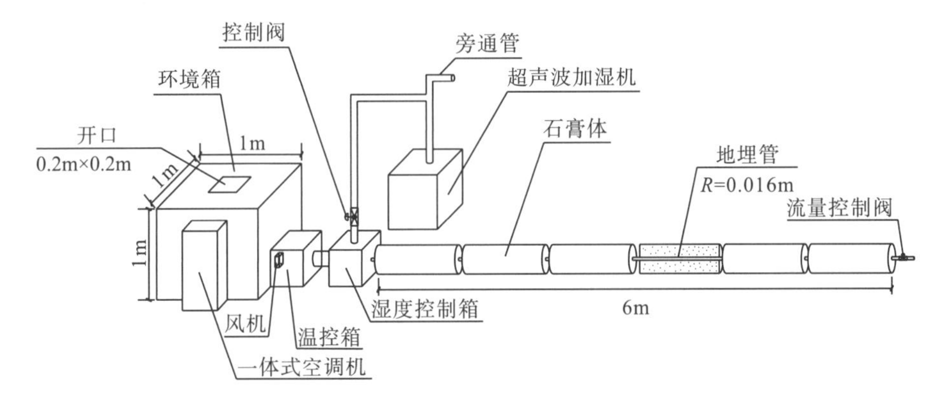

图 3-28　实验台示意图

图 3-29　实验台实物图

表 3-3 实验台相关参数

参数		数值
EAHE 模型材料：石膏柱	内直径、外直径/m	0.032、0.24
	长度/m	6
	导热系数/[W/(m·K)]	0.33
	比热容/[J/(kg·K)]	1050
	密度/(kg/m^3)	1100
	热扩散系数/(m^2/s)	2.86×10^{-7}
实验介质：空气	密度/(kg/m^3)	1.203
	比热容/[J/(kg·K)]	1005
	导热系数/[W/(m·K)]	0.0267

设置两个实验工况，其中，工况 1 用来模拟管内空气与壁面之间只存在显热交换的情形，工况 2 用来模拟存在热湿耦合传递的情形。各工况的主要调控参数如表 3-4 所示。在工况 1 中，在正式实验前先将石膏体烘干，在正式实验中通过将入口空气相对湿度维持在 70%，使得管内空气与管壁间基本不存在湿传递。周期为 5.33h，即波动频率 ω=$3.27\times10^{-4}\text{s}^{-1}$。正式实验总共开展了 4 个周期，所调控的环境空气温度服从如下余弦函数：

$$T_o = 19.5+5\cos(3.27\times10^{-4}t-\pi) \tag{3-158}$$

在工况 2 中，在正式实验前，先通过长时间向管内通入相对湿度很高的湿空气，使得石膏内部被浸润。而后，在正式实验阶段，将入口空气相对湿度保持在 90%左右，使得管内空气降温阶段可出现凝结，以模拟存在热湿耦合传递的情形。每个周期为 4h，即波动频率 ω=$4.36\times10^{-4}\text{s}^{-1}$。实验总共进行 3 个周期，所调控的环境空气温度按照如下余弦函数进行变化：

$$T_o = 17+5\cos(4.36\times10^{-4}t-\pi) \tag{3-159}$$

需要将测量获得的空气温度与相对湿度转换为空气含湿量，因此，引入空气状态参数方程组[33]：

$$\begin{cases} \phi = \dfrac{w}{w_b}\times100\% \\ w_b = \dfrac{622P_{wb}}{B-P_{wb}} \\ \ln(P_{wb}) = C_1T^{-1}+C_2+C_3T+C_4T^2+C_5T^3+C_6\ln(T) \end{cases} \tag{3-160}$$

式中，w 为空气含湿量，kg/kg；w_b 为空气饱和含湿量，kg/kg；T 为空气热力学温度，K；ϕ 为空气相对湿度，%；P_{wb} 为空气饱和水蒸气分压力，Pa；B 为环境大气压力，Pa；C_1=−5800.2206，C_2=1.3914993，C_3=−0.04860239，C_4=0.41764768$10^{-4}$，C_5=−0.14452093$10^{-7}$，C_6=6.5459673。

表 3-4　各实验工况入口空气的调控参数

工况编号	平均温度 $\bar{T}_o$ /℃	温度振幅 A_o /℃	相对湿度 ϕ_o /%	平均含湿量 $\bar{w}_o$ /(kg/kg)	含湿量振幅 A_{w_o} /(kg/kg)	风量 q /(m^3/s)
1	19.5	5	70	—	—	6.8×10^{-4}
2	17	5	90	11.8×10^{-3}	4×10^{-3}	3.4×10^{-4}

2. 理论模型与实验结果对比

1) 显热换热模型与实验工况 1 结果的对比

如图 3-30 所示，显热换热模型的温度预测值与实验测量值吻合较好。显热换热模型的预测温度与实测温度在管长 2m 和 6m 处的最大差异分别为 0.67℃、和 0.95℃，相对误差最大值分别为 3.53%和 4.87%，相对误差平均值分别为 1.56%和 3.13%。以上结果表明，在 EAHE 管内空气与壁面之间基本不存在湿传递时，显热换热模型能够较好地预测出 EAHE 的运行效果。

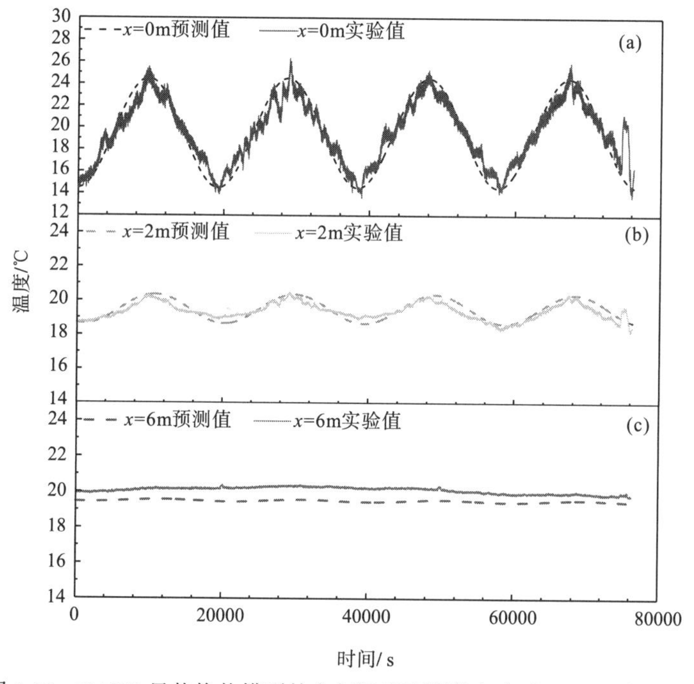

图 3-30　EAHE 显热换热模型的空气温度预测值与实验工况 1 结果对比

2) 热湿耦合传递模型、显热换热模型与实验工况 2 结果的对比

图 3-31 和图 3-32 给出了热湿耦合传递模型与显热换热模型预测得到的 EAHE 管内空气温度与含湿量，并与实验工况 2 的测试值进行了对比。从图 3-31 可以看出，热湿耦合传递模型预测得到的在管长 2m 处的空气温度相位差比实验值大了 5.5%，而显热换热模型预测得到的空气温度相位差比实验值大了 7%。另外，热湿耦合传递模型获得的在管长 2m 处的空气温度振幅比实验值高了 2.8%，而显热换热模型预测得到的空气温度振幅比实验值小了 46.4%。此外，在管长 6m 处，EAHE 管内空气温度的振幅变得很小。

表 3-5 列出了热湿耦合传递模型、显热换热模型预测得到的与实验工况 2 测试得到的 EAHE 管内空气含湿量的平均值、振幅和相位差。结果表明，实验得到的 EAHE 管内空气含湿量平均值比热湿耦合传递模型预测值小了 9.2%。这种差异可能是由于石膏体在实验过程中从空气中吸收了少量水分，而理论模型并未考虑到这一点导致的。在管长 2m 处，热湿耦合传递模型预测的空气含湿量振幅比实验值大了 13.9%，但在管长 6m 处，热湿耦合传递模型预测的空气含湿量振幅比实验值小了 37.7%。由于显热换热模型没有考虑水分传递，因此其预测的 EAHE 管内空气含湿量在管长方向上没有变化，从而导致其含湿量振幅预测值在管长 2m 和 6m 处分别比实验值大了 164.9%和 419.5%。以上结果表明，热湿耦合传递模型在预测 EAHE 管内空气含湿量方面具有明显的优势。

图 3-33 表明，在管长 2m 处，热湿耦合传递模型预测的 EAHE 管内空气的焓值比实验值大了 12%，显热换热模型预测的 EAHE 管内空气的焓值比实验值大了 26%。在管长 6m 处，热湿耦合传递模型预测的 EAHE 出口空气的焓值比实验值增大了 12%，显热换热模型预测的 EAHE 出口空气的焓值比实验值大了 23%。上述结果体现了热湿耦合传递模型在预测 EAHE 管内空气焓值方面的优势。

表 3-5　EAHE 管内空气含湿量的平均值、振幅和相位差

管长	$\overline{w}_n$ / (g / kg)			A_w / (g / kg)			φ_w / rad		
	热湿耦合传递模型	显热换热模型	实验工况 2	热湿耦合传递模型	显热换热模型	实验工况 2	热湿耦合传递模型	显热换热模型	实验工况 2
x=2m	11.78	11.78	10.49	1.72	4.0	1.51	0.12	0.0	0.07
x=6m	11.78	11.78	11.09	0.48	4.0	0.77	0.23	0.0	0.45

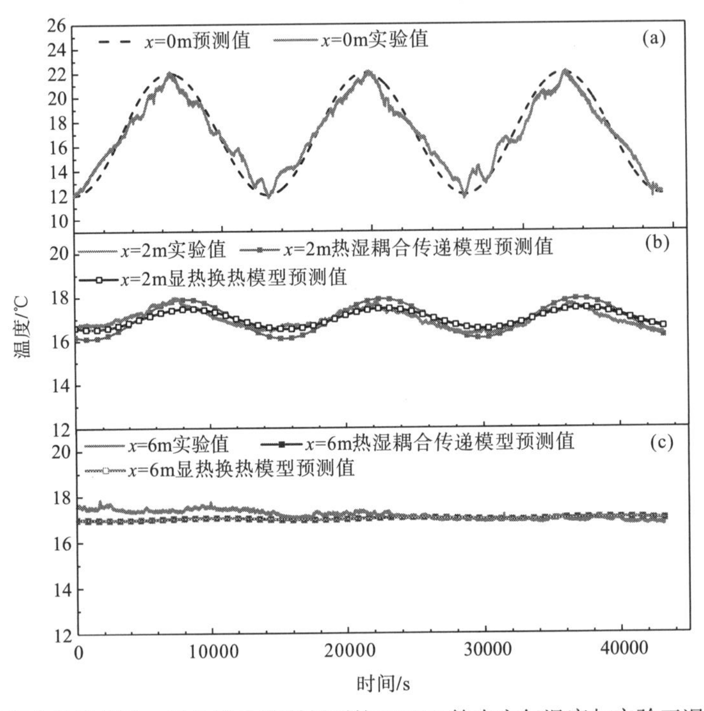

图 3-31　热湿耦合传递模型、显热换热模型得到的 EAHE 管内空气温度与实验工况 2 结果的对比

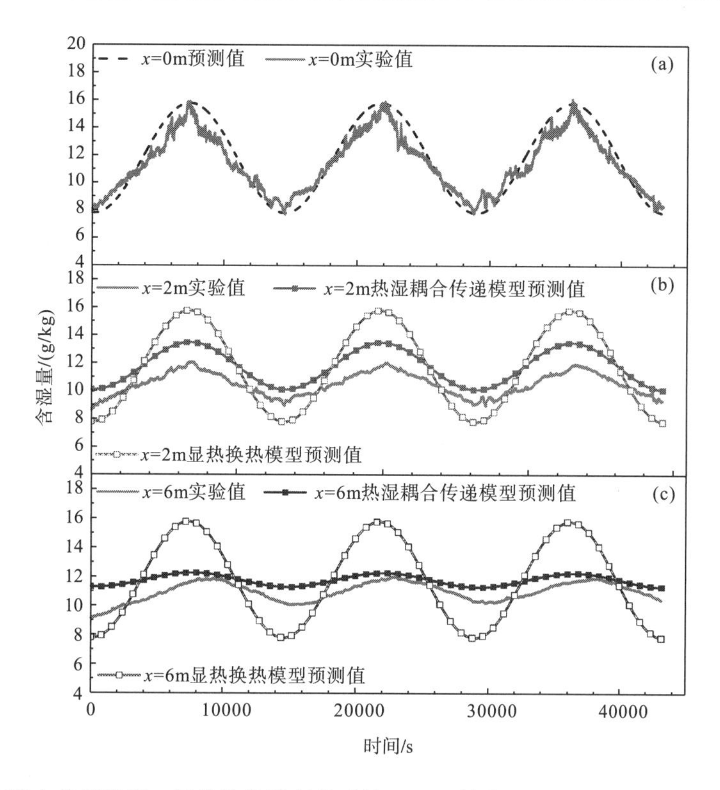

图 3-32　热湿耦合传递模型、显热换热模型得到的 EAHE 管内空气含湿量与实验工况 2 结果对比

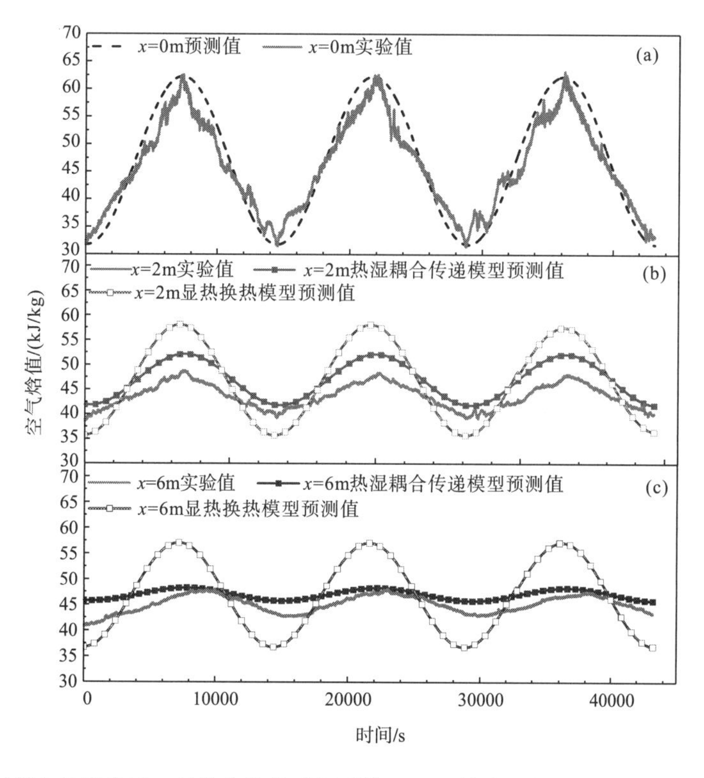

图 3-33　热湿耦合传递模型、显热换热模型得到的 EAHE 管内空气焓值与实验工况 2 结果对比

3.5.5 模型局限性评述

本节的热湿耦合传递模型建立的前提是认为管壁非致密且空气相对湿度很高，因此可导致 EAHE 的壁面在所有位置和全周期中均保持湿润。但实际上，若采用致密管壁，很难在全周期中都维持壁面湿润。同时，由于壁温并不均匀，且壁温与进入管道的空气温度均呈动态变化，因此并不是在所有位置上及所有时刻都具备发生管内空气与管壁间湿交换的条件。当发生湿传递的位置动态变化时，热湿耦合传递过程会变得更加复杂，这对本模型的适宜性带来了更大的挑战。作为量化动态热环境下 EAHE 热湿耦合过程的初探，本节建立的模型仍可为后续研究带来一些有益的启示。

参 考 文 献

[1] 中国气象局气象信息中心气象资料室. 中国建筑热环境分析专用气象数据库[M]. 北京：中国建筑工业出版社，2005.

[2] Carslaw H S，Jaeger J C. Conduction of heat in solids[M]. 2nd edition. Oxford：Oxford University Press，1959.

[3] 宋凌，朱颖心. 多管地道降温的模拟研究[J]. 暖通空调，2009，39(9)：66-69.

[4] 王克涛. 地道形状与通风时间对地道风降温的影响研究[D]. 长沙：湖南大学，2011.

[5] 胡珊. 地道风对办公建筑自然通风的影响研究[D]. 天津：天津大学，2012.

[6] 高亚南. 基于地道风的空气源热泵冬季运行特性研究[D]. 济南：山东建筑大学，2010.

[7] 金忆丹，尹永成. 复变函数与拉普拉斯变换[M]. 杭州：浙江大学出版社，2003.

[8] 严镇军. 数学物理方程[M]. 合肥：中国科学技术大学出版社，2010.

[9] Incropera F P，DeWitt D P. Introduction to heat transfer[M]. 2nd edition. New York：Wiley，1996.

[10] Lu X, Tervola P, Viljanen M. An efficient analytical solution to transient heat conduction in a one-dimensional hollow composite cylinder[J]. Journal of Physics A General Physics，2005，38(47)：10145.

[11] Rodrigues M K，Brum R D S，Vaz J，et al. Numerical investigation about the improvement of the thermal potential of an Earth-Air Heat Exchanger（EAHE）employing the constructal design method[J]. Renewable Energy，2015，80：538-551.

[12] Bansal V, Misra R, Agrawal G D, et al. Performance analysis of earth-pipe air heat exchanger for summer cooling[J]. Energy and Buildings，2010，42(5)：645-648.

[13] Wei H B, Yang D, Wang J L B, et al. Field experiments on the cooling capability of earth-to-air heat exchangers in hot and humid climate[J]. Applied Energy，2020，276：115493.

[14] Niu F X, Ni L, Yang Y, et al. Thermal accumulation effect of ground-coupled heat pump system[C]. International Conference on Electric Technology and Civil Engineering，IEEE，2011.

[15] Mathur A，Surana A K，Verma P，et al. Investigation of soil thermal saturation and recovery under intermittent and continuous operation of EATHE[J]. Energy and Buildings，2015，109：291-303.

[16] Niu F X，Yu Y B，Yu D H，et al. Investigation on soil thermal saturation and recovery of an earth to air heat exchanger under different operation strategies[J]. Applied Thermal Engineering，2015，77：90-100.

[17] Zukowski M，Topolanska J. Comparison of thermal performance between tube and plate ground air heat exchangers[J].

Renewable Energy，2018，115：697-710.

[18] Wei H B，Yang D. Performance evaluation of flat rectangular earth-to-air heat exchangers in harmonically fluctuating thermal environments[J]. Applied Thermal Engineering，2019，162：114262.

[19] Derbel H B J，Kanoun O. Investigation of the ground thermal potential in tunisia focused towards heating and cooling applications[J]. Applied Thermal Engineering，2010，30(10)：1091-1100.

[20] Niu F X，Yu Y B，Yu D H，et al. Heat and mass transfer performance analysis and cooling capacity prediction of earth to air heat exchanger[J]. Applied Energy，2015，137：211-221.

[21] Tsilingiridis G，Papakostas K. Investigating the relationship between air and ground temperature variations in shallow depths in northern Greece[J]. Energy，2014，73：1007-1016.

[22] 杨世铭，陶文铨. 传热学[M]. 4 版. 北京：高等教育出版社，2006.

[23] 蔡增基，龙天渝. 流体力学泵与风机[M]. 5 版. 北京：中国建筑工业出版社，2009.

[24] Kays W M，Crawford M E. Convection heat and mass transfer[M]. 3th edition. New York：McGraw-Hill，1993.

[25] De Freire A D，Alexandre J L C，Silva V B，et al. Compact buried pipes system analysis for indoor air conditioning[J]. Applied Thermal Engineering，2013，51(1/2)：1124-1134.

[26] Paepe M D，Janssens A. Thermo-hydraulic design of earth-air heat exchangers[J]. Energy and Building，2003，35(4)：389-397.

[27] 郭元浩. 热压与空气-土壤换热器(EAHE)耦合通风换热理论模型研究[D]. 重庆：重庆大学，2016.

[28] Lyu W H，Li X T，Wang B L，et al. Energy saving potential of fresh air pre-handling system using shallow geothermal energy[J]. Energy and Buildings，2019，185：39-48.

[29] Lee K T，Tsai H L，Yan W M. Mixed convection heat and mass transfer in vertical rectangular ducts[J]. International Journal of Heat and Mass Transfer，1997，40(7)：1624-1631.

[30] Yang D，Guo Y H，Zhang J P. Evaluation of the thermal performance of an earth-to-air heat exchanger (EAHE) in a harmonic thermal environment[J]. Energy Conversion and Management，2016，109：184-194.

[31] Yang D，Wei H B，Wang J L B，He M. Coupled heat and moisture transfer model to evaluate earth-to-air heat exchangers exposed to harmonically fluctuating thermal environments[J]. International Journal of Heat and Mass Transfer，2021，174：121293.

[32] Boulard T，Razafinjohany E，Baille A. Heat and water vapour transfer in a greenhouse with an underground heat storage system part Ⅱ. Model[J]. Agricultural and Forest Meteorology，1989，45(3/4)：185-194.

[33] 薛殿华. 空气调节[M]. 北京：清华大学出版社，1991.

第 4 章　风量恒定的 EAHE 与建筑蓄热的耦合效应

EAHE 对于建筑室内热环境的改善作用取决于 EAHE 与建筑本体蓄热的耦合效应。本章分析了 EAHE 与建筑本体蓄热耦合效应的成因及主要表现，针对采用恒定风量机械通风的 EAHE(简称 EAHEMV)与建筑蓄热的耦合效应建立了理论模型，获得了该模式下的室内空气温度计算式，并利用实验对该理论模型进行了验证。而后，分析了影响 EAHEMV 模式效果的关键参数，并分别考查了在年周期与日周期中 EAHEMV 模式调节室内空气温度的作用。最后，针对某案例，利用本章提出的理论模型获得了使室内空气温度全年位于舒适区间的方案。

4.1　EAHE 与建筑本体蓄热耦合效应的形成

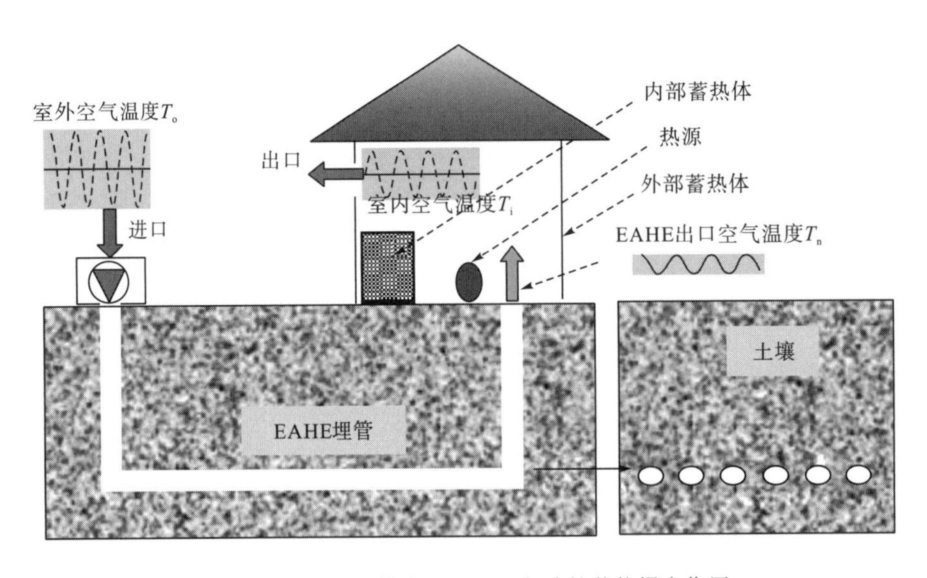

图 4-1　机械通风模式下 EAHE 与建筑蓄热耦合作用

图 4-1 给出了室外空气温度呈周期性波动时 EAHEMV 模式的示意图。该模式依靠风机将室外空气送入 EAHE 埋管，通过埋管周围的土壤对空气进行预热或预冷。然后，被冷却或加热后的空气通过埋管出口进入室内，为建筑提供冷/热量，并与建筑本身的蓄热体一同对室内热环境进行调控。调控效果体现为室内空气温度相对于室外空气温度的波动幅度减小与峰(谷)值的滞后。

当直接从建筑室外引风时，建筑本体蓄热的存在也会使室内空气温度的振幅发生衰减，并形成相对于室外空气温度的相位差，这在第 2 章中已进行了解释与量化。但从第 2 章的分析也可以看出，当新风直接来自建筑室外时，室内外空气温度的相位差仅为数小时，也就是说建筑本体蓄热只能在日周期中影响室内空气温度的波动特性。图 4-1 给出了 EAHE 与建筑本体蓄热耦合时，室外空气温度、EAHE 出口空气温度与室内空气温度抽象为简谐波时的示意图。由于 EAHE 可以跨季节地搬运土壤蓄积的冷/热量，其出口空气温度可能滞后于室外空气温度数十天，这使得 EAHE 具备在年周期中调节室内空气温度的能力。另一方面，EAHE 与建筑本体蓄热在年、日两个周期上均存在耦合效应，使得在年、日两个周期上，室内空气温度与 EAHE 出口空气温度的波动特性均存在差别。还值得注意的是，建筑本体蓄热有可能与 EAHE 协同，但也可能削弱 EAHE 的作用。我们希望发挥二者的协同作用，这就需要我们建立描述二者耦合效应的定量模型。

4.2　EAHEMV 与建筑本体蓄热耦合的数学模型

当经由 EAHE 的空气进入建筑室内后，会受到建筑蓄热的作用。建筑蓄热体包括外部蓄热体与内部蓄热体。其中，外部蓄热体一般指建筑围护结构的外墙，而内部蓄热体包括家具、内墙、楼板或其他室内装饰品等。建立 EAHE 与建筑蓄热耦合通风模式的数学模型，首先需要量化 EAHE 管内空气与土壤之间的换热，然后再量化建筑蓄热体对经由 EAHE 进入室内的空气的作用。

第 2 章已建立了数学模型用于描述流量恒定的通风气流与建筑本体蓄热之间的耦合关系，我们可以把该模式简称为 MV 模式。在 EAHEMV 模式下，在日周期中，进入建筑的空气比 MV 模式时进入建筑的空气的温度振幅低，且相位滞后。同时，EAHEMV 模式导致室内空气温度存在年、日两个波动周期。在第 3 章的 EAHE 换热模型与第 2 章针对 MV 模式建立的模型基础上，本章建立了 EAHEMV 与建筑蓄热的耦合模型。但是，本章采用的 EAHE 换热模型与第 3 章略有区别，在计算管内空气与埋管周围土壤传热时采用了温度波渗透距离（或渗透厚度）来计算热阻，而对方程的拆解思路与解析方法仍与第 3 章一致。

4.2.1　EAHE 管内空气与土壤的换热模型

1. EAHE 换热模型平均项

EAHE 埋管周围土壤导热的平均项按照有限厚度的圆筒导热进行处理，对应的导热微分方程式为

$$\frac{\mathrm{d}}{\mathrm{d}r}\left(r\frac{\mathrm{d}\overline{T}_{\mathrm{s}}(r)}{\mathrm{d}r}\right)=0 \tag{4-1}$$

对应的边界条件为

$$r=R,\quad -\lambda_{\mathrm{s}}\frac{\mathrm{d}\overline{T}_{\mathrm{s}}}{\mathrm{d}r}=h(\overline{T}_{\mathrm{n}}-\overline{T}_{\mathrm{R}}) \tag{4-2}$$

$$r = R_0 = \delta + R,\ \ \overline{T}_s = \overline{T}_{s,z} \tag{4-3}$$

由上述微分方程组，可以得到EAHE埋管周围土壤温度的平均值为

$$\overline{T}_s(r) = \overline{T}_{s,z} + \frac{\overline{T}_n - \overline{T}_{s,z}}{\ln\dfrac{R_0}{R} + \dfrac{\lambda_s}{hR}} \ln\frac{R_0}{r} \tag{4-4}$$

其中，$\overline{T}_{s,z}$为EAHE埋管所处深度土壤原始温度的平均值，℃；$\overline{T}_n$为EAHE管内空气温度平均值，℃；R为EAHE埋管半径，m；δ为EAHE管内空气温度波在土壤径向上的渗透距离，m；因此，$R_0 = \delta + R$，m。

针对EAHE管内空气微元体建立热平衡方程：

$$\rho_a C_a \pi R^2 \mathrm{d}x \frac{\partial T_n}{\partial t} = \rho_a C_a V_a \pi R^2 \left[T_n - \left(T_n + \frac{\partial T_n}{\partial x}\mathrm{d}x \right) \right] - K(T_n - T_{s,z})\mathrm{d}x \tag{4-5}$$

其中，T_n为EAHE管内空气温度，℃；ρ_a为空气密度，kg/m^3；C_a为空气比热容，J/(kg·K)；V_a为EAHE管内空气流速，m/s；K为空气与土壤间的传热系数，$K = 1/\left(1/2\pi Rh + \ln(R_0/R)/2\pi\lambda_s\right)$，W/(m^2·K)。

式(4-5)中拆分出的平均项方程为

$$-\rho_a C_a V_a \pi R^2 \frac{\partial \overline{T}_n}{\partial x}\mathrm{d}x = K(\overline{T}_n - \overline{T}_{s,z})\mathrm{d}x \tag{4-6}$$

其边界条件为$x=0, \overline{T}_n = \overline{T}_o$，其中，$\overline{T}_o$为室外空气温度平均值。

对式(4-6)进行积分，求解得到EAHE管内空气温度的时间平均值随管长的变化：

$$\overline{T}_n = \overline{T}_{s,z} + (\overline{T}_o - \overline{T}_{s,z})\mathrm{e}^{-Kx/\rho_a V_a C_a \pi R^2} \tag{4-7}$$

对于年周期来讲，当不考虑来自地表的太阳辐射时，可认为$\overline{T}_{s,z,y}=\overline{T}_{o,y}$。于是，从式(4-7)可以看出，EAHE管内空气温度的年平均值$\overline{T}_{n,y}$与土壤原始温度的年平均值$\overline{T}_{s,z,y}$相等，继而可以得到$\overline{T}_{n,y}=\overline{T}_{s,z,y}=\overline{T}_{o,y}$。这也说明，EAHE埋管出口空气温度的年平均值与管长无关。值得注意的是，实际操作时很难利用式(4-7)对EAHE埋管出口空气温度的日周期平均值$\overline{T}_{n,d}$进行计算，这是因为，虽然日周期中的$\overline{T}_{s,z,d}$与$\overline{T}_{o,d}$是已知的，但年、日两个周期的管内空气温度波在土壤径向上的渗透存在叠加，这导致日周期中的K值不易被确定。但从式(4-7)仍可看出，因为在日周期中$\overline{T}_{s,z,d}$与$\overline{T}_{o,d}$不一定相同，这导致EAHE埋管出口空气温度的日周期平均值$\overline{T}_{n,d}$与管长有关。实际上，EAHE埋管出口空气温度的日周期平均值$\overline{T}_{n,d}$可理解为年周期EAHE埋管出口空气温度波$T_{n,y}$在该天的瞬时值，笔者更推荐采用这个思路去确定某特定日的$\overline{T}_{n,d}$，后文会给出详细计算方法。

2. EAHE换热模型的波动项

EAHE埋管周围土壤导热微分方程式的波动项为

$$\frac{\partial \tilde{T}_s(t,r)}{\partial t} = \frac{\alpha_s}{r}\frac{\partial}{\partial r}\left(r\frac{\partial \tilde{T}_s(t,r)}{\partial r} \right) \tag{4-8}$$

对应的边界和初始条件为

$$r=R,\ -\lambda_s\frac{\partial\tilde{T}_s}{\partial r}=h(\tilde{T}_n-\tilde{T}_R) \tag{4-9}$$

$$r=R_0,\ \tilde{T}_s=\tilde{T}_{s,z} \tag{4-10}$$

$$t=0,\ \tilde{T}_s=0,\ R<r<R_0 \tag{4-11}$$

其中，$\tilde{T}_s$ 为土壤原始温度的波动值，℃。

对式(4-8)及其边界条件进行拉普拉斯变换[1]，得到拉氏变换后的导热微分方程组：

$$\frac{\partial^2\hat{T}_s}{\partial r^2}+\frac{1}{r}\frac{\partial\hat{T}_s}{\partial r}=\frac{s}{\alpha_s}\hat{T}_s \tag{4-12}$$

式(4-12)的边界条件为

$$r=R,\ -\lambda_s\frac{\partial\hat{T}_s}{\partial r}=h(\hat{T}_n-\hat{T}_s) \tag{4-13}$$

$$r=R_0,\ \hat{T}_s=\hat{T}_{s,z} \tag{4-14}$$

其中，$\hat{T}_s$ 表示 $\tilde{T}_s$ 的拉普拉斯变换形式，对其他参数进行拉普拉斯变换后的形式也用相同方式表示。式(4-12)为贝塞尔方程，其通解为

$$\hat{T}_s=AI_0\left(\sqrt{\frac{s}{\alpha_s}}r\right)+BK_0\left(\sqrt{\frac{s}{\alpha_s}}r\right) \tag{4-15}$$

根据边界条件可以解得式(4-15)中的参数：

$$A=\left\{h\hat{T}_nK_0\left(\sqrt{\frac{s}{\alpha_s}}R_0\right)-\left[\lambda_s\sqrt{\frac{s}{\alpha_s}}K_1\left(\sqrt{\frac{s}{\alpha_s}}R\right)+hK_0\left(\sqrt{\frac{s}{\alpha_s}}R\right)\right]\cdot\hat{T}_{s,z}\right\}\cdot(X-Y)^{-1}$$

$$B=\left\{h\hat{T}_nI_0\left(\sqrt{\frac{s}{\alpha_s}}R_0\right)-\left[hI_0\left(\sqrt{\frac{s}{\alpha_s}}R\right)-\lambda_s\sqrt{\frac{s}{\alpha_s}}I_1\left(\sqrt{\frac{s}{\alpha_s}}R\right)\right]\cdot\hat{T}_{s,z}\right\}\cdot(Y-X)^{-1}$$

其中，

$$X=\left[hI_0\left(\sqrt{\frac{s}{\alpha_s}}R\right)-\lambda_s\sqrt{\frac{s}{\alpha_s}}I_1\left(\sqrt{\frac{s}{\alpha_s}}R\right)\right]K_0\left(\sqrt{\frac{s}{\alpha_s}}R_0\right)$$

$$Y=I_0\left(\sqrt{\frac{s}{\alpha_s}}R_0\right)\left[\lambda_s\sqrt{\frac{s}{\alpha_s}}K_1\left(\sqrt{\frac{s}{\alpha_s}}R\right)+hK_0\left(\sqrt{\frac{s}{\alpha_s}}R\right)\right]$$

将 A、B、X、Y 代入式(4-15)，并整理可得

$$\hat{T}_s(s,r)=F(s,r)\hat{T}_n+G(s,r)\hat{T}_{s,z} \tag{4-16}$$

其中，

$$F(s,r)=h\frac{[K_0(\sqrt{s/\alpha_s}R_0)I_0(\sqrt{s/\alpha_s}r)-I_0(\sqrt{s/\alpha_s}R_0)K_0(\sqrt{s/\alpha_s}r)]}{X-Y}$$

$$G(s,r)=\frac{h[I_0(\sqrt{s/\alpha_s}R)K_0(\sqrt{s/\alpha_s}r)-I_0(\sqrt{s/\alpha_s}r)K_0(\sqrt{s/\alpha_s}R)]}{X-Y}$$
$$-\frac{\lambda_s\sqrt{s/\alpha_s}[I_1(\sqrt{s/\alpha_s}R)K_0(\sqrt{s/\alpha_s}r)+K_1(\sqrt{s/\alpha_s}R)I_0(\sqrt{s/\alpha_s}r)]}{X-Y}$$

采用 Lu 等提出的反拉氏变换简便计算方法[2]，若 $F(s,r)$、$G(s,r)$ 的反拉氏变换为

$f(t,r)$、$g(t,r)$，则式(4-16)的反拉氏变换为

$$\tilde{T}_{\mathrm{s}}(t,r)=f(t,r)\cdot\tilde{T}_{\mathrm{n}}+g(t,r)\cdot\tilde{T}_{\mathrm{s},z} \tag{4-17}$$

根据拉普拉斯变换的定义与卷积定理，可得

$$\begin{aligned}
\tilde{T}_{\mathrm{s}}(t,r)&=f(t,r)*\tilde{T}_{\mathrm{n}}+g(t,r)*\tilde{T}_{\mathrm{s},z}\\
&=\int_0^{\tau}[f(\varsigma,r)\cdot\tilde{T}_{\mathrm{n}}(t-\varsigma)+g(\varsigma,r)\cdot\tilde{T}_{\mathrm{s},z}(t-\varsigma)]\mathrm{d}\varsigma\\
&\approx\int_0^{\infty}[f(\varsigma,r)\cdot\tilde{T}_{\mathrm{n}}(t-\varsigma)+g(\varsigma,r)\cdot\tilde{T}_{\mathrm{s},z}(t-\varsigma)]\mathrm{d}\varsigma\ \text{（当}t\text{足够大时）}\\
&=\int_0^{\infty}f(\varsigma,r)\cdot A_{\mathrm{n}}'\exp[\mathrm{i}\omega(t-\varsigma)]\mathrm{d}\varsigma+\int_0^{\infty}g(\varsigma,r)\cdot A_{\mathrm{s},z}'\exp[\mathrm{i}\omega(t-\varsigma)]\mathrm{d}\varsigma\\
&=A_{\mathrm{n}}'\exp(\mathrm{i}\omega t)\cdot\int_0^{\infty}f(\varsigma,r)\exp(-\mathrm{i}\omega\varsigma)\mathrm{d}\varsigma+A_{\mathrm{s},z}'\exp(\mathrm{i}\omega t)\cdot\int_0^{\infty}g(\varsigma,r)\exp(-\mathrm{i}\omega\varsigma)\mathrm{d}\varsigma\\
&=\tilde{T}_{\mathrm{n}}\cdot F(\mathrm{i}\omega,r)+\tilde{T}_{\mathrm{s},z}\cdot G(\mathrm{i}\omega,r)
\end{aligned} \tag{4-18}$$

其中，

$$\begin{aligned}
\tilde{T}_{\mathrm{n}}(t-\varsigma)&=A_{\mathrm{n}}\exp[\mathrm{i}\omega(t-\varsigma)+\mathrm{i}\varphi_{\mathrm{n}}]=A_{\mathrm{n}}\exp(\mathrm{i}\varphi_{\mathrm{n}})\cdot\exp[\mathrm{i}\omega(t-\varsigma)]\\
&=A_{\mathrm{n}}'\exp[\mathrm{i}\omega(t-\varsigma)]
\end{aligned} \tag{4-19}$$

由此，可以获得 EAHE 埋管壁面温度波动值：

$$\tilde{T}_{\mathrm{s}}(t,R)=\mathrm{real}[\tilde{T}_{\mathrm{n}}\cdot F(\mathrm{i}\omega,R)+\tilde{T}_{\mathrm{s},z}\cdot G(\mathrm{i}\omega,R)] \tag{4-20}$$

其中，real 表示对复数求实部。

以管内空气微元体为对象，其热平衡方程的波动项为

$$\rho_{\mathrm{a}}C_{\mathrm{a}}\pi R^2\mathrm{d}x\frac{\partial\tilde{T}_{\mathrm{n}}}{\partial t}=\rho_{\mathrm{a}}C_{\mathrm{a}}V_{\mathrm{a}}\pi R^2\left(-\frac{\partial\tilde{T}_{\mathrm{n}}}{\partial x}\mathrm{d}x\right)-h(\tilde{T}_{\mathrm{n}}-\tilde{T}_{\mathrm{R}})2\pi R\mathrm{d}x \tag{4-21}$$

对式(4-21)进行整理，可得

$$\frac{R}{V_{\mathrm{a}}}\frac{\partial\tilde{T}_{\mathrm{n}}}{\partial t}=-R\frac{\partial\tilde{T}_{\mathrm{n}}}{\partial x}-2\sigma(\tilde{T}_{\mathrm{n}}-\tilde{T}_{\mathrm{R}}) \tag{4-22}$$

其边界条件为 $x=0$，$\tilde{T}_{\mathrm{n}}=\tilde{T}_{\mathrm{o}}$

将式(4-20)代入式(4-22)，并进行积分求解，可得

$$\tilde{T}_{\mathrm{n}}=\left[\frac{2\sigma GA_{\mathrm{s},z}\mathrm{e}^{-\varphi_{\mathrm{s},z}\mathrm{i}}[1-\mathrm{e}^{-\left(\frac{\mathrm{i}\omega}{V_{\mathrm{a}}}+\frac{2\sigma(1-F)}{R}\right)\cdot x}]}{R\cdot\left[\frac{\mathrm{i}\omega}{V_{\mathrm{a}}}+\frac{2\sigma(1-F)}{R}\right]}+A_{\mathrm{o}}\mathrm{e}^{\left(-\left(\frac{\mathrm{i}\omega}{V_{\mathrm{a}}}+\frac{2\sigma(1-F)}{R}\right)\cdot x\right)}\right]\cdot\mathrm{e}^{\mathrm{i}\omega t} \tag{4-23}$$

其中，$\sigma=h/\rho_{\mathrm{a}}V_{\mathrm{a}}C_{\mathrm{a}}$，$F=F(\mathrm{i}\omega,R)$，$G=G(\mathrm{i}\omega,R)$。

为便于求出 EAHE 管内空气温度的相位差和无量纲振幅，可将式(4-23)用 $A_{\mathrm{n}}'(x)$ 来表示，即

$$A_{\mathrm{n}}'(x)=\frac{2\sigma GA_{\mathrm{s},z}\mathrm{e}^{-\varphi_{\mathrm{s},z}\mathrm{i}}[1-\mathrm{e}^{-\left(\frac{\mathrm{i}\omega}{V_{\mathrm{a}}}+\frac{2\sigma(1-F)}{R}\right)\cdot x}]}{R\cdot\left[\frac{\mathrm{i}\omega}{V_{\mathrm{a}}}+\frac{2\sigma(1-F)}{R}\right]}+A_{\mathrm{o}}\mathrm{e}^{-\left(\frac{\mathrm{i}\omega}{V_{\mathrm{a}}}+\frac{2\sigma(1-F)}{R}\right)x} \tag{4-24}$$

则 EAHE 管内空气温度相对于室外空气温度的相位差 φ_{n} 和振幅比 κ_{n} 为

$$\varphi_{\mathrm{n}}=(-1)\cdot\mathrm{angle}(A_{\mathrm{n}}'(x)) \tag{4-25}$$

$$\kappa_{\mathrm{n}}=\frac{A_{\mathrm{n}}(x)}{A_{\mathrm{o}}}=\frac{\mathrm{abs}(A_{\mathrm{n}}'(x))}{A_{\mathrm{o}}} \tag{4-26}$$

其中，angle 表示对复数求幅角；abs 表示对复数求幅值。

3. EAHE 埋管周围土壤传热渗透厚度的确定

本章在求解 EAHE 管内空气温度与土壤的换热热阻时涉及“渗透厚度”的概念。当室外空气进入埋管后，与埋管壁面进行换热，来自管内空气的温度波在埋管周围土壤的径向上传播，并对土壤的原始温度造成扰动。当径向距离增大到 δ 时，若土壤温度受扰动的程度低到可忽略不计的程度，此时的 δ 就被称为渗透厚度。虽然在第 3 章中通过 “过余波动温度”的使用回避了土壤热阻的计算，但渗透厚度的概念却有利于直观展现出管内空气对土壤形成热扰动的范围。在本小节中，笔者分析了确定渗透厚度的既有方法，也提出了一些新的方法。

P. Hollmuller 按照无限大平板非稳态导热去计算渗透厚度[3]，其计算式为

$$\delta=\sqrt{\frac{2\alpha_{\mathrm{s}}}{\omega}}=\sqrt{\frac{\alpha_{\mathrm{s}}\tau}{\pi}} \tag{4-27}$$

该式是基于对无限大平板导热问题的推导获得的，因此应用于柱坐标系下的土壤导热时会产生一定的偏差。Bansal 等认为渗透厚度与埋管的直径相当[4]，即 $\delta=R$，但这样的简化必定会带来一定的误差。而且我们注意到，EAHE 周围土壤导热是一个周期性问题，使得在径向上的热量传递方向并非单向。国内工程师也常借鉴 Bansal 等的思路，认为渗透厚度为与 EAHE 管径及土壤热物性参数相关的值。张锡虎提出了“热传递厚度”的概念，基于夏季时空气进入埋管的热量与周围土壤蓄存的热量平衡，得到了渗透厚度的简化求解公式[5]：

$$4\alpha_{\mathrm{s}}\tau=\delta(2R+\delta)\ln\left(1+\frac{\delta}{R}\right) \tag{4-28}$$

但是张锡虎在推导上述公式时未考虑土壤温度随时间的变化，这与土壤非稳态导热的实际过程有较大偏差。此处重点介绍渗透厚度的两种确定方法。

(1) 在张锡虎的基础上进行优化，同样运用能量守恒定律，但更精细地计算传热量。假设 τ 时刻的渗透厚度为 δ，则从初始时刻到 τ 时刻由埋管壁面传入土壤的热量 Q_1 可用两个时刻热流率的平均值乘以传热时间近似表示：

$$Q_1=\frac{\tau}{2}\left(\frac{\overline{T}_{\mathrm{n}}-\overline{T}_{\mathrm{s},z}}{\dfrac{1}{2h\pi R}+\dfrac{1}{2\pi\lambda_{\mathrm{s}}}\ln\dfrac{R_0}{R}}+\frac{\overline{T}_{\mathrm{n}}-\overline{T}_{\mathrm{s},z}}{\dfrac{1}{2h\pi R}}\right) \tag{4-29}$$

认为这个热量全部被径向厚度为 δ 的土壤吸收，则土壤吸收的热量也可以用两个时刻的平均值表示：

$$Q_2=C_{\mathrm{a}}\rho_{\mathrm{s}}\pi(R_0{}^2-R^2)\cdot\left(\frac{\overline{T}_{\mathrm{R}}+\overline{T}_{\mathrm{s},z}}{2}-\overline{T}_{\mathrm{s},z}\right) \tag{4-30}$$

$\bar{T}_R$ 的值可由式(4-4)得到。根据 $Q_1=Q_2$，整理得到：

$$\tau\left(\frac{1}{\dfrac{1}{2h\pi R}+\dfrac{1}{2\pi\lambda_s}\ln\dfrac{R_0}{R}}+\frac{1}{\dfrac{1}{2h\pi R}}\right)=C_a\rho_s\delta(2R+\delta)\cdot\frac{h\ln\dfrac{R_0}{R}}{2\left(\dfrac{\lambda}{R}+h\ln\dfrac{R_0}{R}\right)} \tag{4-31}$$

引入表征非稳态导热的无量纲数，可进一步整理得到：

$$Fo\cdot\left[2+Bi\cdot\ln\left(1+\frac{\delta}{R}\right)\right]=\frac{1}{2}\frac{\delta}{R}\left(2+\frac{\delta}{R}\right)\ln\left(1+\frac{\delta}{R}\right) \tag{4-32}$$

其中，傅里叶数 $Fo=\alpha_s\tau/R^2$；毕渥数 $Bi=hR/\lambda_s$。

理论上讲，当确定 Fo、Bi 的数值后，就可以根据式(4-32)求解出 δ 的数值，但式(4-32)是一个超越方程。为得到一个更简洁的显式表达式，可通过数值计算获得 Fo 与 Bi 在 0 到 50 变化时对应的 δ 数值，然后通过拟合得到下式：

$$\delta=R\cdot\sqrt{Fo\cdot(1+1.9Bi)} \tag{4-33}$$

利用式(4-33)求解渗透厚度，既与渗透厚度随时间变化的物理事实吻合，也包含了 EAHE 管径、管壁的对流换热强度等对渗透厚度的影响。

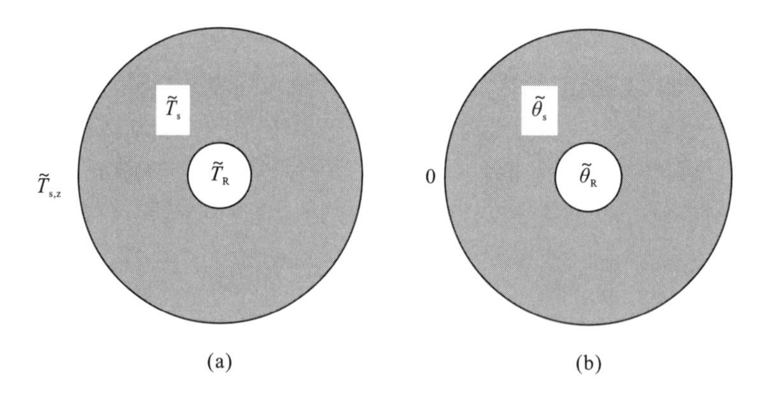

图 4-2 管内空气作用下土壤温度与“过余波动温度”分布示意

(2)通过“过余波动温度”的衰减程度来定义渗透厚度。如图 4-2(a)所示，EAHE 周围土壤温度的波动量 $\tilde{T}_s$ 受管壁温度波动量 $\tilde{T}_R$ 和土壤原始温度波动量 $\tilde{T}_{s,z}$ 共同影响。随着半径的增大，土壤温度波动量 $\tilde{T}_s$ 逐渐接近 $\tilde{T}_{s,z}$，即 $\tilde{T}_s-\tilde{T}_{s,z}\approx 0$，则其振幅满足 $\text{abs}(T_s-T_{s,z})=\varepsilon\approx 0$。利用“过余波动温度”的概念，EAHE 内壁面的过余波动温度表示为 $\tilde{\theta}_R=\tilde{T}_R-\tilde{T}_{s,z}$，土壤的过余波动温度表示为 $\tilde{\theta}_s=\tilde{T}_s-\tilde{T}_{s,z}$。当 $\tilde{\theta}_s$ 的振幅与 $\tilde{\theta}_R$ 的振幅的比值在某 r 处低于一个阈值时，则可认为此处与 EAHE 内壁面的距离即为渗透厚度。如图 4-2 所示，利用“过余波动温度”建立 EAHE 周围土壤的导热微分方程：

$$\frac{\partial\tilde{\theta}_s(\tau,r)}{\partial\tau}=\frac{\alpha_s}{r}\frac{\partial}{\partial r}\left(r\frac{\partial\tilde{\theta}_s(\tau,r)}{\partial r}\right) \tag{4-34}$$

边界条件为

$$r=R,\ -\lambda_{\rm s}\frac{\partial\tilde{\theta}_{\rm s}}{\partial r}\Big|_{r=R}=h(\tilde{\theta}_{\rm n}-\tilde{\theta}_{\rm s}(\tau,R)) \tag{4-35}$$

$$r=\infty,\ \tilde{\theta}_{\rm s}=0;\ R<r<\infty,\ t=0,\ \tilde{\theta}_{\rm s}(0,r)=0 \tag{4-36}$$

对微分方程(4-34)及边界条件做拉普拉斯变换得到：

$$\frac{\partial^2\hat{\theta}_{\rm s}}{\partial r^2}+\frac{1}{r}\frac{\partial\hat{\theta}_{\rm s}}{\partial r}=\frac{s}{\alpha_{\rm s}}\hat{\theta}_{\rm s} \tag{4-37}$$

其边界条件为：$r=R,\ -\lambda_{\rm s}\frac{\partial\hat{\theta}_{\rm s}}{\partial r}\Big|_{r=R}=h(\hat{\theta}_{\rm n}-\hat{\theta}_{\rm s})$；$r=\infty,\ \hat{\theta}_{\rm s}(s,\infty)=0$。

对微分方程组进行求解得

$$\hat{\theta}_{\rm s}=AI_0\left(\sqrt{\frac{s}{\alpha_{\rm s}}}r\right)+BK_0\left(\sqrt{\frac{s}{\alpha_{\rm s}}}r\right) \tag{4-38}$$

根据边界条件，当$r=\infty$，$\hat{\theta}_{\rm s}(s,\infty)=0$，同时，由贝塞尔函数性质可知$r=\infty, I_0\to\infty$，$K_0\to 0$，所以 A=0，而 B≠0，则式(4-38)可简化为

$$\hat{\theta}_{\rm s}=BK_0\left(\sqrt{\frac{s}{\alpha_{\rm s}}}r\right) \tag{4-39}$$

代入边界条件可求得

$$B=\hat{\theta}_{\rm n}\cdot\frac{h}{hK_0\left(\sqrt{\frac{s}{\alpha_{\rm s}}}R\right)+\lambda_{\rm s}\sqrt{\frac{s}{\alpha_{\rm s}}}K_1\left(\sqrt{\frac{s}{\alpha_{\rm s}}}R\right)} \tag{4-40}$$

则有

$$\hat{\theta}_{\rm s}=\hat{\theta}_{\rm n}\cdot\frac{hK_0\left(\sqrt{\frac{s}{\alpha_{\rm s}}}r\right)}{hK_0\left(\sqrt{\frac{s}{\alpha_{\rm s}}}R\right)+\lambda_{\rm s}\sqrt{\frac{s}{\alpha_{\rm s}}}K_1\left(\sqrt{\frac{s}{\alpha_{\rm s}}}R\right)}=\hat{\theta}_{\rm n}\cdot F(s,r) \tag{4-41}$$

于是，可以得到土壤过余波动温度$\tilde{\theta}_{\rm s}=\tilde{\theta}_{\rm n}\cdot F({\rm i}\omega,r)$，埋管内壁面过余波动温度$\tilde{\theta}_{\rm R}=\tilde{\theta}_{\rm n}\cdot F({\rm i}\omega,R)$。当下式定义的$\xi$低于某个阈值时，对应的 r 与埋管内壁面半径之差即为渗透厚度δ：

$$\xi=\frac{{\rm abs}(\tilde{\theta}_{\rm s})}{{\rm abs}(\tilde{\theta}_{\rm R})}={\rm abs}\left(\frac{\tilde{\theta}_{\rm s}}{\tilde{\theta}_{\rm R}}\right)={\rm abs}\left(\frac{F({\rm i}\omega,r)}{F({\rm i}\omega,R)}\right)={\rm abs}\left(\frac{K_0\left(\sqrt{\frac{{\rm i}\omega}{\alpha_{\rm s}}}r\right)}{K_0\left(\sqrt{\frac{{\rm i}\omega}{\alpha_{\rm s}}}R\right)}\right) \tag{4-42}$$

其中，ξ表示过余波动温度的振幅比。

图 4-3 给出了埋管半径 R 分别为 0.1m、0.2m、0.3m 时，ξ随半径 r 的变化趋势。若在日周期中以$\xi=0.05$为阈值，则可获得不同埋管半径 R 对应的渗透厚度。由于年周期中的土壤温度振幅比日周期大几倍，因此年周期可以$\xi=0.01$为阈值。

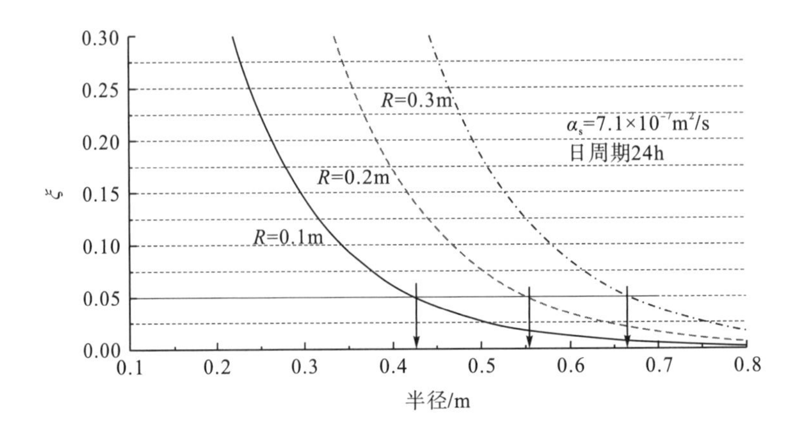

图 4-3 日周期中土壤过余波动温度振幅衰减程度随半径 r 的变化

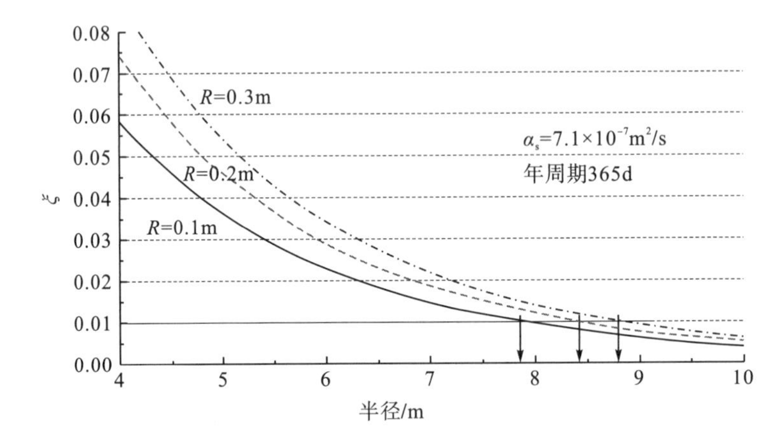

图 4-4 年周期中土壤过余波动温度振幅衰减程度随半径 r 的变化

由图 4-3 可以看出，在日周期中，若以 $\xi=0.05$ 为阈值，埋管半径 R=0.1m 对应的渗透厚度约为 0.33m，R=0.2m 对应的渗透厚度约为 0.36m，R=0.3m 对应的渗透厚度约为 0.37m。由图 4-4 可知，在年周期工况中，若以 $\xi=0.01$ 为阈值，埋管半径 R=0.1m 对应的渗透厚度约为 7.7m，R=0.2m 对应的渗透厚度约为 8.2m，R=0.3m 对应的渗透厚度约为 8.5m。这说明，随着埋管半径 R 的增大，渗透厚度的增加幅度会逐渐减小，这与式(4-33)所表现出来的趋势一致。

4. EAHE 埋管出口空气温度曲线

对于年、日两个周期，EAHE 埋管出口空气温度的动态变化过程都可由以下简谐波形式进行描述：

$$T_{\mathrm{n,m}}=\bar{T}_{\mathrm{n,m}}+\tilde{T}_{\mathrm{n,m}}=\bar{T}_{\mathrm{n,m}}+\kappa_{\mathrm{n,m}}A_{\mathrm{o,m}}\cos(\omega_{\mathrm{m}}t_{\mathrm{m}}-\varphi_{\mathrm{n,m}}) \tag{4-43}$$

式中，下标 m 可以指代年周期的符号 y 或日周期的符号 d。

如前文所说，EAHE 埋管出口空气温度日周期的平均值 $\bar{T}_{\mathrm{n,d}}$ 可表示为年周期 EAHE 埋管出口空气温度波 $T_{\mathrm{n,y}}$ 在该日的瞬时值：

$$\overline{T}_{\mathrm{n,d}} = \overline{T}_{\mathrm{n,y}} + \kappa_{\mathrm{n,y}} A_{\mathrm{o,y}} \cos\left(\frac{2\pi}{365\mathrm{d}} t_{\mathrm{y}} - \varphi_{\mathrm{n,y}}\right) \tag{4-44}$$

于是，对于日周期，EAHE 埋管出口空气温度可表示为

$$T_{\mathrm{n,d}} = \overline{T}_{\mathrm{n,d}} + \tilde{T}_{\mathrm{n,d}} = \overline{T}_{\mathrm{n,y}} + \kappa_{\mathrm{n,y}} A_{\mathrm{o,y}} \cos\left(\frac{2\pi}{365\mathrm{d}} t_{\mathrm{y}} - \varphi_{\mathrm{n,y}}\right) + \kappa_{\mathrm{n,d}} A_{\mathrm{o,d}} \cos\left(\frac{2\pi}{24\mathrm{h}} t_{\mathrm{d}} - \varphi_{\mathrm{n,d}}\right) \tag{4-45}$$

式中，年周期中的 t_{y} 为距离年周期初始日的天数，日周期中的 t_{d} 为距离日周期初始时刻的小时数。

4.2.2　EAHE 与建筑蓄热耦合模型

1. 适用于年周期的模型

年周期的时长为 365 天，对应的波动频率为 $\omega = 2\pi / (365 \times 24 \times 3600)\mathrm{s}^{-1}$ 。假设室内空气温度分布均匀，则室内空气的热平衡方程式为

$$\rho_{\mathrm{a}} C_{\mathrm{a}} q (T_{\mathrm{n,y}} - T_{\mathrm{i,y}}) + K_{\mathrm{e}} S_{\mathrm{e}} (T_{\mathrm{sol\text{-}air,y}} - T_{\mathrm{i,y}}) + E = V_{\mathrm{i}} C_{\mathrm{a}} \rho_{\mathrm{a}} \frac{\partial T_{\mathrm{i,y}}}{\partial t} + h_{\mathrm{M}} S_{\mathrm{M}} (T_{\mathrm{i,y}} - T_{\mathrm{M,y}}) \tag{4-46}$$

其中，$T_{\mathrm{i,y}}$ 为室内空气温度，℃；$T_{\mathrm{sol\text{-}air,y}}$ 为室外综合温度，$T_{\mathrm{sol\text{-}air,y}} = T_{\mathrm{o}} + \rho_{\mathrm{e}} I / h_{\mathrm{e}}$，℃；$\rho_{\mathrm{e}}$ 为建筑围护结构外表面对太阳辐射的吸收率；I 为太阳辐射强度，W/m^2；$T_{\mathrm{M,y}}$ 为建筑内部蓄热体的温度，℃；q 为通风量，m^3/s；K_{e} 为建筑围护结构有效传热系数，$K_{\mathrm{e}} = 1/(1/h_{\mathrm{i}} + \delta_{\mathrm{w}}/\lambda_{\mathrm{e}} + 1/h_{\mathrm{e}})$，W/(m^2·K)；$h_{\mathrm{i}}$ 为建筑围护结构内表面的对流换热系数，W/(m^2·K)；h_{e} 为建筑围护结构外表面的对流换热系数，W/(m^2·K)；δ_{w} 为建筑外墙厚度，m；λ_{e} 为建筑围护结构导热系数，W/(m·K)；S_{e} 为建筑围护结构表面积，m^2；E 为室内有效热源的释热率，W；V_{i} 为建筑内空气所占据的体积，m^3；h_{M} 为内部蓄热体表面的对流换热系数，W/(m^2·K)；S_{M} 为内部蓄热体表面积，m^2。

认为内部蓄热体温度分布均匀，列出其热平衡方程为

$$M C_{\mathrm{M}} \frac{\partial T_{\mathrm{M,y}}}{\partial t} + h_{\mathrm{M}} S_{\mathrm{M}} (T_{\mathrm{M,y}} - T_{\mathrm{i,y}}) = 0 \tag{4-47}$$

其中，M 为内部蓄热体的质量，kg。

拆分出式(4-46)和式(4-47)的平均项方程：

$$\rho_{\mathrm{a}} C_{\mathrm{a}} q (\overline{T}_{\mathrm{n,y}} - \overline{T}_{\mathrm{i,y}}) + K_{\mathrm{e}} S_{\mathrm{e}} (\overline{T}_{\mathrm{sol\text{-}air,y}} - \overline{T}_{\mathrm{i,y}}) + E = h_{\mathrm{M}} S_{\mathrm{M}} (\overline{T}_{\mathrm{i,y}} - \overline{T}_{\mathrm{M,y}}) \tag{4-48}$$

$$h_{\mathrm{M}} S_{\mathrm{M}} (\overline{T}_{\mathrm{M,y}} - \overline{T}_{\mathrm{i,y}}) = 0 \rightarrow \overline{T}_{\mathrm{M,y}} = \overline{T}_{\mathrm{i,y}} \tag{4-49}$$

联立式(4-48)和式(4-49)，可以推导出年周期中建筑室内空气温度的平均值：

$$\overline{T}_{\mathrm{i,y}} = \frac{1}{1+\lambda'_{\mathrm{w}}} \overline{T}_{\mathrm{n,y}} + \frac{\lambda'_{\mathrm{w}}}{1+\lambda'_{\mathrm{w}}} \overline{T}_{\mathrm{sol\text{-}air,y}} + \frac{1}{1+\lambda'_{\mathrm{w}}} T_{\mathrm{E}} \tag{4-50}$$

其中，$\lambda'_{\mathrm{w}} = S_{\mathrm{e}} K_{\mathrm{e}} / \rho_{\mathrm{a}} C_{\mathrm{a}} q$ ，$T_{\mathrm{E}} = E / \rho_{\mathrm{a}} C_{\mathrm{a}} q$ 。

拆分出式(4-46)和式(4-47)的波动项方程：

$$\rho_{\mathrm{a}} C_{\mathrm{a}} q (\tilde{T}_{\mathrm{n,y}} - \tilde{T}_{\mathrm{i,y}}) + K_{\mathrm{e}} S_{\mathrm{e}} (\tilde{T}_{\mathrm{sol\text{-}air,y}} - \tilde{T}_{\mathrm{i,y}}) = V_{\mathrm{i}} C_{\mathrm{a}} \rho_{\mathrm{a}} \frac{\partial \tilde{T}_{\mathrm{i,y}}}{\partial t} + h_{\mathrm{M}} S_{\mathrm{M}} (\tilde{T}_{\mathrm{i,y}} - \tilde{T}_{\mathrm{M,y}}) \tag{4-51}$$

$$MC_{\mathrm{M}}\frac{\partial\tilde{T}_{\mathrm{M,y}}}{\partial t}+h_{\mathrm{M}}S_{\mathrm{M}}(\tilde{T}_{\mathrm{M,y}}-\tilde{T}_{\mathrm{i,y}})=0 \tag{4-52}$$

联立式(4-51)和式(4-52)，可以得到年周期中室内空气温度的波动项：

$$\tilde{T}_{\mathrm{i,y}}=A_{\mathrm{i},y}\,\mathrm{e}^{-\mathrm{i}\varphi_{\mathrm{i,y}}}\,\mathrm{e}^{\mathrm{i}\omega t}=A_{\mathrm{o,y}}\cdot\frac{\kappa_{\mathrm{n,y}}\,\mathrm{e}^{-\mathrm{i}\varphi_{\mathrm{n,y}}}+\lambda'_{\mathrm{w}}\kappa_{\mathrm{sol\text{-}air,y}}\mathrm{e}^{-\mathrm{i}\varphi_{\mathrm{sol\text{-}air,y}}}}{1+\lambda'_{\mathrm{w}}+D\mathrm{i}+\xi\lambda\omega\mathrm{i}/(\xi\omega\mathrm{i}+\lambda)}\mathrm{e}^{\mathrm{i}\omega t} \tag{4-53}$$

其中，$A_{\mathrm{i,y}}$为年周期中室内空气温度的振幅；$\varphi_{\mathrm{i,y}}$为年周期中室内空气温度相对于室外空气温度的相位差，rad；$\kappa_{\mathrm{sol\text{-}air,y}}$为室外综合温度无量纲振幅；$\varphi_{\mathrm{sol\text{-}air,y}}$为室外空气综合温度相对于室外空气温度的相位差，rad。另外，$\lambda=h_{\mathrm{M}}S_{\mathrm{M}}/\rho_{\mathrm{a}}C_{\mathrm{a}}q$；$\xi=MC_{\mathrm{M}}/\rho_{\mathrm{a}}C_{\mathrm{a}}q$；$D=V_{\mathrm{i}}\omega/q$。

根据式(4-53)，年周期中的室内空气温度相对于室外空气温度的振幅比$\kappa_{\mathrm{i,y}}$与相位差$\varphi_{\mathrm{i,y}}$可整理为显式表达式：

$$\kappa_{\mathrm{i,y}}=\frac{A_{\mathrm{i}}}{A_{\mathrm{o}}}=\frac{\sqrt{(Y_1+Y_2)^2+(X_1-X_2)^2}}{\left(1+\lambda'_{\mathrm{w}}+\dfrac{\lambda\xi^2\omega^2}{\lambda^2+\xi^2\omega^2}\right)^2+\left(D+\dfrac{\lambda^2\xi\omega}{\lambda^2+\xi^2\omega^2}\right)^2} \tag{4-54}$$

$$\varphi_{\mathrm{i,y}}=\begin{cases}-\arctan\left(\dfrac{X_1-X_2}{Y_1+Y_2}\right), & Y_1+Y_2>0,\ X_1-X_2<0\\ \dfrac{\pi}{2}, & Y_1+Y_2=0,\ X_1-X_2<0\\ \pi-\arctan\left(\dfrac{X_1-X_2}{Y_1+Y_2}\right), & Y_1+Y_2<0\\ \dfrac{3\pi}{2}, & Y_1+Y_2=0,\ X_1-X_2>0\\ 2\pi-\arctan\left(\dfrac{X_1-X_2}{Y_1+Y_2}\right), & Y_1+Y_2>0,\ X_1-X_2>0\end{cases} \tag{4-55}$$

其中，

$$\begin{aligned}X_1&=\kappa_{\mathrm{n,y}}\sin(-\varphi_{\mathrm{n,y}})+\lambda'_{\mathrm{w}}\kappa_{\mathrm{sol\text{-}air,y}}\sin(-\varphi_{\mathrm{sol\text{-}air,y}})\cdot\left(1+\lambda'_{\mathrm{w}}+\frac{\lambda\xi^2\omega^2}{\lambda^2+\xi^2\omega^2}\right),\\ X_2&=\kappa_{\mathrm{n,y}}\cos(-\varphi_{\mathrm{n,y}})+\lambda'_{\mathrm{w}}\kappa_{\mathrm{sol\text{-}air,y}}\cos(-\varphi_{\mathrm{sol\text{-}air,y}})\cdot\left(D+\frac{\lambda^2\xi\omega}{\lambda^2+\xi^2\omega^2}\right),\\ Y_1&=\kappa_{\mathrm{n,y}}\cos(-\varphi_{\mathrm{n,y}})+\lambda'_{\mathrm{w}}\kappa_{\mathrm{sol\text{-}air,y}}\cos(-\varphi_{\mathrm{sol\text{-}air,y}})\cdot\left(1+\lambda'_{\mathrm{w}}+\frac{\lambda\xi^2\omega^2}{\lambda^2+\xi^2\omega^2}\right),\\ Y_2&=\kappa_{\mathrm{n,y}}\sin(-\varphi_{\mathrm{n,y}})+\lambda'_{\mathrm{w}}\kappa_{\mathrm{sol\text{-}air,y}}\sin(-\varphi_{\mathrm{sol\text{-}air,y}})\cdot\left(D+\frac{\lambda^2\xi\omega}{\lambda^2+\xi^2\omega^2}\right)\end{aligned} \tag{4-56}$$

则年周期中室内空气温度的表达式为

$$T_{\mathrm{i,y}}=\overline{T}_{\mathrm{i,y}}+\kappa_{\mathrm{i,y}}A_{\mathrm{o,y}}\cos\left(\frac{2\pi}{365\mathrm{d}}t_{\mathrm{y}}-\varphi_{\mathrm{i,y}}\right) \tag{4-57}$$

2. 适用于日周期的模型

日周期的时长为 24 小时，则对应的波动频率为 $\omega = 2\pi/(24\times 3600)\ \mathrm{s}^{-1}$。以下标“d”表示日周期中的变量。列出日周期中的室内空气与建筑内部蓄热体的热平衡方程：

$$\rho_a C_a q(T_{n,d} - T_{i,d}) + h_i S_e(T_{w,d} - T_{i,y}) + E = V_i C_a \rho_a \frac{\partial T_{i,d}}{\partial t} + h_M S_M (T_{i,d} - T_{M,d}) \tag{4-58}$$

$$MC_M \frac{\partial T_{M,d}}{\partial t} + h_M S_M (T_{M,d} - T_{i,d}) = 0 \tag{4-59}$$

其中，式(4-58)与式(4-59)中各个符号的含义与年周期热平衡方程所示的变量含义一致。另外，$T_{w,d}$为建筑围护结构的内壁面温度，其表达式与式(2-10)相同：

$$T_{w,d} = \bar{T}_{w,d} + \tilde{T}_{w,d} = \bar{T}_{w,d} + \frac{A_{\text{sol-air},d}}{\nu_e} e^{i(\omega t - \varphi_{\text{sol-air},d} - \varphi_e)} + \frac{A_{i,d}}{\nu_f} e^{i(\omega t - \varphi_{i,d} - \varphi_f)} \tag{4-60}$$

其中，$\bar{T}_{w,d} = \bar{T}_{i,d} + (\bar{T}_{\text{sol-air},d} - \bar{T}_{i,d}) K_e / h_i$；$\nu_e$为建筑围护结构内壁面温度相对于室外综合温度的振幅比；ν_f为建筑围护结构内壁面温度相对于室内空气温度的振幅比；φ_e为建筑围护结构内壁面温度相对于室外综合温度的相位差，rad；φ_f为建筑围护结构外墙内壁面相对于室内空气温度的相位差，rad。上述四个参数均可利用谐波反应法进行计算[6]，其用传递矩阵表征的计算公式为

$$\begin{gathered}\nu_e = \mathrm{abs}(h_i B(i\omega)),\quad \varphi_e = \mathrm{angle}(h_i B(i\omega)),\\ \nu_f = \mathrm{abs}\left(\frac{B(i\omega)}{B_0(i\omega)}\right),\quad \varphi_f = \mathrm{angle}\left(\frac{B(i\omega)}{B_0(i\omega)}\right)\end{gathered} \tag{4-61}$$

其中，

$$B_0(i\omega) = \frac{\mathrm{sh}(\delta_w \sqrt{i\omega/\alpha_e})}{\lambda_e \sqrt{i\omega/\alpha_e}} + \frac{\mathrm{ch}(\delta_w \sqrt{i\omega/\alpha_e})}{h_e} \tag{4-62}$$

$$B(i\omega) = \frac{D_0(i\omega)}{h_i} + B_0(i\omega) \tag{4-63}$$

$$D_0(i\omega) = \mathrm{ch}\left(\delta_w \sqrt{\frac{i\omega}{\alpha_e}}\right) + \frac{\lambda_e \sqrt{i\omega/\alpha_e}\,\mathrm{sh}(\delta_w \sqrt{i\omega/\alpha_e})}{h_e} \tag{4-64}$$

其中，α_e表示建筑围护结构的热扩散系数，m^2/s；“sh”表示双曲正弦函数，“ch”表示双曲余弦函数；ω表示温度波动频率。

求解日周期室内空气温度的方法与求解年周期室内空气温度的方法一致，也是将热平衡方程拆分为平均项与波动项分别求解。日周期中室内空气温度的平均值为

$$\bar{T}_{i,d} = \frac{1}{1+\lambda'_w} \bar{T}_{n,d} + \frac{\lambda'_w}{1+\lambda'_w} \bar{T}_{\text{sol-air},d} + \frac{1}{1+\lambda'_w} T_E \tag{4-65}$$

日周期中的室内空气温度相对于室外空气温度的振幅比$\kappa_{i,d}$与相位差$\varphi_{i,d}$可整理为显式表达式：

$$\kappa_{\mathrm{i,d}}=\frac{\sqrt{(Y_3+Y_4)^2+(X_3-X_4)^2}}{\left(1+\lambda_{\mathrm{w}}-\dfrac{\lambda_{\mathrm{w}}}{\nu_{\mathrm{f}}}\cos(-\varphi_{\mathrm{f}})+\dfrac{\lambda\xi^2\omega^2}{\lambda^2+\xi^2\omega^2}\right)^2+\left(D+\dfrac{\lambda^2\xi\omega}{\lambda^2+\xi^2\omega^2}-\dfrac{\lambda_{\mathrm{w}}}{\nu_{\mathrm{f}}}\sin(-\varphi_{\mathrm{f}})\right)^2} \tag{4-66}$$

$$\varphi_{\mathrm{i,d}}=\begin{cases}-\arctan\left(\dfrac{X_3-X_4}{Y_3+Y_4}\right), & Y_3+Y_4>0,\ X_3-X_4<0\\ \dfrac{\pi}{2}, & Y_3+Y_4=0,\ X_3-X_4<0\\ \pi-\arctan\left(\dfrac{X_3-X_4}{Y_3+Y_4}\right), & Y_3+Y_4<0\\ \dfrac{3\pi}{2}, & Y_3+Y_4=0,\ X_3-X_4>0\\ 2\pi-\arctan\left(\dfrac{X_3-X_4}{Y_3+Y_4}\right), & Y_3+Y_4>0,\ X_3-X_4>0\end{cases} \tag{4-67}$$

其中，

$$\begin{aligned}X_3&=\kappa_{\mathrm{n,d}}\sin(-\varphi_{\mathrm{n,d}})+\lambda_{\mathrm{w}}\frac{\kappa_{\mathrm{sol-air,d}}}{\nu_{\mathrm{e}}}\sin(-\varphi_{\mathrm{sol-air,d}}-\varphi_{\mathrm{e}})\cdot\left(1+\lambda_{\mathrm{w}}-\frac{\lambda_{\mathrm{w}}}{\nu_{\mathrm{f}}}\cos(-\varphi_{\mathrm{f}})+\frac{\lambda\xi^2\omega^2}{\lambda^2+\xi^2\omega^2}\right),\\ X_4&=\kappa_{\mathrm{n,d}}\cos(-\varphi_{\mathrm{n,d}})+\lambda_{\mathrm{w}}\frac{\kappa_{\mathrm{sol-air,d}}}{\nu_{\mathrm{e}}}\cos(-\varphi_{\mathrm{sol-air,d}}-\varphi_{\mathrm{e}})\cdot\left(D+\frac{\lambda^2\xi\omega}{\lambda^2+\xi^2\omega^2}-\frac{\lambda_{\mathrm{w}}}{\nu_{\mathrm{f}}}\sin(-\varphi_f)\right),\\ Y_3&=\kappa_{\mathrm{n,d}}\cos(-\varphi_{\mathrm{n,d}})+\lambda_{\mathrm{w}}\frac{\kappa_{\mathrm{sol-air,d}}}{\nu_{\mathrm{e}}}\cos(-\varphi_{\mathrm{sol-air,d}}-\varphi_{\mathrm{e}})\cdot\left(1+\lambda_{\mathrm{w}}-\frac{\lambda_{\mathrm{w}}}{\nu_{\mathrm{f}}}\cos(-\varphi_{\mathrm{f}})+\frac{\lambda\xi^2\omega^2}{\lambda^2+\xi^2\omega^2}\right),\\ Y_4&=\kappa_{\mathrm{n,d}}\sin(-\varphi_{\mathrm{n,d}})+\lambda_{\mathrm{w}}\frac{\kappa_{\mathrm{sol-air,d}}}{\nu_{\mathrm{e}}}\sin(-\varphi_{\mathrm{sol-air,d}}-\varphi_{\mathrm{e}})\cdot\left(D+\frac{\lambda^2\xi\omega}{\lambda^2+\xi^2\omega^2}-\frac{\lambda_{\mathrm{w}}}{\nu_{\mathrm{f}}}\sin(-\varphi_{\mathrm{f}})\right)\end{aligned} \tag{4-68}$$

其中，$\lambda_{\mathrm{w}}=S_{\mathrm{e}}h_{\mathrm{i}}/\rho_{\mathrm{a}}C_{\mathrm{a}}q$。

则日周期中室内空气温度的表达式为

$$T_{\mathrm{i,d}}=\bar{T}_{\mathrm{i,d}}+\kappa_{\mathrm{i,d}}A_{\mathrm{o,d}}\cos\left(\frac{2\pi}{24\mathrm{d}}t_{\mathrm{d}}-\varphi_{\mathrm{i,d}}\right) \tag{4-69}$$

与2.1.3节中提出的MV与建筑本体蓄热的耦合模型对比发现，日周期中的EAHEMV与建筑本体蓄热耦合模型实际上是将进入建筑的空气温度的特征参数$\bar{T}_{\mathrm{o}}$和$\tilde{T}_{\mathrm{o}}$替换成了$\bar{T}_{\mathrm{n}}$和$\tilde{T}_{\mathrm{n}}$。显然，夏季日周期中的$\bar{T}_{\mathrm{n}}$低于$\bar{T}_{\mathrm{o}}$，而冬季日周期中的$\bar{T}_{\mathrm{n}}$高于$\bar{T}_{\mathrm{o}}$，这使得EAHE介入建筑后，夏季日周期中的室内空气温度平均值$\bar{T}_{\mathrm{i}}$会降低，而冬季日周期的室内空气温度平均值$\bar{T}_{\mathrm{i}}$会升高。另一方面，相对于$\tilde{T}_{\mathrm{o}}$来说，$\tilde{T}_{\mathrm{n}}$的振幅更小，且峰(谷)值出现更晚，这使得EAHE介入建筑后，室内空气温度在日周期中的波形也会发生改变。

4.2.3　实验验证

1. 实验设置

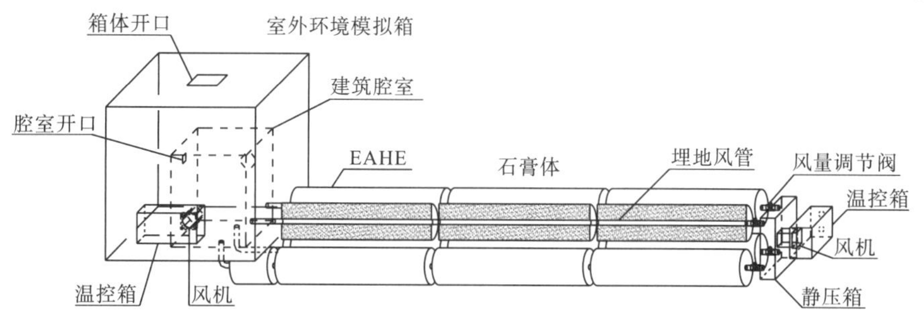

图 4-5　实验台布置示意图

图 4-6　实验台实物图

小尺寸实验台的系统构成和实物图如图 4-5 和图 4-6 所示，主要是由室外环境模拟箱、建筑腔室、EAHE、风机与测试系统等组成。该实验设计综合考虑了相似理论与实验的可操作性。实验采用浇筑的中空石膏圆柱体模拟 EAHE 埋管周围的土壤，总共放置 4 组石膏体，每组的长度为 3m。用透明亚克力板模拟地面建筑的围护结构，EAHE 与亚克力腔室之间用 PVC 管连接，对 PVC 管外壁面进行了保温。把建筑腔室置于一个尺寸更大的室外环境模拟箱中，该环境模拟箱同样采用透明亚克力制作。在环境模拟箱和 EAHE 进口设置温控箱与风机，利用可调节功率的热源与温控箱调控出作周期性变化的环境空气温度。该实验台的优点在于可以人工控制环境空气温度的波形，从而可以营造出周期比自然周期更短的温度波，提高了实验效率。在 EAHE 进口，利用风机将空气送入 EAHE 埋管，空气经过埋管周围石膏体的预冷/热后进入建筑腔室。本实验未单独设置内部蓄热体，但建筑围护结构的蓄热、传热会与经由 EAHE 送入建筑室内的气流形成耦合作用。并且，在建筑室内未设置热源。表 4-1 给出了实验台及工作介质的主要参数。

表 4-1 实验台及工作介质的参数

参数	数值
石膏柱内、外直径/m	0.032、0.240
管道个数/个	4
管道长度/m	3
单根管风量/(m^3/s)	4.5×10^{-4}
总风量/(m^3/s)	0.0018
石膏柱导热系数/[W/(m·K)]	0.33
石膏柱比热容/[J/(kg·K)]	1050
石膏柱密度/(kg/m^3)	1100
建筑外墙壁厚/m	0.03
建筑长、宽、高/m	0.5、0.5、0.6
建筑上部开口长、宽/m	0.05、0.06
外墙导热系数/[W/(m·K)]	0.18
外墙比热容/[J/(kg·K)]	1020
外墙密度/(kg/m^3)	1180
环境模拟箱壁厚/m	0.01
环境模拟箱长、宽、高/m	1、1、1
环境模拟箱顶部长、宽/m	0.1、0.1
空气密度/(kg/m^3)	1.165
空气比热容/[J/(kg·K)]	1005
空气导热系数/[W/(m·K)]	0.0267

在 EAHE 进口与环境模拟箱同步营造出相同的温度波形，以模拟呈简谐波动的环境空气温度。实验调控的环境空气参数如表 4-2 所示。每隔 16 分钟调节一次温控箱中的电热丝功率，使 EAHE 进口端空气和环境模拟箱内的空气温度同步升高或降低 1℃。每个调控周期为 5.33h，对应的波动频率 $\omega=3.27\times10^{-4}\text{s}^{-1}$。实验总共设置了 4 个周期，调控出的环境空气温度按如下函数变化：

$$T_o = 29+5\cos(3.27\times10^{-4}t-\pi) \tag{4-70}$$

表 4-2 实验调控的环境空气参数

调控参数	数值
平均温度/℃	29
最高温度/℃	34
最低温度/℃	24
调控振幅/℃	5
波动周期/h	5.33
调控周期数/个	4
土壤恒温层温度(石膏柱外壁温)/℃	21.86
调控频率/(min/次)	16
调控温升/降幅度/(℃/次)	1

2. 理论模型与实验结果对比

本实验测量了 EAHE 管内空气温度、建筑室内空气温度以及围护结构内外表面温度。理论模型的主要输入参数如表 4-3 所示，这些参数的确定方法在本章文献[7]与文献[8]中进行了详细介绍。图 4-7 展示了管长 1m 与 3m 处的 EAHE 管内空气温度的实测数据与理论模型计算结果。可以看出，EAHE 管内空气温度平均值沿管长方向不断下降，振幅不断衰减，其相位滞后也越来越明显。在管长 1m 处，第一个周期内实验值略低于理论模型结果，这主要是由于实验初始阶段管内空气会对石膏进行预热导致的，而后三个周期进入非稳态导热的正规状况阶段。在管长 3m 处，前两个周期内实验值要比理论模型结果略低，而后两个周期才进入非稳态导热的正规状况阶段。整体来说，管内空气温度的实验值与理论模型计算结果吻合得较好。

表 4-3　理论模型主要输入参数

参数	数值
埋管内壁面对流换热系数/[W/(m^2·K)]	8.05
R_0/m	0.07
ν_e	9.05
ν_f	2.31
φ_e /rad	1.35
φ_f /rad	0.61
建筑外墙内壁面对流换热系数/[W/(m^2·K)]	5.31
建筑外墙外壁面对流换热系数/[W/(m^2·K)]	2.19
建筑外墙传热系数/[W/(m^2·K)]	1.23

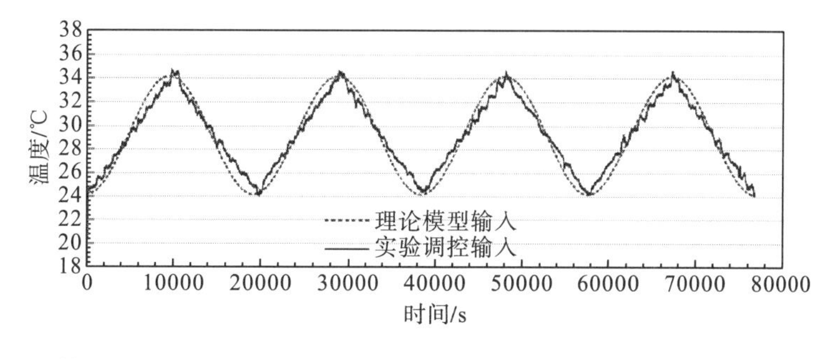

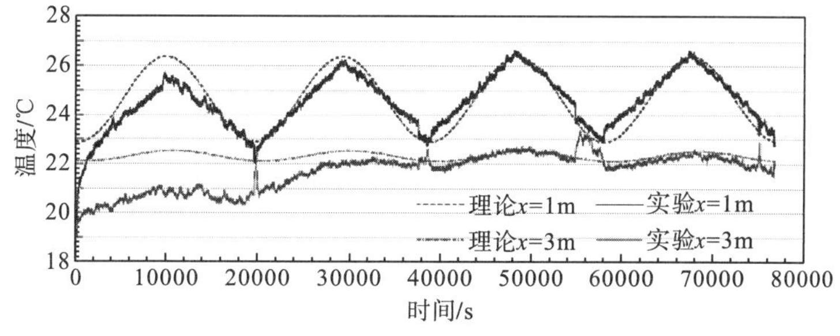

图 4-7　不同管长处 EAHE 管内空气温度的理论模型计算结果与实验值

图 4-8 展示了建筑围护结构内壁面温度与室内空气温度的理论模型计算结果及实验值。从图 4-8 可以看出，在第一个周期内，管内空气对石膏的预热导致实验值低于理论模型结果。而后的三个周期进入了周期性导热的正规状况阶段，此时理论模型结果与实验值比较吻合，最大差异不超过 0.5℃。

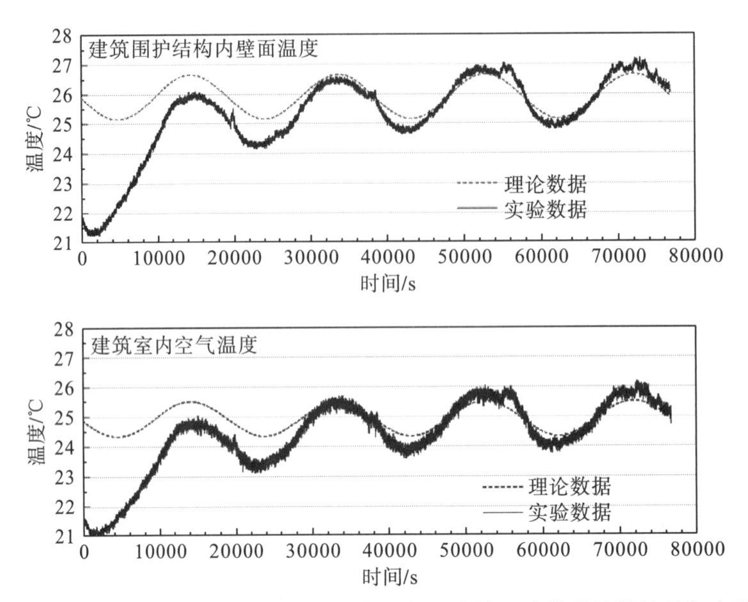

图 4-8 建筑围护结构内壁面温度与室内空气温度的理论模型计算结果与实验值

4.3 EAHEMV 与建筑本体蓄热耦合效应的影响因素

4.3.1 影响年周期室内空气温度的参数

本节基于 4.2 节的理论模型，分析了在该耦合模式下影响年周期室内空气温度的参数。本节考查的单体建筑位于夏热冬冷地区重庆市，其主要参数如表 4-4 所示，每小时换气次数(ACH)设置为 1。模型输入的室外气候参数与土壤热物性参数如表 4-5 所示。

表 4-4 建筑的主要参数

建筑参数	数值
建筑平面面积/m^2	100
长、宽、高/m	10、10、3
外墙内表面对流换热系数/[W/(m^2·K)]	8.29
外墙外表面对流换热系数/[W/(m^2·K)]	22
围护结构面积/m^2	200
内部蓄热体材质与质量/kg	1200(木材)
内部蓄热体表面积/m^2	50
内部蓄热体比热容/[J/(kg·K)]	2510

表 4-5　模型输入的室外气候参数[9]与土壤热物性参数

气候与土壤参数	年周期	1 月 8 日	7 月 30 日
$\bar{T}_o$ /℃	17.84	8.70	31.13
$\bar{T}_{sol\text{-}air}$ /℃	20.03	10.80	36.07
A_o /℃	10.10	2.30	4.50
$\kappa_{sol\text{-}air}$	1.13	1.83	2.03
$\varphi_{sol\text{-}air}$ /rad	0.01	−0.14	−0.24
λ_s /[W/(m·K)]	1.10	1.10	1.10
α_s /(m²/s)	7.1×10^{-7}	7.1×10^{-7}	7.1×10^{-7}
$\bar{T}_g$ /℃	17.80	7.70	27.70
φ_g /rad	0.02	0.26	0.26
κ_g	0.98	0.71	0.71

若没有 EAHE 的作用，建筑内部蓄热体(用 λ 和 τ 表征)对年周期中的室内空气温度相位差与振幅的影响均可忽略不计。建筑外部蓄热体的传热(用 λ'_w 表征)对室内空气温度在年周期中的振幅有一定影响，但对室内空气温度在年周期中的相位差几乎没有影响。而对于存在 EAHE 作用的建筑，建筑外部蓄热体对室内空气温度的相位差与振幅均有较大的影响。从图 4-9 可以看出，λ'_w 的减小会增大室内空气温度在年周期中的相位差，但减小其振幅。如果 $\lambda'_w \to \infty$，即建筑围护结构的热阻被忽略，EAHE 对室内空气温度的改善作用将完全丧失。如果 $\lambda'_w \to 0$，也就是建筑围护结构绝热，室内空气温度的波动特性接近于 EAHE 出口空气温度的波动特性。由图 4-9 可总结出两点，一是，虽然在年周期中 EAHE 出口温度相对于室

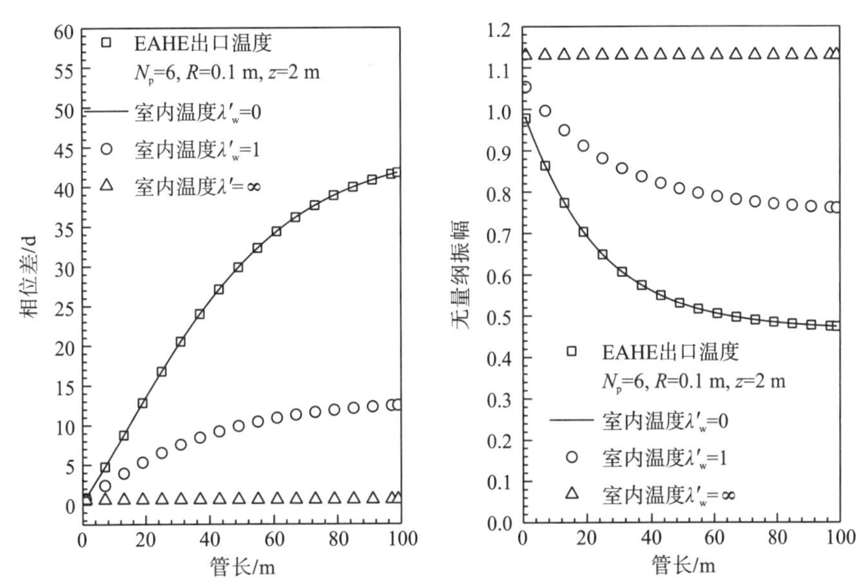

图 4-9　EAHE 与建筑本体蓄热耦合时年周期室内空气温度波动参数的变化

注：以 $\lambda=10$，$\tau=15000$s，$R_0=2R$，通风量由 6 根埋管平均分摊为例

外温度的相位差很大、振幅比很小，但与建筑本体蓄热结合后却大打折扣，这意味着 EAHE 对建筑室内空气的调控作用受制于建筑本体蓄热的体量与参数；二是，当 EAHE 的管长达到一定程度时，再一味地增加 EAHE 的管长并不能带来明显的收益。

4.3.2 影响日周期室内空气温度的参数

在本节中，建筑参数、气候及土壤参数与表 4-4 与表 4-5 所列的参数相同，但如表 4-6 所示，采用了几种不同的外墙参数，以考查外部蓄热体在日周期室内空气温度调控中的作用。

1. 日周期中室内空气温度平均值的影响参数

从图 4-10 可以看出，增加埋管的埋深与管长时，夏季埋管出口空气温度的日周期平均值会随之降低，而冬季埋管出口空气温度的日周期平均值会随之增加。但是，持续增大上述两个参数带来的收益会愈加不明显。从图 4-11 可以看出，随着 ACH 的增加，夏季时埋管出口空气温度的日周期平均值先减后增。而当分摊总通风量的埋管数量增加时，冬夏两季的埋管出口空气温度的日周期平均值均呈非单调变化；随着埋管数量的持续增加，其收益会越来越不明显。上述结果表明，需要对 ACH 和埋管数量进行优化设计。从式(4-65)还可以分析出，如果 $\overline{T}_{\mathrm{n,d}}+T_{\mathrm{E}}>\overline{T}_{\mathrm{sol\text{-}air,d}}$，则 $\overline{T}_{\mathrm{i,d}}>\overline{T}_{\mathrm{sol\text{-}air,d}}$，且 $\overline{T}_{\mathrm{i,d}}$ 随着 λ_{w}' 的减小而增大；如果 $\overline{T}_{\mathrm{n,d}}+T_{\mathrm{E,d}}<\overline{T}_{\mathrm{sol\text{-}air,d}}$，则 $\overline{T}_{\mathrm{i,d}}<\overline{T}_{\mathrm{sol\text{-}air,d}}$，且 $\overline{T}_{\mathrm{i,d}}$ 随着 λ_{w}' 的减小而减小；如果 $\overline{T}_{\mathrm{n,d}}+T_{\mathrm{E}}=\overline{T}_{\mathrm{sol\text{-}air,d}}$，则 $\overline{T}_{\mathrm{i,d}}=\overline{T}_{\mathrm{sol\text{-}air,d}}$，此时 $\overline{T}_{\mathrm{i,d}}$ 与 λ_{w}' 无关。这说明，对于夏热冬冷地区，只有在夏季满足 $\overline{T}_{\mathrm{n,d}}+T_{\mathrm{E}}<\overline{T}_{\mathrm{sol\text{-}air,d}}$，而在冬季满足 $\overline{T}_{\mathrm{n,d}}+T_{\mathrm{E}}>\overline{T}_{\mathrm{sol\text{-}air,d}}$ 时，才能通过改善建筑围护结构保温性能来强化 EAHE 对建筑室内空气的调节作用。

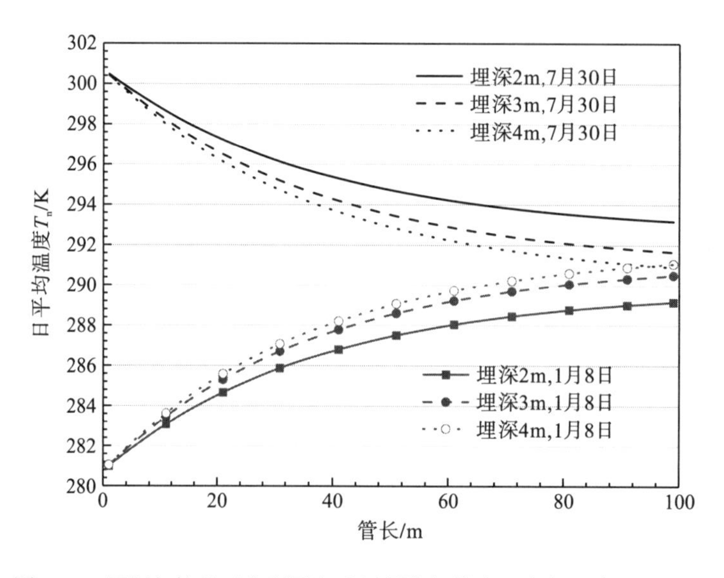

图 4-10 埋深与管长对典型夏冬季日周期埋管出口空气温度平均值的影响

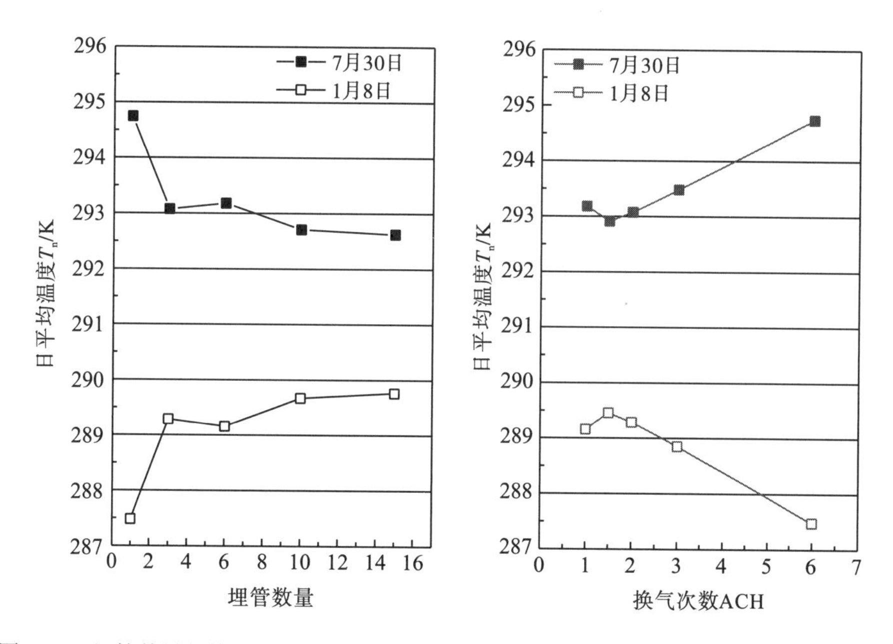

图 4-11　埋管数量与换气次数 ACH 对典型夏冬季日周期埋管出口空气温度平均值的影响

表 4-6　EAHE 参数与建筑内外蓄热体的模型输入参数

编号	建筑参数		EAHE 参数					建筑蓄热体参数								
	V_i /m^3	E /W	ACH /h^{-1}	h_1 /[W/(m^2·K)]	N_p	z/m	R [a] /m	λ	τ /s	S_e /m^2	外墙材料 [b]	K_e^* /[W/(m^2·K)]	φ_f /rad	φ_e /rad	ν_f	ν_e
1											S (0.02m)；–FC (0.2m)；–S (0.02m)	0.79	5×10^{-3}	2.43	1.52	21.97
2	300	1600	1	4.0	6	2	0.1	1.38	9990	200	S (0.02m)；–RC (0.2m)；–S (0.02m)	3.02	8.6×10^{-3}	1.75	2.54	7.06
3											S (0.02m)；–FC (0.2m)；–P (0.03m)	0.51	1.3×10^{-3}	2.43	1.06	43.12

*见表 2-2 的表注；[a] 年周期的 $R_0 = 3\text{m}$ ，日周期的 $R_0 = 0.5\text{m}$ ；[b] S=泥灰，FC=泡沫混凝土，RC=钢筋混凝土，P=聚苯乙烯，括号内数值表示墙体材料厚度。

2. 日周期中室内空气温度振幅与相位差的影响参数

图 4-12 说明，在日周期中，室内空气温度相对于室外空气温度的相位差的范围可达数小时。尽管 EAHE 出口空气温度的相位差仅有数十分钟，但由于 EAHE 出口空气温度波与建筑本体蓄/放热耦合而产生的非线性放大效应，室内空气温度的相位差可以被拉大到几小时，甚至远超过 Yam 等传统理论所认为的 6h 极限相位差。当围护结构具有较小的传热系数时，λ_w' 的值随之降低，此时增大 EAHE 埋管的管长会显著增加室内空气温度的相位差。但是，λ_w' 对于室内空气温度振幅的作用不如其对室内空气温度相位差那么明显。

同时还可以看出，增大 EAHE 埋管的管长甚至有可能增大室内空气温度的振幅，这也说明 EAHE 与建筑本体蓄热之间存在复杂的耦合关系，需要根据理论模型对 EAHE 与建筑本体的参数进行合理、定量的配置。

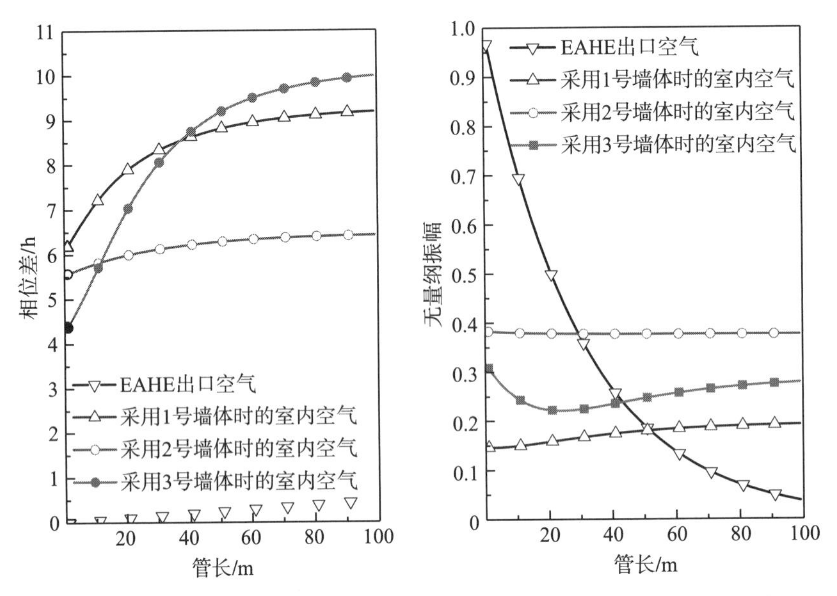

图 4-12 EAHE 与建筑本体蓄热耦合时日周期室内空气温度波动参数的变化

4.4 案例分析

基于本章所给出的理论模型，以 4.3 节所分析的建筑为例，展示了利用 EAHE 与建筑本体蓄热的耦合实现室内空气温度全年位于舒适温度区的可行性。表征室内蓄热体的参数为 $\lambda=1.38$ 与 $\tau=9990$ s。这里给出了 EAHE 与建筑本体参数的五种配置方案，如表 4-7 所示。其中，外墙编号及对应的材质已在表 4-6 中给出。

表 4-7 EAHE 与建筑本体蓄热参数的配置方案

方案编号	换气次数	埋管数量	埋深/m	半径/m	管长/m	外墙编号	λ'_w	室内空气温度 相位差/d	室内空气温度 无量纲振幅	室内空气温度 平均值/℃	是否实现全年热舒适
1	2.5	6	3	0.1	100	3	0.39	27	0.47	22.9	是
2	2.5	6	3	0.1	60	3	0.39	24	0.49	22.9	是
3	2.5	6	3	0.1	16	3	0.39	9	0.73	22.9	否
4	1.5	6	3	0.1	100	3	0.65	19	0.56	24.9	否
5	2.5	6	3	0.1	100	1	0.61	20	0.55	22.5	否

图 4-13 展示了不同配置方案下室内空气温度在年周期中的变化情况。结果表明，对于没有 EAHE 作用的自然运行建筑，其夏季与冬季的室内空气温度明显超出了舒适温度

区的界限。对比方案 1 和方案 5 的结果看出，增强建筑围护结构的保温性能有利于提升调控效果。对比方案 1、方案 2 和方案 3 的结果看出，增加 EAHE 埋管的长度最初对室内空气温度的改善效果比较明显，但随着管长的进一步增加，收益开始变小。对比方案 1 和方案 4 的结果也可以看出通风量起到的作用。最后，从图 4-13 看出，采用方案 1 和方案 2 可使室内空气温度全年位于舒适温度区内。

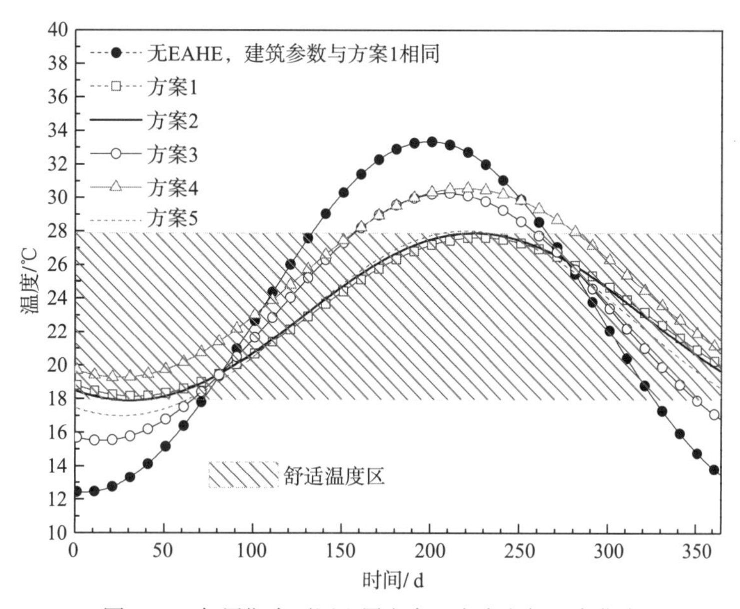

图 4-13　年周期中不同配置方案下室内空气温度曲线

图 4-14 展示了在典型夏季与冬季日周期中方案 1 和方案 2 营造出的室内空气温度曲线。可以看出，室内空气温度的最高值出现在夜间，而其最低值出现在下午。这意味着 EAHE 与建筑耦合时，室内空气温度在日周期中相对于室外空气温度的相位差可远超 6h。

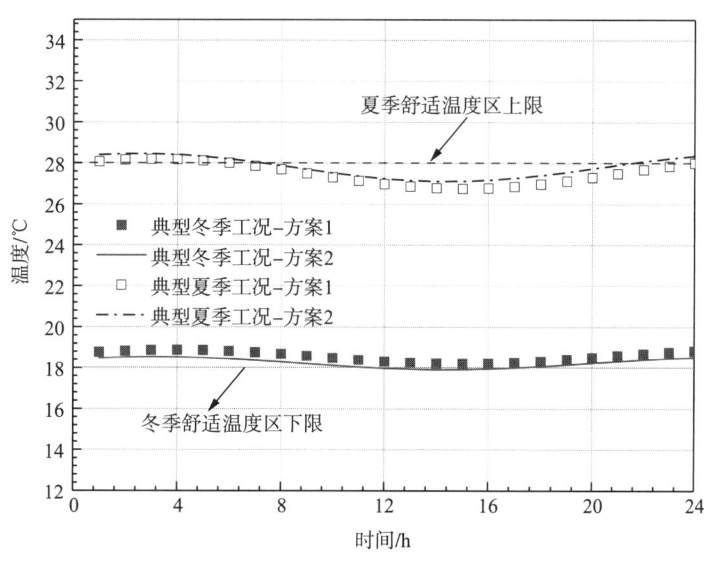

图 4-14　典型冬夏日周期不同配置方案下室内空气温度曲线

参考文献

[1] 黄福其，张家猷，谢守穆，等. 地下工程热工计算方法[M]. 北京：中国建筑工业出版社，1981.

[2] Lu X，Tervola P，Viljanen M. An efficient analytical solution to transient heat conduction in a one-dimensional hollow composite cylinder[J]. Journal of Physics A：Mathematical and General，2005，38(47)：10145-10155.

[3] Hollmuller P. Analytical characterisation of amplitude-dampening and phase-shifting in air/soil heat-exchangers[J]. International Journal of Heat and Mass Transfer，2003，46(22)：4303-4317.

[4] Bansal V，Misra R，Agarwal G D，et al. Transient effect of soil thermal conductivity and duration of operation on performance of Earth Air Tunnel Heat Exchanger[J]. Applied Energy，2013，103：1-11.

[5] 张锡虎. 地道风降温的热工计算[J]. 建筑技术通讯(暖通空调)，1981，(4)：5-11.

[6] 彦启森，赵庆珠. 建筑热过程[M]. 北京：中国建筑工业出版社，1986.

[7] 张锦鹏. 地道蓄热作用下建筑室内气流动态换热模型与实验研究[D]. 重庆：重庆大学，2015.

[8] Yang D，Zhang J P. Analysis and experiments on the periodically fluctuating air temperature in a building with earth-air tube ventilation[J]. Building and Environment，2015，85：29-39.

[9] 中国气象局气象信息中心气象资料室. 中国建筑热环境分析专用气象数据集[M]. 北京：中国建筑工业出版社，2005.

第 5 章　热压驱动通风的 EAHE 与建筑本体蓄热耦合效应

第 4 章详细介绍了通风量恒定的 EAHE 与建筑本体蓄热的耦合模型，这在本章文献[1]与文献[2]中也进行了说明。值得注意的是，建筑室内或太阳能烟囱等附属设施形成的热压也可作为空气流通的驱动力。热压通风是目前建筑环境领域的研究热点，但将其与 EAHE 结合用于被动调控建筑室内热环境的研究却很少。本章提出了热压驱动 EAHE 的建筑通风模式（简称 EAHEBV），该通风模式依靠热压驱动室外空气进入 EAHE 管内进行流动换热，而后再进入室内，通过这种纯被动的方式达到同时向室内提供新风与天然冷/热量的目的。如第 2 章所述，在热压通风模式中，通风量与室内空气温度是相互耦合且不同步波动的，当 EAHE 介入建筑后，EAHE 提供的冷/热量会随着通风量与埋管出口空气温度波动，这个耦合关系会变得更复杂。

本章针对热压驱动 EAHE 的建筑通风模式建立了理论模型，获得了通风量与室内空气温度的理论计算式，也采用数值模拟对该通风模式进行了仿真计算。然后，基于理论模型，对比分析了 EAHEBV 模式、EAHEMV 模式与无 EAHE 的常规热压通风模式（简称 BV）调控室内空气温度的性能。

5.1　EAHEBV 模式的原理

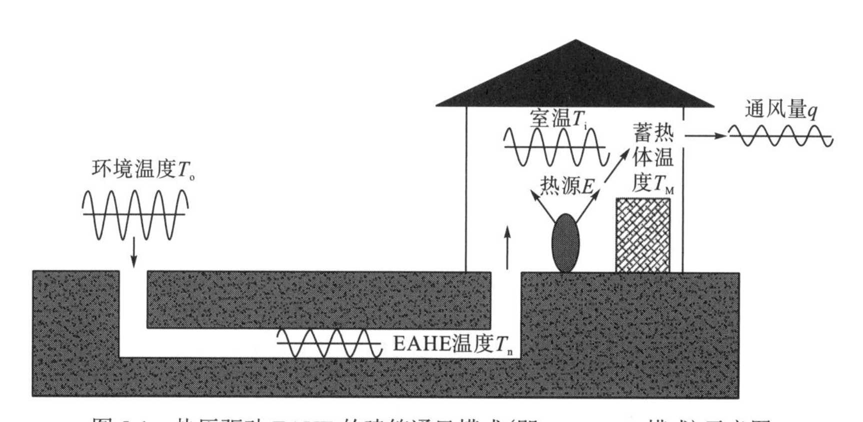

图 5-1　热压驱动 EAHE 的建筑通风模式（即 EAHEBV 模式）示意图

图 5-1 展示了室外空气温度呈简谐波动时，热压驱动 EAHE 的建筑通风模式的示意图。该模式将建筑室内积聚的热压作为通风动力，驱动室外空气通入 EAHE 管内，在流动过

程中与埋管周围土壤进行换热。被 EAHE 冷却或加热后的空气通过埋管出口进入室内，再与建筑蓄热体换热。在该通风模式下，建筑热压发挥为气流流动提供动力的作用，EAHE 用于提供土壤的蓄热或蓄冷量，进而减小室内空气温度的波动幅度，并推迟室内空气出现峰值或谷值的时间。该通风模式充分结合了热压与 EAHE 的优势。但是，与第 4 章提出的 EAHEMV 模式不同的是，由于建筑热压随着室内空气温度的变化而波动，其驱动的风量也会波动。通风量跟室内空气温度之间还存在相位差，而 EAHE 向建筑提供的冷/热量又会受到通风量波动的影响，反过来影响室内空气温度，几者的耦合效应会使关键参数的动态特性比采用无 EAHE 的常规热压通风模式(BV 模式)时复杂得多。但与 BV 模式相比，由于 EAHE 具有跨季节调用土壤蓄冷/热量的能力，这使得 EAHEBV 模式改善室内热环境的潜力比常规 BV 模式要大得多。在某些产热量较大的场所，比如锻铸厂房、热加工车间等工业建筑，建筑内部的热压强度较大，为 EAHEBV 模式的应用创造了条件。

5.2 EAHEBV 模式的数学模型

5.2.1 模型假设

在该通风模式中，热压的介入使得室内空气温度 T_{i}、蓄热体温度 T_{M} 以及通风量 q 不同步波动，使得该问题的非线性显著增强。为建立模型及获得解析解，做如下假设与简化处理。

(1) 假定室内空气温度分布均匀。认为建筑内部蓄热体的毕渥数 Bi 很小，这意味着其内部温度分布很均匀。

(2) 将建筑室内所有得热或产热等效为一个热源 E，而且认为热源足够大，可以保证在整个周期内室内气流方向始终是自下而上的。同时，忽略室外环境风压的作用。

(3) 不考虑太阳辐射对围护结构的作用。在计算通过建筑围护结构的传热量时仅考虑对流换热与导热过程。

(4) 认为建筑内部蓄热体温度 T_{M}、室内空气温度 T_{i} 与通风量 q 呈现简谐波动，即只考虑上述变量的一阶波动，其瞬时量为平均项与波动项之和：

$$T_{\mathrm{M}} = \overline{T}_{\mathrm{M}} + \tilde{T}_{\mathrm{M}} = \overline{T}_{\mathrm{M}} + A_{\mathrm{M}}\cos(\omega t - \varphi_{\mathrm{M}}) = \overline{T}_{\mathrm{M}} + A_{\mathrm{M}}\mathrm{e}^{\mathrm{i}(\omega t - \varphi_{\mathrm{M}})} = \overline{T}_{\mathrm{M}} + A'_{\mathrm{M}}\mathrm{e}^{\mathrm{i}\omega t} \tag{5-1}$$

$$T_{\mathrm{i}} = \overline{T}_{\mathrm{i}} + \tilde{T}_{\mathrm{i}} = \overline{T}_{\mathrm{i}} + A_{\mathrm{i}}\cos(\omega t - \varphi_{\mathrm{i}}) = \overline{T}_{\mathrm{i}} + A_{\mathrm{i}}\mathrm{e}^{\mathrm{i}(\omega t - \varphi_{\mathrm{i}})} = \overline{T}_{\mathrm{i}} + A'_{\mathrm{i}}\mathrm{e}^{\mathrm{i}\omega t} \tag{5-2}$$

$$q = \overline{q} + \tilde{q} = \overline{q}_{\mathrm{i}} + A_{\mathrm{q}}\cos(\omega t - \varphi_{\mathrm{q}}) = \overline{q} + A_{\mathrm{q}}\mathrm{e}^{\mathrm{i}(\omega t - \varphi_{\mathrm{q}})} = \overline{q} + A'_{\mathrm{q}}\mathrm{e}^{\mathrm{i}\omega t} \tag{5-3}$$

5.2.2 理论模型的控制方程

1. 通风量

对于热压驱动的自然通风，通风量与室内外空气温差有关。Li 和 Delsante[3,4]分析了热压作用下建筑通风量与室内外空气温差的关系，并给出了通风量的计算公式：

$$q = C_{\rm d} A^{*} {\rm sgn}(T_{\rm i} - T_{\rm o})\sqrt{\left|2gH(T_{\rm i} - T_{\rm o})/\overline{T}_{\rm o}\right|} \tag{5-4}$$

其中，$C_{\rm d}$ 为通风流量系数；A^* 为建筑上下开口的通风有效面积；H 为建筑上下开口的垂直高差；认为气流向上时 q 的值为正，向下时 q 的值为负。值得注意的是，EAHEBV 模式所对应的通风流量系数 $C_{\rm d}$ 与 BV 模式有所不同。这主要是因为，在 EAHEBV 模式中，室外空气先经过 EAHE 埋管，而后再进入室内，最后从建筑上部排风口流出，空气流通不仅需要克服在建筑内部及开口处的流动阻力，还要克服 EAHE 埋管内及进出口处的流动阻力。其中，A^* 的计算公式为

$$C_{\rm d} A^{*} = (C_{\rm dt} A_{\rm t})(C_{\rm db} A_{\rm b}) \Big/ \sqrt{(C_{\rm dt} A_{\rm t})^2 + (C_{\rm db} A_{\rm b})^2} \tag{5-5}$$

其中，$C_{\rm dt}$ 与 $C_{\rm db}$ 分别为建筑上部与下部开口的流量系数；$A_{\rm t}$ 与 $A_{\rm b}$ 分别为建筑上部与下部开口面积。当建筑上下开口的通风流量系数相同时，即 $C_{\rm d} = C_{\rm dt} = C_{\rm db}$，则式(5-5)可以整理为

$$A^{*} = A_{\rm t} A_{\rm b} \Big/ \sqrt{A_{\rm t}^{2} + A_{\rm b}^{2}} \tag{5-6}$$

由于室内空气温度呈周期性波动，导致热压也在波动，其驱动的建筑通风量也是波动的。假定室内热源足够大，其可以保证在整个波动周期内形成的气流方向始终是由下向上，则式(5-4)可以简化为

$$q = C_{\rm d} A^{*} \sqrt{2gH(T_{\rm i} - T_{\rm o})/T_{\rm o}} \approx C_{\rm d} A^{*} \sqrt{2gH(T_{\rm i} - T_{\rm o})/\overline{T}_{\rm o}} \tag{5-7}$$

式(5-7)既适用于建筑中常规的热压通风模式(BV)，也适用于本章所提出的通风模式(EAHEBV)。当基于理论模型对 BV 模式与 EAHEBV 模式的通风效果进行定量比较时，会用到式(5-7)。但需要说明的是，由于 EAHE 埋管的流动阻力体现在流量系数 $C_{\rm d}$ 中，所以 EAHEBV 模式对应的流量系数会小于 BV 模式。

2. 室内空气热平衡

在 EAHEBV 模式中，室外空气首先需要经过 EAHE 换热，然后再进入建筑室内。因此，送入室内的空气温度为 EAHE 出口空气温度 $T_{\rm n}$。室内空气热平衡方程可以表示为

$$\rho_{\rm a} C_{\rm a} V_{\rm i} \frac{\partial T_{\rm i}}{\partial t} = \rho_{\rm a} C_{\rm a} q (T_{\rm n} - T_{\rm i}) + K_{\rm e} S_{\rm e} (T_{\rm o} - T_{\rm i}) + E - h_2 S_{\rm M} (T_{\rm i} - T_{\rm M}) \tag{5-8}$$

其中，E 为建筑室内有效热源的释热率。

室内空气与建筑内部蓄热体之间主要是通过对流换热进行热交换，对应的热平衡方程为

$$M C_{\rm M} \frac{\partial T_{\rm M}}{\partial t} + h_2 S_{\rm M} (T_{\rm M} - T_{\rm i}) = 0 \tag{5-9}$$

其中，M 与 $C_{\rm M}$ 分别为建筑内部蓄热体的质量与比热容。

3. EAHE 管内空气的热平衡

EAHE 管内空气与管壁间的热平衡方程为[5]：

$$\rho_{\rm a} C_{\rm a} \pi R^2 \frac{\partial T_{\rm n}}{\partial t} + \rho_{\rm a} C_{\rm a} q \frac{\partial T_{\rm n}}{\partial x} + 2\pi R h_1 (T_{\rm n} - T_{\rm R}) = 0 \tag{5-10}$$

其中，$T_{\rm n}$、R、h_1 与 $T_{\rm R}$ 分别为 EAHE 出口空气温度、埋管半径、埋管内壁面对流换热系

数与埋管内壁面温度。

5.2.3 控制方程的拆解及无量纲化

本章文献[6]对下述内容也进行了介绍。基于 5.2.1 节的假设，可以将式(5-7)、式(5-8)、式(5-9)及式(5-10)分别分解如下。

时间平均项方程：

$$\frac{\overline{T}_{\mathrm{o}}}{Q_{\mathrm{d}}}\overline{q}^{2}=\overline{T}_{\mathrm{i}}-\overline{T}_{\mathrm{o}} \tag{5-11}$$

$$\rho_{\mathrm{a}}C_{\mathrm{a}}\overline{q}(\overline{T}_{\mathrm{n}}-\overline{T}_{\mathrm{i}})+K_{\mathrm{e}}S_{\mathrm{e}}(\overline{T}_{\mathrm{o}}-\overline{T}_{\mathrm{i}})+E=h_{2}S_{\mathrm{M}}(\overline{T}_{\mathrm{i}}-\overline{T}_{\mathrm{M}}) \tag{5-12}$$

$$\overline{T}_{\mathrm{M}}-\overline{T}_{\mathrm{i}}=0 \tag{5-13}$$

$$\rho_{\mathrm{a}}C_{\mathrm{a}}\overline{q}\frac{\partial\overline{T}_{\mathrm{n}}}{\partial x}+2\pi Rh_{1}[\overline{T}_{\mathrm{n}}-\overline{T}_{\mathrm{R}}]=0 \tag{5-14}$$

其中，$Q_{\mathrm{d}}=2ghC_{\mathrm{d}}{}^{2}A^{*2}$ 为几何特征参数。

波动项方程：

$$\frac{\overline{T}_{\mathrm{o}}}{Q_{\mathrm{d}}}(2\overline{q}\tilde{q}+\tilde{q}^{2})=\tilde{T}_{\mathrm{i}}-\tilde{T}_{\mathrm{o}} \tag{5-15}$$

$$\rho_{\mathrm{a}}C_{\mathrm{a}}[\tilde{q}(\overline{T}_{\mathrm{n}}-\overline{T}_{\mathrm{i}})+\tilde{q}(\tilde{T}_{\mathrm{n}}-\tilde{T}_{\mathrm{i}})+\overline{q}(\tilde{T}_{\mathrm{n}}-\tilde{T}_{\mathrm{i}})]+K_{\mathrm{e}}S_{\mathrm{e}}(\tilde{T}_{\mathrm{o}}-\tilde{T}_{\mathrm{i}})=\rho_{\mathrm{a}}C_{\mathrm{a}}V_{\mathrm{i}}\frac{\partial\tilde{T}_{\mathrm{i}}}{\partial t}+h_{2}S_{\mathrm{M}}(\tilde{T}_{\mathrm{i}}-\tilde{T}_{\mathrm{M}}) \tag{5-16}$$

$$MC_{\mathrm{M}}\frac{\partial\tilde{T}_{\mathrm{M}}}{\partial t}+h_{2}S_{\mathrm{M}}(\tilde{T}_{\mathrm{M}}-\tilde{T}_{\mathrm{i}})=0 \tag{5-17}$$

$$\rho_{\mathrm{a}}C_{\mathrm{a}}\pi R^{2}\frac{\partial\tilde{T}_{\mathrm{n}}}{\partial t}+\rho_{\mathrm{a}}C_{\mathrm{a}}\left(\tilde{q}\frac{\partial\overline{T}_{\mathrm{n}}}{\partial x}+\tilde{q}\frac{\partial\tilde{T}_{\mathrm{n}}}{\partial x}+\overline{q}\frac{\partial\tilde{T}_{\mathrm{n}}}{\partial x}\right)+2\pi Rh_{1}[\tilde{T}_{\mathrm{n}}-\tilde{T}_{\mathrm{R}}]=0 \tag{5-18}$$

然后，对式(5-11)～式(5-18)进行无量纲化：

时间平均项无量纲方程组：

$$\frac{\overline{q}^{2}}{Q_{\mathrm{d}}}=\frac{1}{\sigma}=\frac{\overline{T}_{\mathrm{i}}-\overline{T}_{\mathrm{o}}}{\overline{T}_{\mathrm{o}}} \tag{5-19}$$

$$\frac{\overline{T}_{\mathrm{n}}-\overline{T}_{\mathrm{i}}}{\overline{T}_{\mathrm{o}}}+\lambda_{\mathrm{w}}'\frac{\overline{T}_{\mathrm{o}}-\overline{T}_{\mathrm{i}}}{\overline{T}_{\mathrm{o}}}+\theta=0 \tag{5-20}$$

其中，$\sigma=Q_{\mathrm{d}}/\overline{q}^{2}$。

波动项无量纲方程组：

$$\frac{2\overline{q}\tilde{q}+\tilde{q}^{2}}{Q_{\mathrm{d}}}=\frac{\tilde{T}_{\mathrm{i}}-\tilde{T}_{\mathrm{o}}}{\overline{T}_{\mathrm{o}}} \tag{5-21}$$

$$\frac{\tilde{q}}{\overline{q}}(\overline{T}_{\mathrm{n}}-\overline{T}_{\mathrm{i}})+\left(\frac{\tilde{q}}{\overline{q}}+1\right)(\tilde{T}_{\mathrm{n}}-\tilde{T}_{\mathrm{i}})+\lambda_{\mathrm{w}}'(\tilde{T}_{\mathrm{o}}-\tilde{T}_{\mathrm{i}})=\lambda(\tilde{T}_{\mathrm{i}}-\tilde{T}_{\mathrm{M}})+D\mathrm{i}A_{\mathrm{i}}'\mathrm{e}^{\mathrm{i}(\omega t)} \tag{5-22}$$

$$\tau\mathrm{i}A_{\mathrm{M}}'\mathrm{e}^{\mathrm{i}\omega t}+\lambda(\tilde{T}_{\mathrm{M}}-\tilde{T}_{\mathrm{i}})=0 \tag{5-23}$$

其中，$\tau=MC_{\mathrm{M}}\omega/(\rho_{\mathrm{a}}C_{\mathrm{a}}\overline{q})$ 为无量纲蓄热时间；$\lambda=h_{2}S_{\mathrm{M}}/(\rho_{\mathrm{a}}C_{\mathrm{a}}\overline{q})$ 为蓄热体的无量纲表面换热系数；$\theta=E/(\rho_{\mathrm{a}}C_{\mathrm{a}}\overline{T}_{\mathrm{o}}\overline{q})$ 为室内热源引起的无量纲温升；$D=V_{\mathrm{i}}\omega/\overline{q}$ 为室内空气无量纲滞留

时间，$\lambda_{\mathrm{w}}'=K_{\mathrm{e}}S_{\mathrm{e}}/(\rho_{\mathrm{a}}C_{\mathrm{a}}\overline{q})$为围护结构无量纲传热系数。

5.2.4 模型求解

1. 平均项

根据 5.2.1 节中的假设，建筑室内通风气流方向在整个周期内均自下而上，可以将式(5-11)～式(5-13)进行联立，整理为

$$\overline{q}_{\mathrm{y}}^{3}+\frac{K_{\mathrm{e}}S_{\mathrm{e}}}{\rho_{\mathrm{a}}C_{\mathrm{a}}}\overline{q}_{\mathrm{y}}^{2}-\frac{EQ_{\mathrm{d}}}{\rho_{\mathrm{a}}C_{\mathrm{a}}\overline{T}_{\mathrm{o,y}}}=0 \tag{5-24}$$

通过对式(5-24)的求解，可以获得年周期内 EAHEBV 模式下通风量的平均值$\overline{q}_{\mathrm{y}}$。式(5-24)为一元三次方程，由盛金公式可知，该方程的解可由判别式$\varDelta=B^{2}-4AC$进行判定：

(1)当$\varDelta=0$，有

$$\overline{q}_{\mathrm{y}}=\frac{-b}{a}+K \tag{5-25}$$

(2)当$\varDelta>0$，有

$$\overline{q}_{\mathrm{y}}=\frac{-b-(\sqrt[3]{Y_{1}}+\sqrt[3]{Y_{2}})}{3a} \tag{5-26}$$

(3)当$\varDelta<0$，有

$$\overline{q}_{\mathrm{y}}=\frac{-b+\sqrt{A}\left(\cos\frac{Y_{4}}{3}+\sin\frac{Y_{4}}{3}\right)}{3a} \tag{5-27}$$

其中，

$A=b^{2}-3ac$，$B=bc-9ad$，$C=c^{2}-3bd$，$a=1$，$b=K_{\mathrm{e}}S_{\mathrm{e}}/\rho_{\mathrm{a}}C_{\mathrm{a}}$，$c=0$ $d=-EQ_{\mathrm{d}}/\rho_{\mathrm{a}}C_{\mathrm{a}}\overline{T}_{\mathrm{o,y}}$

$Y_{1}=Ab+3a(-B+\sqrt{\varDelta})/2$，$Y_{2}=Ab+3a(-B-\sqrt{\varDelta})/2$，$Y_{4}=\arccos[(2Ab-3a)B/2\sqrt{A^{3}}]$，$K=B/A$

然后，对式(5-11)进行整理，可以求出年周期中室内空气温度的平均值：

$$\overline{T}_{\mathrm{i,y}}=\frac{\overline{T}_{\mathrm{o,y}}}{Q_{\mathrm{d}}}\overline{q}_{\mathrm{y}}^{2}+\overline{T}_{\mathrm{o,y}} \tag{5-28}$$

2. 波动项

利用式(3-48)，EAHE 埋管内壁面温度波动项$\tilde{T}_{\mathrm{R}}$可表达为

$$\tilde{T}_{\mathrm{R}}=\tilde{T}_{\mathrm{n}}\cdot F(\mathrm{i}\omega,R)+\tilde{T}_{\mathrm{s,z}}[1-F(\mathrm{i}\omega,R)] \tag{5-29}$$

其中，F为贝塞尔函数的组合形式，具体表达形式见式(3-49)。

将室外空气温度波动项$\tilde{T}_{\mathrm{o}}$、室内空气温度波动项$\tilde{T}_{\mathrm{i}}$、EAHE 出口空气温度波动项$\tilde{T}_{\mathrm{n}}$、室内蓄热体温度波动项$\tilde{T}_{\mathrm{M}}$、建筑通风量波动项$\tilde{q}$与 EAHE 埋管内壁面温度波动项$\tilde{T}_{\mathrm{R}}$表达式分别代入式(5-15)～式(5-18)中，可得

$$\frac{\bar{T}_{\rm o}}{Q_{\rm d}}[2\bar{q}A_{\rm q}'{\rm e}^{{\rm i}(\omega t)}+(A_{\rm q}'{\rm e}^{{\rm i}(\omega t)})^2]=A_{\rm i}'{\rm e}^{{\rm i}(\omega t)}-A_{\rm o}{\rm e}^{{\rm i}(\omega t)} \tag{5-30}$$

$$\begin{aligned}&\rho_{\rm a}C_{\rm a}[A_{\rm q}'{\rm e}^{{\rm i}(\omega t)}(\bar{T}_{\rm n}-\bar{T}_{\rm i})+A_{\rm q}'{\rm e}^{{\rm i}(\omega t)}(A_{\rm n}'{\rm e}^{{\rm i}(\omega t)}-A_{\rm i}'{\rm e}^{{\rm i}(\omega t)})+\bar{q}(A_{\rm n}'{\rm e}^{{\rm i}(\omega t)}-A_{\rm i}'{\rm e}^{{\rm i}(\omega t)})]\\&+K_{\rm e}S_{\rm e}(A_{\rm o}{\rm e}^{{\rm i}(\omega t)}-A_{\rm i}'{\rm e}^{{\rm i}(\omega t)})=\rho_{\rm a}C_{\rm a}V_{\rm i}{\rm i}\omega A_{\rm i}'{\rm e}^{{\rm i}(\omega t)}+MC_{\rm M}{\rm i}\omega A_{\rm M}'{\rm e}^{{\rm i}(\omega t)}\end{aligned} \tag{5-31}$$

$$MC_{\rm M}{\rm i}\omega A_{\rm M}'{\rm e}^{{\rm i}(\omega t)}+h_2S_{\rm M}(A_{\rm M}'{\rm e}^{{\rm i}(\omega t)}-A_{\rm i}'{\rm e}^{{\rm i}(\omega t)})=0 \tag{5-32}$$

$$\begin{aligned}&\rho_{\rm a}C_{\rm a}\pi R^2{\rm i}\omega A_{\rm n}'{\rm e}^{{\rm i}(\omega t)}+\rho_{\rm a}C_{\rm a}\left[\bar{q}\frac{\partial A_{\rm n}'}{\partial x}{\rm e}^{{\rm i}(\omega t)}+A_{\rm q}'{\rm e}^{{\rm i}(\omega t)}\frac{\partial A_{\rm n}'}{\partial x}{\rm e}^{{\rm i}(\omega t)}\right]\\&+2\pi Rh_1[A_{\rm n}'{\rm e}^{{\rm i}(\omega t)}-A_{{\rm s},z}'{\rm e}^{{\rm i}(\omega t)}][1-F({\rm i}\omega,R)]=0\end{aligned} \tag{5-33}$$

对式(5-30)～式(5-33)进一步简化，可得

$$A_{\rm i}'-A_{\rm o}=2\bar{q}A_{\rm q}'\ (\bar{T}_{\rm o}/Q_{\rm d}) \tag{5-34}$$

$$\rho_{\rm a}C_{\rm a}[A_{\rm q}'(\bar{T}_{\rm n}-\bar{T}_{\rm i})+\bar{q}(A_{\rm n}'-A_{\rm i}')]+K_{\rm e}S_{\rm e}(A_{\rm o}-A_{\rm i}')=\rho_{\rm a}C_{\rm a}V_{\rm i}A_{\rm i}'{\rm i}\omega+MC_{\rm M}A_{\rm M}'{\rm i}\omega \tag{5-35}$$

$$MC_{\rm M}{\rm i}\omega A_{\rm M}'+h_2S_{\rm M}A_{\rm M}'=h_2S_{\rm M}A_{\rm i}' \tag{5-36}$$

$$\rho_{\rm a}C_{\rm a}\pi R^2A_{\rm n}'{\rm i}\omega+\rho_{\rm a}C_{\rm a}\bar{q}\frac{\partial A_{\rm n}'}{\partial x}+2\pi Rh_1[1-F({\rm i}\omega,R)](A_{\rm n}'-A_{{\rm s},z}')=0 \tag{5-37}$$

其中，$A_{\rm M}'=h_2S_{\rm M}A_{\rm i}'/(MC_{\rm M}{\rm i}\omega+h_2S_{\rm M})$。

然后，对式(5-34)～式(5-37)进行无量纲化，可以整理为

$$\frac{A_{\rm q}'}{\bar{q}}=\frac{\sigma(A_{\rm i}'-A_{\rm o})}{2\bar{T}_{\rm o}} \tag{5-38}$$

$$\frac{A_{\rm q}'}{\bar{q}}(\bar{T}_{\rm n}-\bar{T}_{\rm i})+(A_{\rm n}'-A_{\rm i}')+\lambda_{\rm w}'(A_{\rm o}-A_{\rm i}')=D{\rm i}A_{\rm i}'+\frac{\lambda\tau{\rm i}}{\lambda+\tau{\rm i}}A_{\rm i}' \tag{5-39}$$

$$\frac{\partial A_{\rm n}'}{\partial x}+\left[\frac{\pi R^2\omega{\rm i}}{\bar{q}}+\frac{2\pi Rh_1(1-F)}{\rho_{\rm a}C_{\rm a}\bar{q}}\right]A_{\rm n}'-\frac{2\pi Rh_1(1-F)}{\rho_{\rm a}C_{\rm a}\bar{q}}A_{{\rm s},z}'=0 \tag{5-40}$$

通过求解式(5-40)，可以获得 EAHE 管内空气温度波动项在管长 x 处的显式解析表达式 $A_{\rm n}'$，具体形式为式(3-56)。对式(5-39)进一步整理，可得

$$A_{\rm i}'=\left[A_{\rm n}'+\frac{A_{\rm q}'}{\bar{q}}(\bar{T}_{\rm n}-\bar{T}_{\rm i})+\lambda_{\rm w}'A_{\rm o}\right]\Bigg/\left(D{\rm i}+\frac{\lambda\tau{\rm i}}{\lambda+\tau{\rm i}}+\lambda_{\rm w}'+1\right) \tag{5-41}$$

将式(5-38)～式(5-40)和式(3-56)代入式(5-41)，可分别获得室内空气温度与通风量波动项表达式：

$$A_{\rm i}'=A_{\rm i}{\rm e}^{-{\rm i}\varphi_{\rm i}}=\frac{A_{\rm n}'+\lambda_{\rm w}'A_{\rm o}+\dfrac{A_{\rm q}'}{\bar{q}}(\bar{T}_{\rm n}-\bar{T}_{\rm i})}{1+\lambda_{\rm w}'+D{\rm i}+\dfrac{\lambda\tau{\rm i}}{\lambda+\tau{\rm i}}}=\frac{A_{\rm n}'+\lambda_{\rm w}'A_{\rm o}-\dfrac{(\bar{T}_{\rm n}-\bar{T}_{\rm i})A_{\rm o}}{2(\bar{T}_{\rm o}/Q_{\rm d})\bar{q}^2}}{1+\lambda_{\rm w}'+D{\rm i}+\dfrac{\lambda\tau{\rm i}}{\lambda+\tau{\rm i}}-\dfrac{(\bar{T}_{\rm n}-\bar{T}_{\rm i})}{2(\bar{T}_{\rm o}/Q_{\rm d})\bar{q}^2}} \tag{5-42}$$

$$\frac{A_{\rm q}'}{\bar{q}}=\frac{A_{\rm q}{\rm e}^{-{\rm i}\varphi_{\rm q}}}{\bar{q}}=\frac{\sigma(A_{\rm i}'-A_{\rm o})}{2\bar{T}_{\rm o}} \tag{5-43}$$

对于某特定的日周期，其通风量的日周期平均值为

$$\bar{q}_{\rm d}=\bar{q}_{\rm y}+A_{\rm q,y}'{\rm e}^{\frac{2\pi t_{\rm y}}{365}{\rm i}} \tag{5-44}$$

室内空气温度的日周期平均值为

$$\overline{T}_{\mathrm{i,d}}=\overline{T}_{\mathrm{i,y}}+A'_{\mathrm{i,y}}\mathrm{e}^{\frac{2\pi t_{\mathrm{y}}}{365}\mathrm{i}} \tag{5-45}$$

EAHE 出口空气温度的日周期平均值为

$$\overline{T}_{\mathrm{n,d}}=\overline{T}_{\mathrm{o,y}}+A'_{\mathrm{n,y}}\mathrm{e}^{\frac{2\pi t_{\mathrm{y}}}{365}\mathrm{i}} \tag{5-46}$$

其中，t_{y} 为距离年周期起始日的天数。

3. 模型主要输入参数的确定

通风流量系数 C_{d}、EAHE 埋管内壁面对流换热系数 h_1 及建筑内部蓄热体表面对流换热系数 h_2 是模型的关键输入参数。其中，通风流量系数 C_{d} 跟气流在整个流通路径上的阻力有关，其与阻力系数的关系为

$$C_{\mathrm{d}}=1/\sqrt{\xi_{\mathrm{total}}} \tag{5-47}$$

其中，$\xi_{\mathrm{total}}=\xi_1+\xi_{\mathrm{tm}}$ 为总阻力系数。ξ_1 为沿程阻力系数，$\xi_1=\lambda'\cdot L/d$；ξ_{tm} 为局部阻力系数。

在 EAHEBV 模式中，空气流动的阻力主要由 EAHE 管内空气流动的沿程阻力，以及室外空气进入 EAHE 埋管与通过开口进/出室内时的局部阻力构成。在计算 EAHE 埋管沿程阻力时，可采用经典的布拉休斯公式确定空气流动摩擦阻力系数 λ'，具体表达式见式(3-96)。考虑到空气流通路径上存在断面变化，可将室外空气进入 EAHE 埋管与通过建筑开口进/出室内的局部阻力分别用突缩段的阻力系数 ξ_{inlet} 与突扩段阻力系数 ξ_{outlet} 进行近似，取值均为 0.5。如果存在 N 根 EAHE 埋管并联连接到同一建筑，则对应的总流量系数可以根据下式计算：

$$C_{\mathrm{d}}=\begin{cases}\dfrac{N}{\sqrt{\dfrac{64}{Re_{\mathrm{n}}}\dfrac{L}{d}+\xi_{\mathrm{inlet}}+(N^2+1)\xi_{\mathrm{outlet}}}}, & Re_{\mathrm{n}}<2000\\[2ex] \dfrac{N}{\sqrt{\dfrac{0.3164}{Re_{\mathrm{n}}{}^{0.25}}\dfrac{L}{d}+\xi_{\mathrm{inlet}}+(N^2+1)\xi_{\mathrm{outlet}}}}, & 2000\leqslant Re_{\mathrm{n}}<10^5\\[2ex] \dfrac{N}{\sqrt{(1.82\log(Re_{\mathrm{n}})-1.64)^{-2}\dfrac{L}{d}+\xi_{\mathrm{inlet}}+(N^2+1)\xi_{\mathrm{outlet}}}}, & Re_{\mathrm{n}}\geqslant 10^5\end{cases} \tag{5-48}$$

其中，EAHE 埋管内空气流动的雷诺数 $Re_{\mathrm{n}}=4\overline{q}/\pi\nu_{\mathrm{a}}d$；$\overline{q}$ 为 EAHEBV 模式下埋管内通风量的平均值；d 为 EAHE 埋管直径。

因为在 EAHEBV 模式下通风量是波动的，可采用通风量的时间平均值 $\overline{q}$ 作为确定 EAHE 埋管内壁面对流换热系数的特征参数。可以根据管内受迫对流换热理论对 EAHE 埋管内壁面对流换热系数 h_1 进行确定，努塞特数 Nu_{n} 为[7]：

$$\begin{cases}Nu_{\mathrm{n}}=4.36, & Re_{\mathrm{n}}<2300\\ Nu_{\mathrm{n}}=\dfrac{(f/8)(Re_{\mathrm{n}}-1000)Pr}{1+12.7(f/8)^{1/2}(Pr^{2/3}-1)}, & Re_{\mathrm{n}}>2300\end{cases} \tag{5-49}$$

其中，f 为摩擦系数，$f=(1.82\ln Re_{\rm n}-1.64)^{-2}$。根据式(5-49)可以计算出 EAHE 埋管内壁面对流传热系数：

$$h_1 = Nu_{\rm n}\lambda_{\rm a}/d \tag{5-50}$$

对于建筑内部蓄热体表面对流换热系数 h_2，可以采用 Churchill 与 Bernstein 提出的公式进行确定[8]：

$$Nu_{\rm i}=0.3+\frac{0.62Re_{\rm i}^{1/2}Pr^{1/3}}{[1+(0.4/Pr)^{2/3}]^{1/4}}\left[1+\left(\frac{Re_{\rm i}}{282000}\right)^{5/8}\right]^{4/5} \tag{5-51}$$

其中，$Re_{\rm i}=2u_{\rm i}r/\nu_{\rm a}$ 为室内空气流动的雷诺数；$u_{\rm i}$ 为建筑内部断面的平均风速；r 为圆柱蓄热体半径。则对应的对流换热系数为

$$h_2 = Nu_{\rm i}\lambda_{\rm a}/2r \tag{5-52}$$

5.3　EAHEBV 模式数值模拟

5.3.1　模拟算例

1. 物理模型

采用数值模拟软件 ANSYS Fluent 考查 EAHEBV 通风模式中的主要参数的动态行为。如图 5-2 所示，建筑长 2m，宽 2m，高 4m；土壤计算区域长 40m，宽 20m，高 14m。其中，建筑上下开口均为直径 0.5m 的圆形风口，二者之间的高差为 3m，建筑下部开口与 EAHE 埋管出口相连接。为了确保建筑外部环境与 EAHE 进口处的室外空气温度同步变化，在模型中分别设置了两个相同的室外环境模拟箱体。另外，在建筑内部空间布置了 6 个直径 0.2m、长度 2m 的圆柱体，充当内部蓄热体。将建筑室内热源设为 4000W 的体热源，位于建筑地面。在土壤埋深 4m 处设置了一根直径 0.5m、长度 40m 的圆形截面 EAHE 埋管。

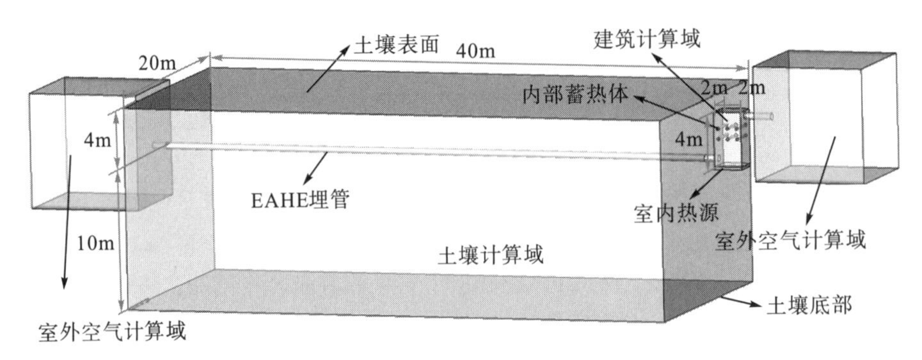

图 5-2　数值模拟选取的计算域

2. 模拟周期

为了降低计算代价，在本节的数值模拟中，将室外环境空气温度的波动周期人为缩短。

在缩短波动周期后，为了保证 EAHE 埋管周围土壤的传热特性与真实年周期中的情况相似，需要人为增大数值模拟中土壤的热扩散系数 $\alpha_s = \lambda_s / (\rho_s C_s)$。同时，还需保证在模拟周期缩短之后内部蓄热体的蓄/放热特性跟真实年周期时的情形相似。因此，土壤与蓄热体的傅里叶数 $Fo_s = \alpha_s P / z^2$ 需与真实年周期的傅里叶数相等，即满足：

$$C_\alpha = C_z^{\ 2} / C_P \tag{5-53}$$

其中，C_α 为数值模拟中材料的热扩散系数与实际值之比；C_z 为数值模拟中几何尺寸与实际值之比；C_P 为数值模拟的周期与真实年周期的比值。该式对土壤与建筑内部蓄热体均适用。

将数值模拟的波动周期设置为 1000s，而真实年周期为 365×24×3600s，则对应的时间比例尺 C_P=1/31536。尽管在数值模拟中 EAHE 的埋深固定不变，但可以通过调整数值模拟中土壤的热扩散系数来体现实际年周期内不同埋深处 EAHE 的换热效果。数值模型中 EAHE 埋深为 4m，若要模拟实际埋深为 2m 的 EAHE 埋管换热，则对应的埋深比例尺可设定为 C_z=2。

表 5-1　数值模拟热物性参数

材料	参数	数值
土壤	埋深/m	4
	热扩散系数/(m^2/s)	5.56×10^{-2}
	比热容/[J/(kg·K)]	1170
	导热系数/[(W/(m·K)]	0.93
	密度*/(kg/m^3)	0.014
蓄热材料	热扩散系数/(m^2/s)	2.7
	比热容/[J/(kg·K)]	871
	导热系数/[W/(m·K)]	202.4
	密度*/(kg/m^3)	0.086
空气	运动黏性系数/[kg/(m·s)]	1.79×10^{-5}
	比热容/[J/(kg·K)]	1006
	导热系数/[W/(m·K)]	0.0242
	密度/(kg/m^3)	1.225

*在数值模拟中，土壤与蓄热体的密度根据相似准则人为设定。

将上述参数代入式(5-53)中计算可知，数值模拟中土壤热扩散系数应为实际值的 126144 倍，即土壤热扩散系数比例系数为 C_{α_s} =126144。若土壤的实际热扩散系数为 $4.4\times10^{-7}m^2/s$，则对应数值模拟中土壤的热扩散系数应设定为 $5.56\times10^{-2}m^2/s$。由于土壤的热扩散系数是由其密度、导热系数与比热容共同决定的，所以在数值模拟中可以通过调整这三个参数来改变土壤的热扩散系数。在本章的数值模拟中，采用调整土壤密度的办法来满足上述相似关系。通过上述计算，数值模拟中的土壤密度是实际土壤密度的 1/126144，而土壤比热容与导热系数均与实际值保持一致。另外，为了让数值模拟中建筑内部蓄热体的蓄/放热特性与真实年周期相似，采用相同方法在数值模拟进行设置。表 5-1 给出了数值模拟中采用的土壤与蓄热体热物性参数。

3. 边界条件与初始条件

通过自定义函数(user-defined function，UDF)设定室外空气与土壤温度的波动曲线。其中，室外空气温度与土壤地表温度相同，二者的波动振幅均为7K，平均值均为293K，对应的表达式为

$$T_o = T_{s,ground} = 293 + 7.0\cos(6.28\times10^{-3}t - \pi) \tag{5-54}$$

室外空气计算域的边界设定为压力边界，其压力值设定为101325Pa。由于EAHE埋管内壁面与建筑室内蓄热体表面存在对流换热，所以二者的边界条件均设置为流-固耦合传热面。由于土壤计算域足够大，所以在模拟过程中忽略土壤计算域侧面边界处的温度梯度，并将侧面边界设置为绝热边界条件。土壤计算域底部温度遵循埋深14m处的土壤温度的变化曲线。土壤计算域温度场的初始条件按照下式设定：

$$T_{s,z,ini} = 293 + 7\exp(-z\sqrt{\pi/1000\alpha_s})\cos(-z\sqrt{\pi/1000\alpha_s} - \pi) \tag{5-55}$$

数值模拟中的时间步长设置为0.5s，采用标准k–ε模型处理湍流。在近壁面区域采用标准壁面函数法进行处理，压力-速度耦合关系用SIMPLE(semi-implicit method for pressure linked equation，求解压力耦合方程的半隐方法)分离求解计算，对流项离散格式采用二阶迎风格式。网格独立性测试表明，当网格的数量达到6484798时，就可以平衡计算精度与代价。当两次连续迭代之间的质量、动量和能量残差分别小于10^{-3}、10^{-3}和10^{-6}时，则认为计算收敛。另外，还对EAHE进口空气与建筑出口空气质量流量的平衡关系进行核实。本章所采用的数值模拟方法也在同类研究中采用[9-11]。在模拟计算中监测了EAHE出口空气温度T_n与建筑通风量q的变化情况。同时，在建筑上部的排风口监测了空气温度，以此作为室内空气温度T_i。

5.3.2 数值模拟结果分析

1. 温度场与压力场的分布情况

模拟时间1000s与1500s分别对应于真实年周期中最冷与最热的时候。图5-3展示了模拟时间分别为1000s与1500s时，在管长$x = 20$m的剖面上土壤温度的分布情况。结果

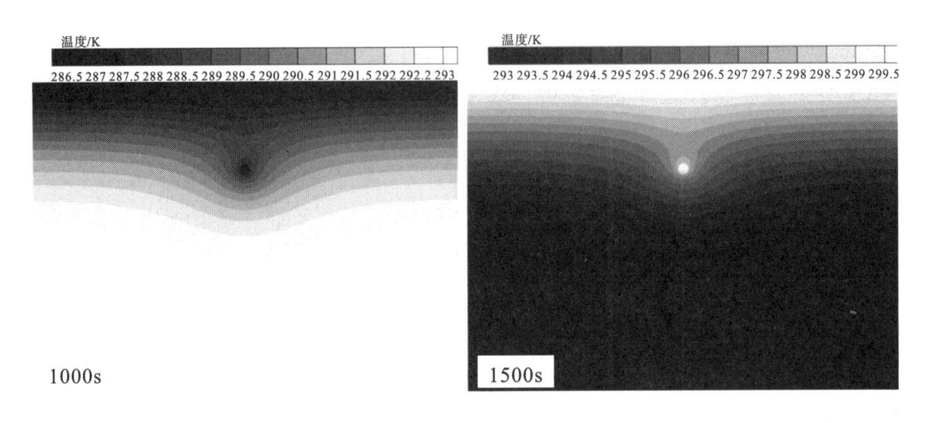

图5-3 管长$x = 20$m剖面上温度分布

表明，不论是冬季还是夏季，EAHE 管内空气的温度波向埋管周围土壤渗透过程中，并没有干扰到土壤计算域的侧面边界，这说明模拟算例中采用的土壤计算域足够大。土壤温度会在深度上分层，另外，来自地表的温度波动对土壤温度的影响主要发生在浅层土壤内。

图 5-4(a)和(b)分别展示了模拟时间为 1000s 与 1500s 时，整个计算域内的温度场。从图 5-4 中可以看出，在 1000s 时，EAHE 埋管周围土壤温度高于室外空气温度，土壤会对 EAHE 管内空气进行加热；在 1500s 时则相反，EAHE 埋管周围土壤温度低于室外空气温度，土壤会对 EAHE 管内空气进行冷却。此外，EAHE 埋管周围土壤的温度会受到管内空气温度的扰动，而且扰动半径会随着 EAHE 管长的增加逐渐减小。

图 5-4　数值模拟计算域内的温度场

图 5-5(a)和(b)分别展示了模拟时间为 1000s 和 1500s 时，整个计算域内空气的压力场。如图所示，建筑室内上部区域的静压为正值，驱动室内空气通过上部开口排出；而建筑室内下部区域的静压为负值，其与 EAHE 管内空气的压差使得 EAHE 管内空气进入室内。另外，建筑室内的压力中性面始终位于建筑中部以上，而且高度还会随时间变化。EAHE 管内始终为负压，并且沿着轴向逐渐降低，从而驱动室外空气进入埋管并在管内流动。计算域内的压力分布也证明，在 EAHEBV 模式中，只有室内形成足够的热压，才能驱动室外空气进入 EAHE 埋管并在建筑室内流通。

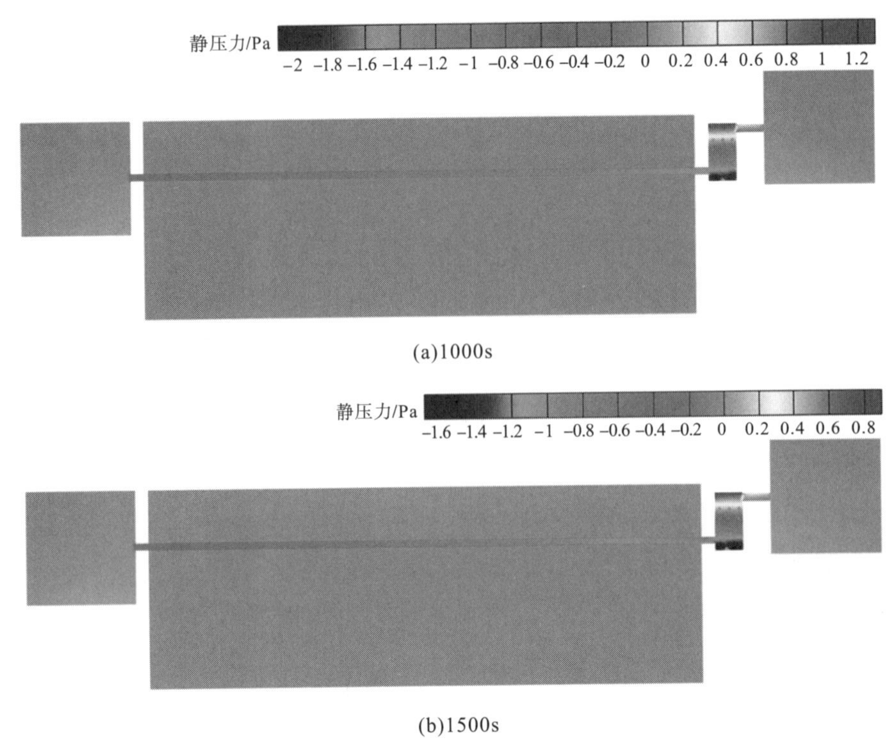

(a)1000s

(b)1500s

图 5-5 数值模拟计算域内压力场的分布图

2. 空气温度与通风量的波动情况

本小节同时展示了该案例的数值模拟结果与理论模型计算结果。在本节的数值模拟中，模拟得到建筑通风量平均值$\bar{q}=0.154\text{m}^3/\text{s}$，将其代入式(5-48)，可以计算出总流量系数$C_\text{d}$为0.54，可将该总流量系数$C_\text{d}$作为理论模型的输入参数。将数值模拟得到的EAHE埋管断面平均风速u_n=0.76m/s代入式(5-49)与式(5-50)，可求得EAHE埋管内壁面平均对流传热系数h_1为3.13W/(m^2·K)，可将该数值作为理论模型的输入参数。将数值模拟得到的建筑内部断面的平均风速u_i=0.039m/s 代入式(5-51)与式(5-52)，可以获得该案例中的内部蓄热体表面对流换热系数h_2为1.4W/(m^2·K)。

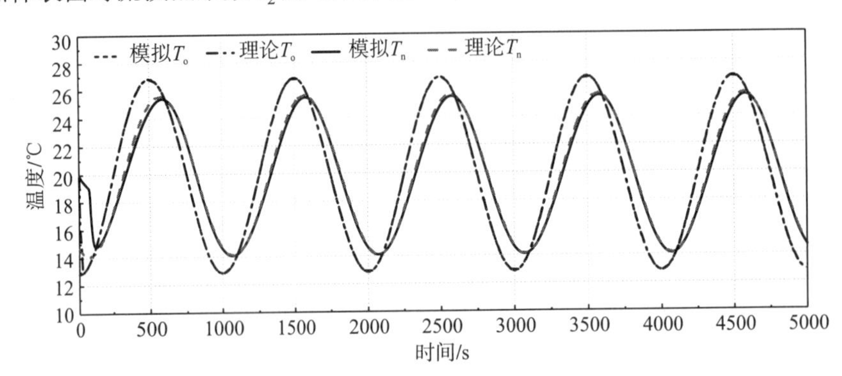

(a)EAHE出口空气温度与室外空气温度

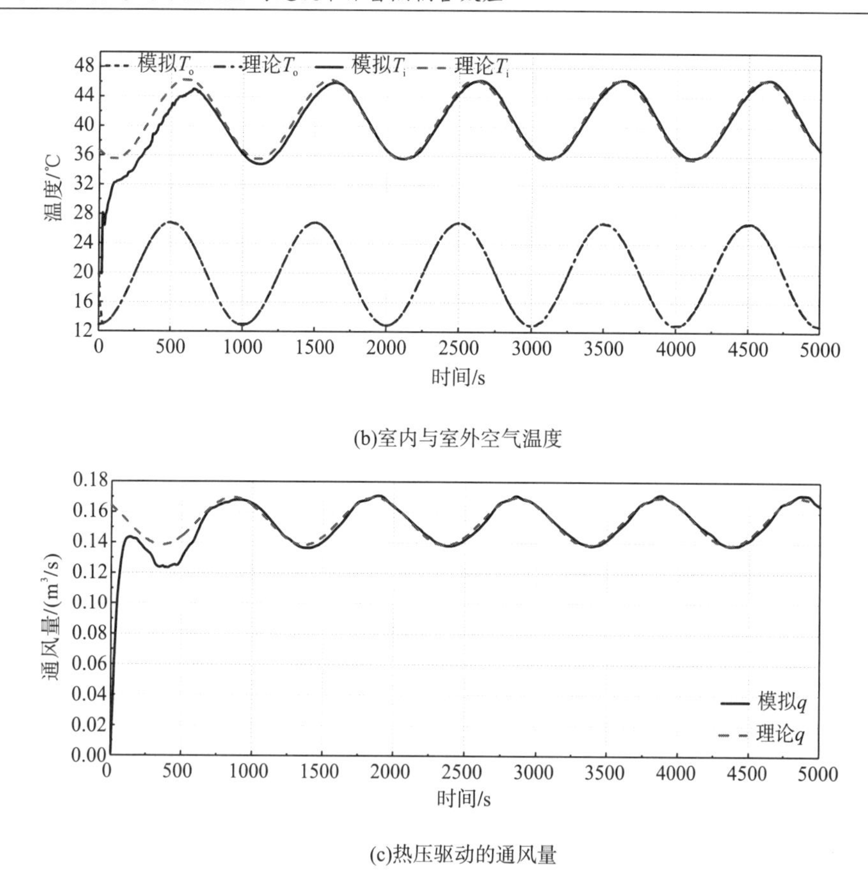

(b)室内与室外空气温度

(c)热压驱动的通风量

图 5-6　理论模型与数值模拟结果

图 5-6(a)～(c)展示了 EAHE 出口空气温度、室内空气温度以及通风量的理论模型计算结果与数值模拟结果。从图 5-6 可以看出，在 EAHEBV 模式下，EAHE 出口空气温度、室内空气温度与通风量均呈现周期性波动，并且三者的变化不同步。通过分析发现，室内空气温度的振幅略小于 EAHE 出口空气温度，而室内空气温度的相位差略大于 EAHE 出口空气温度。另外，与 EAHEMV 模式不同的是，EAHEBV 模式中的热压会随着室内空气温度波动，其驱动的通风量的相位差比室内空气温度要大。

5.4　EAHEBV、EAHEMV 与 BV 模式的性能对比

本节利用理论模型对比分析了 EAHEBV、EAHEMV 与 BV 三种模式下室内空气温度的波动情况。由于 EAHEBV 与 BV 模式均会导致通风量波动，因此，还对这两种通风模式的通风量波动情况进行了对比。EAHEBV 模式的理论模型已经在本章 5.2 节中提出，EAHEMV 与 BV 模式分别采用第 4 章与第 2 章中建立的数学模型进行计算。对 EAHEBV 与 BV 模式进行对比的目的是分析 EAHE 介入热压通风后产生的作用；对 EAHEBV 与 EAHEMV 模式进行对比则是为了探究不同通风动力对 EAHE 通风换热效果的影响。

5.4.1 案例介绍

采用上述三种不同通风模式时，建筑尺寸与内部蓄热体设置完全相同。不同点在于，在 EAHEBV 与 EAHEMV 模式中，室外空气在 EAHE 管内换热后再进入建筑室内，而 BV 模式则直接从室外将空气引入室内。BV 与 EAHEBV 模式中均存在通风量与室内空气温度的非线性耦合，而它们的差异在于 BV 模式不存在 EAHE 向室内提供的冷/热量及其导致的流动阻力。EAHEBV 与 EAHEMV 模式的差异在于，虽然二者均将室外空气引入 EAHE 换热后再进入建筑室内，但 EAHEMV 模式的通风量恒定，而 EAHEBV 模式的通风量却随着热压强度波动。

室外空气温度的设置参照重庆地区典型年的气候参数，如表 5-2 所示。建筑长 10m，宽 6m，高 5m。建筑内部热源的释热率为 7500W。在 EAHEBV 与 EAHEMV 模式中，将 6 根直径为 0.5m，长度为 60m，埋深为 4m 的 EAHE 埋管连接到建筑底部的进风口，排风口位于建筑侧墙的顶部，均采用圆形风口，其面积均为 1.18m^2。在 BV 模式中，建筑侧墙的底部与顶部分别设置面积为 1.18m^2 的圆形通风口实现进排风。建筑侧墙的顶部通风口与底部通风口中心点之间的高差为 4m。建筑围护结构的传热系数均设为 0.51W/(m^2·K)，建筑围护结构有效传热面积均为 200m^2。在这三种通风模式中，建筑内部蓄热体质量相等，且热物性参数一致。此外，EAHE 的介入增加了空气流动阻力，使得 EAHEBV 模式的通风流量系数低于 BV 模式，二者分别可以采用式(5-47)和式(5-48)进行确定。在 EAHEMV 模式中，通风量设定为恒定值，其采用 EAHEBV 模式通风量的时间平均值。表 5-2 与表 5-3 分别给出了土壤、室外空气与内部蓄热体的详细参数。

表 5-2 重庆地区土壤热物性参数与室外空气参数

周期	土壤导热系数/[W/(m·K)]	土壤热扩散系数/(m^2/s)	空气平均温度/℃	空气温度振幅/℃
年周期	1.1	7.1×10^{-7}	17.84	10.1
7 月 30 日			31.30	4.5
1 月 8 日			8.70	2.3

表 5-3 建筑内部蓄热体参数

材料	密度/(kg/m^3)	重量/kg	比热容/[J/(kg·K)]	表面积/m^2
木材	300	3515	2500	2000

5.4.2 结果讨论与分析

1. 年周期中室内空气温度与通风量的波动情况

图 5-7(a)展示了年周期中 EAHEBV 与 EAHEMV 模式下 EAHE 进出口空气温度以及三种通风模式下室内空气温度随时间的变化情况。如图所示，在 EAHEBV 和 EAHEMV

模式中，EAHE 出口空气温度波动基本一致，这是由于这两种通风模式在计算 EAHE 出口空气温度时均采用通风量的时间平均值作为输入参数。EAHE 可以对室外空气进行加热或冷却，使得 EAHE 出口空气温度的振幅比室外空气温度降低约 50%，并形成 0.4rad 的相位差，对应的滞后天数约为 23d。在 EAHEBV 模式中，室内空气温度的波动振幅比室外空气温度降低了 31.7%，对应的波动相位差为 0.17rad，意味着峰谷值滞后约 10d。在 EAHEBV 模式下，室内空气温度相位差比 EAHE 出口空气温度相位差要小，而对应的室内空气温度振幅却大于 EAHE 出口空气温度的振幅。这是因为在年周期中，建筑围护结构的传热削弱了 EAHE 对室内空气温度的调节能力。同时，在年周期中，建筑内部蓄热体对室内空气温度的调节能力很弱。在 BV 模式中，室内空气温度的振幅和相位与室外空气温度相差无几，这表明在年周期中，BV 模式对室内空气温度的调控能力非常有限。在 EAHEMV 模式中，室内空气温度的波动振幅比室外空气温度降低了 45%，对应的波动相位差为 0.31rad，对应的峰谷值滞后天数约为 18d。

以上结果表明，在年周期中，EAHEMV 模式具有比 EAHEBV 模式更强的室内空气温度调节能力。但是，EAHEBV 模式是纯被动式运行，不需要额外的能量来驱动空气流通。此外，EAHEBV 模式对室内空气温度的改善效果要远好于 BV 模式，EAHEBV 模式可以在夏/冬季显著降低/提高室内空气温度，从而提升室内热环境的舒适性。

图 5-7(b)展示了年周期中 EAHEBV、EAHEMV 与 BV 模式下建筑通风量的变化情况。如图所示，在 BV 模式中，通风量的振幅可以忽略不计，这主要是因为在年周期中建筑内部蓄热体对通风量的影响非常有限。但是，在 EAHEBV 模式中，通风量的振幅较大，对应的相位差也明显大于室内空气温度，非常接近于 π。但是，由于 EAHE 的介入增加了通风阻力，所以 EAHEBV 模式下通风量的时间平均值要低于 BV 模式的通风量时间平均值。

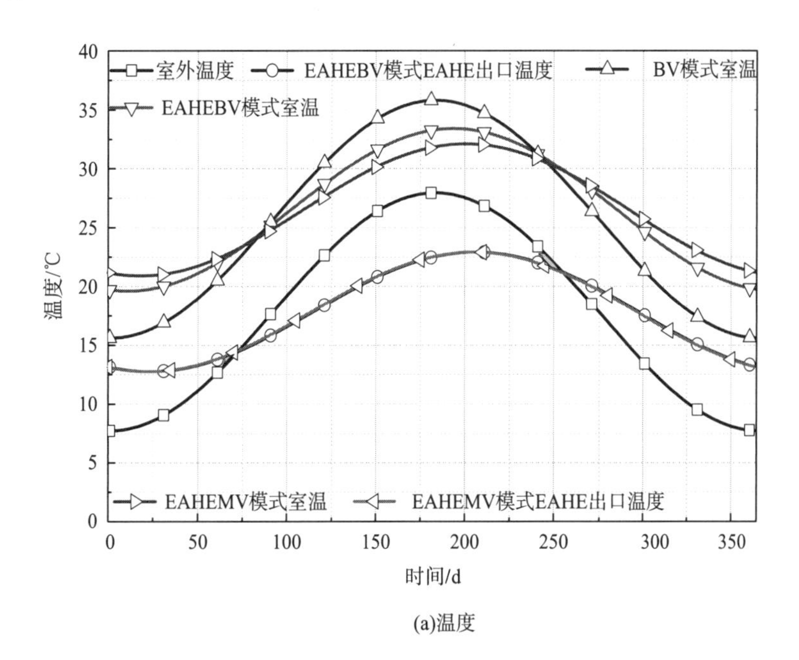

(a)温度

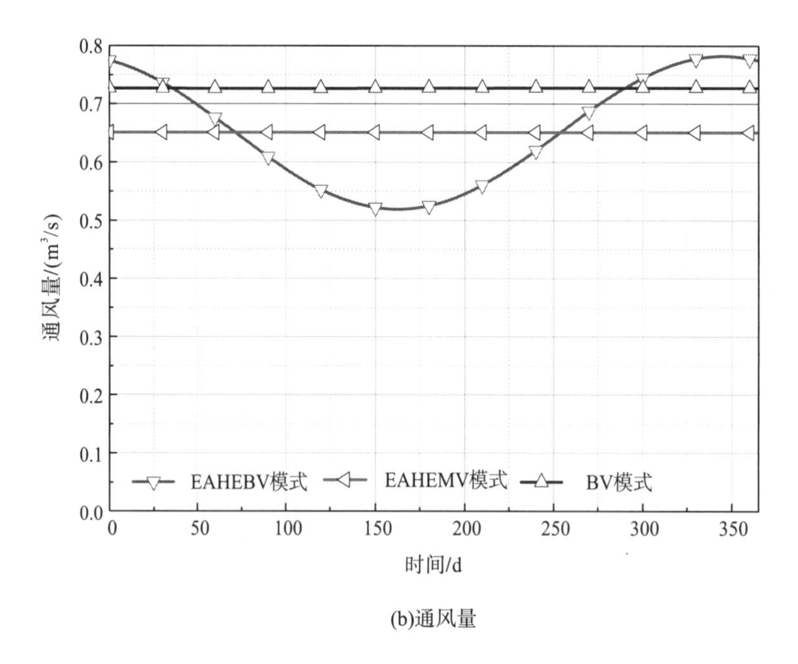

(b)通风量

图 5-7 EAHEBV、EAHEMV 与 BV 模式在年周期中的通风效果

2. 日周期中室内空气温度与通风量的波动情况

图 5-8(a)和(b)展示了在典型夏季日周期(7 月 30 日)的 EAHE 进出口空气温度，以及三种通风模式下室内空气温度与通风量随时间的变化情况。从图 5-8(a)可以看出，在 EAHEBV 模式中，室内空气温度平均值要高于 EAHEMV 模式，却显著低于 BV 模式；EAHEBV 模式中的室内空气温度振幅显著小于 BV 模式，却大于 EAHEMV 模式。值得注意的是，对于 EAHEBV 与 EAHEMV 模式，室内空气温度的相位差和振幅均大于 EAHE 出口空气温度的相位差和振幅，这是不同于年周期时的情况。这种现象表明，在日周期中，建筑内部蓄热体对于调节室内空气温度来说发挥了积极作用，并与 EAHE 形成了协同。

图 5-8(b)结果表明，在日周期中，这三种通风模式的通风量平均值均不相同，EAHEBV 模式的通风量平均值明显低于 EAHEMV 与 BV 模式的通风量平均值，这主要是因为 EAHEBV 模式中室内空气温度的时间平均值低于 BV 模式，从而导致 EAHEBV 模式中的热压平均值相对较小。另外，由于 EAHE 的介入增加了通风阻力，导致 EAHEBV 模式的通风流量系数小于 BV 模式，这也是导致 EAHEBV 模式的通风量平均值要小于 BV 模式的原因之一。此外，EAHEBV 模式通风量的相位差与振幅均大于 BV 模式。

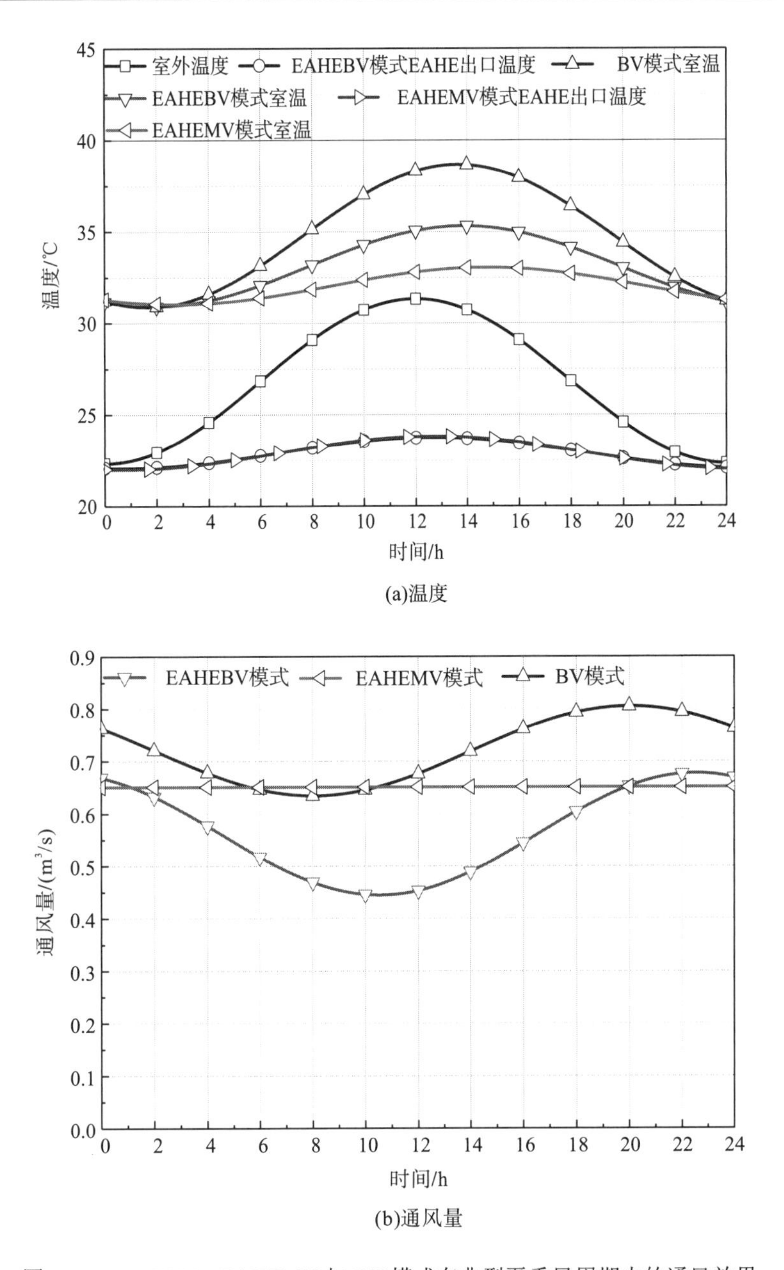

(a)温度

(b)通风量

图 5-8　EAHEBV、EAHEMV 与 BV 模式在典型夏季日周期内的通风效果

图 5-9(a)和(b)展示了在典型冬季日周期(1 月 8 日)EAHE 进出口空气温度，以及三种通风模式下室内空气温度与通风量随时间的变化情况。从图 5-9(a)可以看出，在 EAHEBV 模式中，室内空气温度平均值要比 EAHEMV 模式低，而比 BV 模式高；EAHEBV 模式的室内空气温度振幅比 BV 模式小，却比 EAHEMV 模式大。另外，尽管 EAHEBV 模式中室内空气温度平均值高于 BV 模式，但从图 5-9(b)可以看出，在典型冬季日，这两种通风模式的通风量平均值很接近。这是因为 EAHEBV 模式的空气流动阻力大于 BV 模式所致。

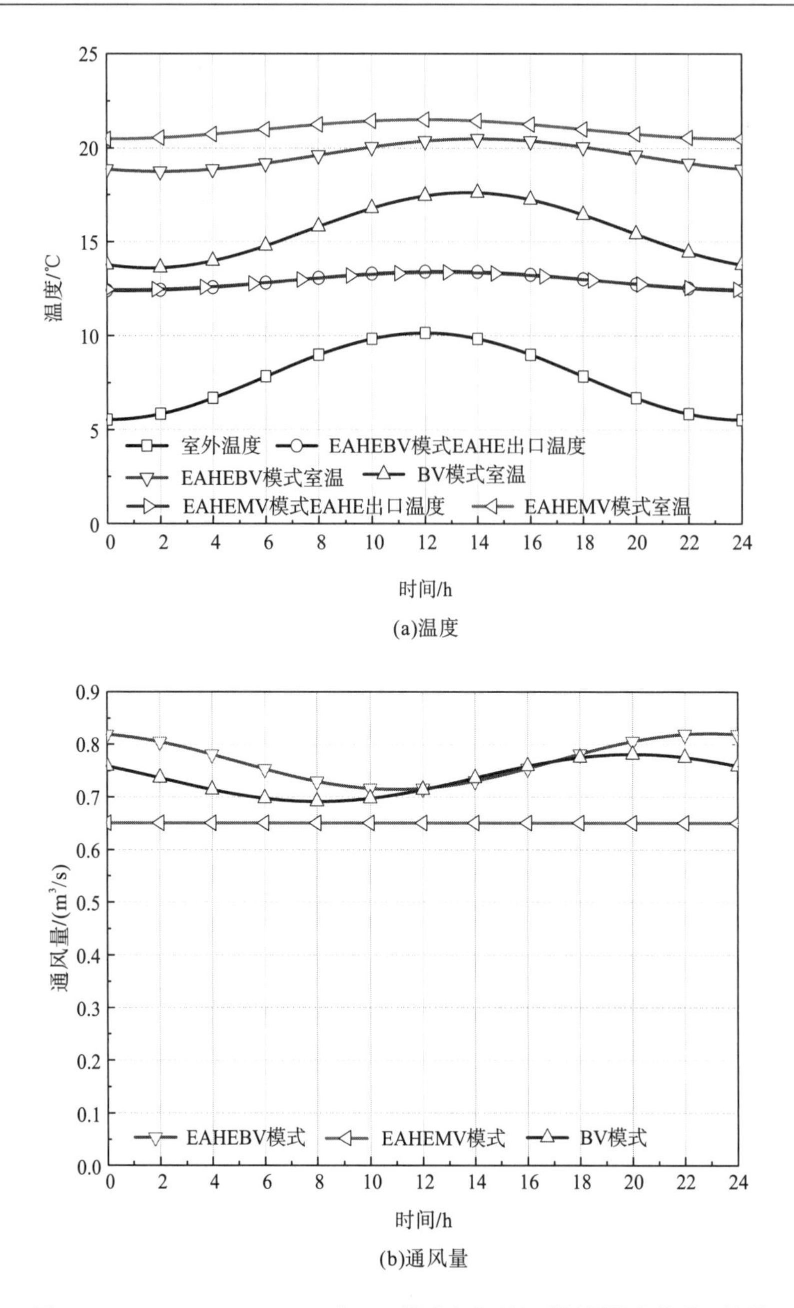

(a)温度

(b)通风量

图 5-9 EAHEBV、EAHEMV 与 BV 模式在典型冬季日周期内的通风效果

参 考 文 献

[1] Yang D, Zhang J P. Theoretical assessment of the combined effect of building thermal mass and earth-air-tube ventilation on the indoor thermal environment[J]. Energy and Buildings, 2014, 81: 182-199.

[2] Yang D, Zhang J P. Analysis and experiments on the periodically fluctuating air temperature in a building with earth-air tube

ventilation[J]. Building and Environment，2015，85：29-39.

[3] Li Y G, Delsante A. Natural ventilation induced by combined wind and thermal forces[J]. Building and Environment, 2001, 36(1)：59-71.

[4] Li Y G. Buoyancy-driven natural ventilation in a thermally stratified one-zone building[J]. Building and Environment，2000，35(3)：207-214.

[5] Yang D，Guo Y H，Zhang J P. Evaluation of the thermal performance of an earth-to-air heat exchanger（EAHE）in a harmonic thermal environment[J]. Energy Conversion and Management，2016，109：184-194.

[6] Wei H B，Yang D，Guo Y H，Chen M Q. Coupling of earth-to-air heat exchangers and buoyancy for energy-efficient ventilation of buildings considering dynamic thermal behavior and cooling/heating capacity[J]. Energy，2018，147：587-602.

[7] Incropera F P，DeWitt D P. Introduction to heat transfer[M]. 2nd edition. New York：Wiley，1996.

[8] Churchill S W，Bernstein M. A correlating equation for forced convection form gases and liquids to a circular cylinder in crossflow[J]. Journal of Heat Transfer，1977，99(2)：300-306.

[9] 郭元浩. 热压与空气-土壤换热器(EAHE)耦合通风换热理论模型研究[D]. 重庆：重庆大学，2016.

[10] Cuny M, Lin J, Siroux M, et al. Influence of coating soil types on the energy of earth-air heat exchanger[J]. Energy and Buildings，2018，158：1000-1012.

[11] Mathur A，Surana A K，Mathur S. Numerical investigation of the performance and soil temperature recovery of an EATHE system under intermittent operations[J]. Renewable Energy，2016，95：510-521.

第 6 章　以室内热环境调控需求为导向的 EAHE 逆向匹配理论

第 4 章与第 5 章的研究已经表明 EAHE 对建筑室内热环境的调控效果受 EAHE 参数、土壤热物性参数、包含蓄热体在内的建筑本体参数与室外气候参数的综合影响。在土壤热物性参数与室外气候参数明确的情况下，EAHE 与建筑本体之间的耦合效应决定了室内空气温度的波动特性。现有的研究，尤其是理论模型研究，大多都是将上述参数作为模型输入条件，正向计算出室内空气温度的动态变化过程，却没有从调控目标出发，反向寻求实现调控目标的 EAHE 与建筑本体参数配置方法，这可能导致 EAHE 系统无法满足调控需求，也可能导致 EAHE 配置过度。为此，本章提出了一种以室内热环境调控需求为导向的 EAHE 逆向匹配方法，该方法从 EAHE 冷热供给量与建筑室内冷热需求量的动态平衡关系出发，基于设定的室内热环境调控目标，首先确定出实现调控目标所需的 EAHE 出口空气温度波动特性参数，而后逆向确定出与调控目标相匹配的 EAHE 管长、管径与埋深等参数组合。为验证该方法的可靠性，在本章的 6.3 节中，以重庆的某建筑为例，将上述逆向匹配方法获得的参数组合方案作为数值模拟的输入条件，根据模拟结果检验预期调控目标的达成度，获得了实现同一室内热环境调控目标的多种配置方案，并展示了建筑本体参数与 EAHE 参数的互补性。

6.1　EAHE 调控建筑室内热环境的正向模型回顾

图 6-1 示意了 EAHE 调控建筑热环境的正向理论模型原理，其基本思路是将 EAHE 参数(埋深、管长、管径、风量等)、室外气候参数与建筑本体参数等作为模型输入量，计算出被 EAHE 服务的建筑的室内空气温度动态特性。第 4 章给出的模型是典型的正向模型，在本章文献[1]与文献[2]中也对该模型进行了介绍。该理论模型主要包括两个步骤：第一个步骤是将室外气候参数、土壤热物性参数与 EAHE 参数(埋深、管长、管径、风量等)作为输入变量，量化 EAHE 出口空气温度的波动特性；第二个步骤是将 EAHE 出口空气温度动态变化的特征参数(振幅与相位差)作为输入变量，获得 EAHE 作用下建筑室内空气温度的波动特性。本节回顾了该正向理论模型的基本思路，并在此基础上进一步分析了 EAHE 能够制造出的气流温度的特征波动参数的实际分布范围，以及由此产生的室内空气温度波动特性。

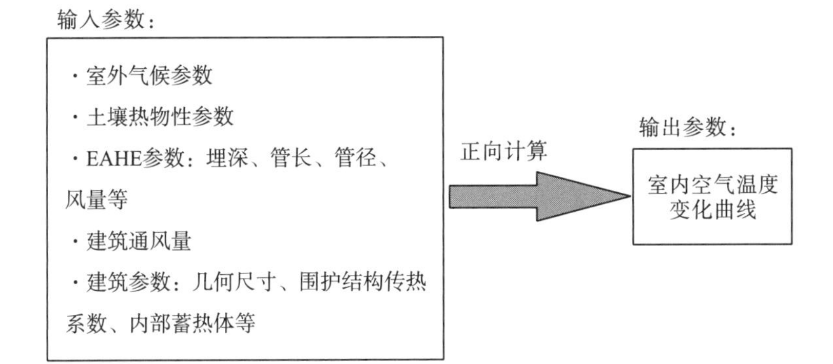

图 6-1　EAHE 对建筑室内热环境调控的正向模型原理图

6.1.1　EAHE 出口空气温度的波动特征

这里不再赘述第 3 章建立的 EAHE 换热模型，而主要分析 EAHE 出口空气温度无量纲振幅与相位差组合变量的分布区间，以及在改变 EAHE 主要参数(如埋深、管长、管径与风量)时，该组合变量的变化趋势。

在年周期中，当 EAHE 埋管半径 $R \leqslant 100\text{m}$ 时，存在 $\rho_{\text{a}} C_{\text{a}} \pi R^2 \text{i}\omega \approx 0$。因此，式(3-56)可以简化为

$$A'_{\text{n}} = A'_{\text{s},z} + (A_{\text{o}} - A'_{\text{s},z}) \text{e}^{-\frac{2\pi R h_1 (1-F)}{\rho_{\text{a}} C_{\text{a}} q_{\text{n}}} x} \tag{6-1}$$

由式(6-1)，EAHE 出口空气温度无量纲振幅 κ_{n} 与相位差 φ_{n} 分别为

$$\kappa_{\text{n}} = A_{\text{n}} / A_{\text{o}} = \text{abs}(A'_{\text{n}}) / A_{\text{o}} \tag{6-2}$$

$$\varphi_{\text{n}} = (-1) \cdot \text{angle}(A'_{\text{n}}) \tag{6-3}$$

EAHE 出口空气温度无量纲振幅 κ_{n} 与相位差 φ_{n} 并不相互独立，而是彼此牵制的。通过将 EAHE 各个主要参数的实际变化范围代入式(6-1)～式(6-3)中，得到 EAHE 出口空气温度无量纲振幅与相位差$[\kappa_{\text{n}},\varphi_{\text{n}}]$组合变量的实际分布区间。其中，EAHE 参数的变化范围如表 6-1 所示。

表 6-1　EAHE 参数的变化范围

	风量/(m³/s)	半径/m	管长/m	埋深/m
范围	0.05～2.00	0.05～1.00	1～200	0.5～10.0
步长	0.05	0.01	5	0.01

图 6-2 展示了年周期中 EAHE 出口空气温度无量纲振幅 κ_{n} 与相位差 φ_{n} 组合变量的分布情况。结果表明，EAHE 出口空气温度无量纲振幅与相位差$[\kappa_{\text{n}},\varphi_{\text{n}}]$组合变量主要分布在该图的左下侧。这表明 EAHE 几乎不可能同时制造出较大的出口空气温度无量纲振幅 κ_{n} 与较大的相位差 φ_{n}，这也意味着并不是所有的 EAHE 出口空气温度无量纲振幅与相位差$[\kappa_{\text{n}},\varphi_{\text{n}}]$组合变量都能被实现。

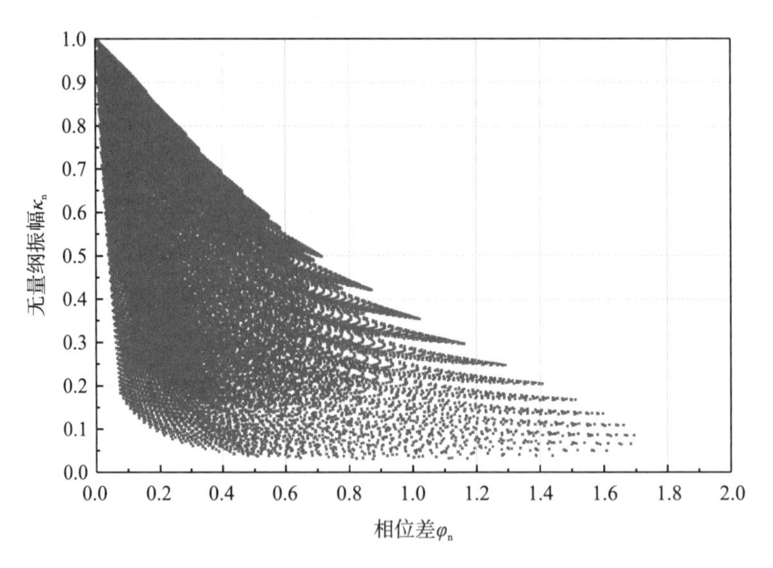

图 6-2 年周期中 EAHE 出口空气温度无量纲振幅 κ_n 与相位差 φ_n 的分布情况

图 6-3 展示了 EAHE 出口空气温度无量纲振幅与相位差$[\kappa_n,\varphi_n]$组合变量随 EAHE 参数的变化情况。图中每条曲线都是通过只改变 EAHE 一个特定参数而获得的。可以看出，增大 EAHE 风量或管径与减小埋深或管长，都可以同时获得较大的 EAHE 出口空气温度无量纲振幅 κ_n 与较小的相位差 φ_n。这表明实现大振幅、小相位差的组合对 EAHE 埋管风量与管径要求较高，而对其埋深与管长要求较低。如果要同时实现较小的 EAHE 出口空气温度无量纲振幅 κ_n 与较大的相位差 φ_n，则可以增大 EAHE 埋深或管长与减小风量或管径，这表明实现这一组合形式对 EAHE 埋深与管长要求较高，而对其风量与管径要求较低。以上结果表明，EAHE 的不同参数变化时，出口空气温度特征波动参数的变化趋势是不相同的。

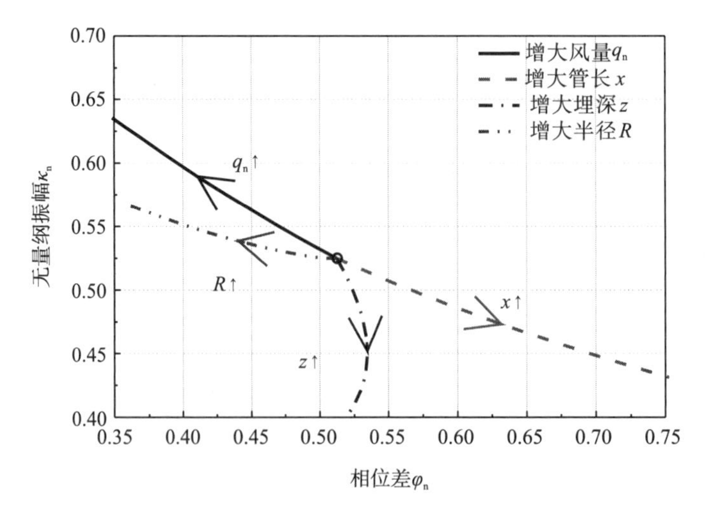

图 6-3 $[\kappa_n,\varphi_n]$ 与 EAHE 参数的关系

6.1.2 建筑室内空气温度的波动特性

在 EAHE 作用下建筑室内空气的热平衡方程为

$$\rho_a C_a V_i \frac{\partial T_i}{\partial t} = \rho_a C_a q (T_n - T_i) + K_e S_e (T_o - T_i) + h_2 S_M (T_M - T_i) + E \tag{6-4}$$

其中，V_i 为建筑体积；q 为建筑通风量，$q = \mathrm{ACH} \cdot V_i / 3600$，ACH 为每小时换气次数；$K_e$ 为围护结构传热系数；S_e 为围护结构传热面积；h_2 为建筑内部蓄热体表面的对流换热系数；S_M 为蓄热体表面积；E 为室内有效冷热输入量，当输入冷量时，其值为负。

将式(6-4)拆分为关于时间平均项与波动项的方程：

$$\rho_a C_a q (\bar{T}_n - \bar{T}_i) + K_e S_e (\bar{T}_o - \bar{T}_i) + h_2 S_M (\bar{T}_M - \bar{T}_i) + E = 0 \tag{6-5}$$

$$\rho_a C_a V_i \frac{\partial \tilde{T}_i}{\partial t} = \rho_a C_a q (\tilde{T}_n - \tilde{T}_i) + K_e S_e (\tilde{T}_o - \tilde{T}_i) + h_2 S_M (\tilde{T}_M - \tilde{T}_i) \tag{6-6}$$

如果建筑蓄热体内部没有热源，则在年周期中存在 $\bar{T}_M = \bar{T}_i$ [3]。于是，由式(6-5)可以推导出年周期内建筑室内空气温度的平均值：

$$\begin{aligned} \bar{T}_i &= \frac{\rho_a C_a q}{K_e S_e + \rho_a C_a q} \bar{T}_n + \frac{K_e S_e}{K_e S_e + \rho_a C_a q} \bar{T}_o + \frac{E}{K_e S_e + \rho_a C_a q} \\ &= \frac{1}{1+\lambda'_w} \bar{T}_n + \frac{\lambda'_w}{1+\lambda'_w} \bar{T}_o + \frac{1}{1+\lambda'_w} T_E \end{aligned} \tag{6-7}$$

其中，$\lambda'_w = K_e S_e / (\rho_a C_a q) = 3600 K_e S_e / (\rho_a C_a \mathrm{ACH} \cdot V_i)$ 为围护结构无量纲换热系数；$T_E = E / (\rho_a C_a q)$ 为室内热源引起的温升。

在年周期中，室外环境与土壤之间形成动态热平衡。由于土壤具较强的热惰性，所以土壤温度的平均值 $\bar{T}_s$ 大致等于室外空气温度的平均值 $\bar{T}_o$。而且，EAHE 出口空气温度的年平均值 $\bar{T}_n$ 与室外空气温度的年平均值 $\bar{T}_o$ 也基本相同，所以存在 $\bar{T}_n \approx \bar{T}_o$ [4-7]。因此，式(6-7)可以简化为

$$\bar{T}_i \approx \bar{T}_o + T_E / (1 + \lambda'_w) \tag{6-8}$$

由式(6-6)可得建筑室内空气温度的波动项：

$$\begin{aligned} \tilde{T}_i &= \left(\tilde{T}_n + \frac{K_e S_e}{\rho_a C_a q} \tilde{T}_o \right) \Bigg/ \left(1 + \frac{K_e S_e}{\rho_a C_a q} + \frac{V_i \omega \mathrm{i}}{q} + \frac{h_2 S_M}{\rho_a C_a q} \frac{M C_M \omega \mathrm{i}}{h_2 S_M + M C_M \omega \mathrm{i}} \right) \\ &= (\tilde{T}_n + \lambda'_w \tilde{T}_o) \Bigg/ \left(1 + \lambda'_w + D\mathrm{i} + \frac{\lambda \tau \mathrm{i}}{\lambda + \tau \mathrm{i}} \right) \end{aligned} \tag{6-9}$$

其中，$D = V_i \omega / q$ 为室内气流无量纲滞留时间；$\tau = M C_M \omega / (\rho_a C_a q)$ 为无量纲蓄热时间；$\lambda = h_2 S_M / (\rho_a C_a q)$ 为蓄热体表面的无量纲换热系数。

由式(6-8)可知，在年周期中建筑室内空气温度平均值由室外空气温度平均值、室内有效热源强度、建筑围护结构的热工性能以及建筑尺寸共同决定。由于 EAHE 出口空气温度的年平均值等于室外空气温度年平均值，所以 EAHE 对建筑室内空气温度年平均值的调节作用可以忽略，EAHE 在年周期中改变的还是室内空气温度的波动振幅与相位差。

6.2　EAHE 逆向匹配方法

6.2.1　逆向匹配方法的基本思路

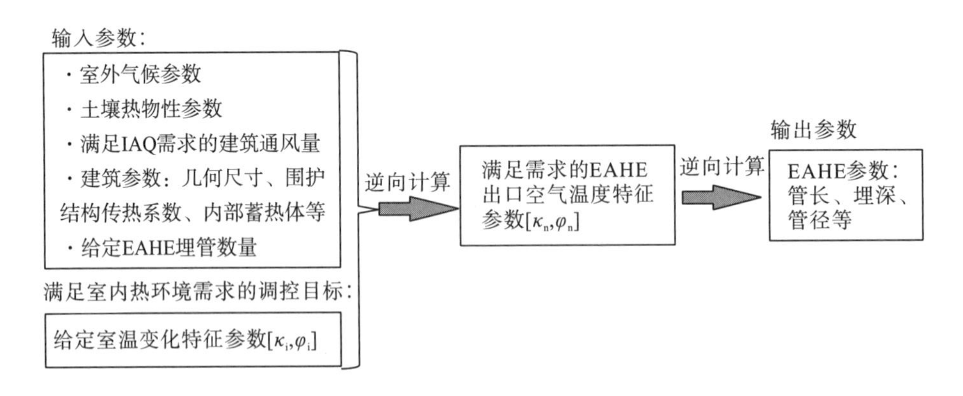

图 6-4　以室内热环境调控需求为导向的 EAHE 逆向匹配原理

IAQ：indoor air quality，室内空气品质

图6-1所示的正向分析方法的缺陷在于只能在指定EAHE参数后获得室内空气温度波动特性，却不能根据特定的室内热环境调控目标去确定 EAHE 参数与建筑本体参数的配置方案，这样有可能造成EAHE过度使用。值得注意的是，在呈周期性波动的热环境中，EAHE 冷热供给量是否合适是由建筑冷/热负荷的动态特征决定的。在整个周期中保证供给侧与需求侧的冷热量动态平衡，是 EAHE 适配的前提。本章提出的逆向匹配方法的基本思路如图 6-4 所示。与正向理论模型的主要不同点在于，该逆向匹配方法是将调控目标作为输入参数，而以实现调控目标所需的 EAHE 参数作为输出参数。

6.1.2 节表明，建筑室内空气温度与其影响因素的关系可用下式表示：

$$T_{\mathrm{i}}=\bar{T}_{\mathrm{i}}+\tilde{T}_{\mathrm{i}}=\mathrm{function}[(\bar{T}_{\mathrm{n}},\tilde{T}_{\mathrm{n}});(\bar{T}_{\mathrm{o}},\tilde{T}_{\mathrm{o}});(\lambda_{\mathrm{w}}',\lambda,\tau,D);T_{\mathrm{E}}] \tag{6-10}$$

其中，式(6-10)中存在四类输入参数，分别为 EAHE 出口空气温度参数$(\bar{T}_{\mathrm{n}},\tilde{T}_{\mathrm{n}})$，室外空气温度参数$(\bar{T}_{\mathrm{o}},\tilde{T}_{\mathrm{o}})$，建筑本体参数$(\lambda_{\mathrm{w}}',\lambda,\tau,D)$与室内冷热输入导致的温升/降$T_{\mathrm{E}}$。

由于 EAHE 出口空气温度取决于其埋深、管长、管径与风量等。所以，式(6-10)可以进一步写成如下函数关系：

$$T_{\mathrm{i}}=\bar{T}_{\mathrm{i}}+\tilde{T}_{\mathrm{i}}=\mathrm{function}[\mathrm{function}(x,R,z,q,N);(\bar{T}_{\mathrm{o}},\tilde{T}_{\mathrm{o}});(\lambda_{\mathrm{w}}',\lambda,\tau,D);T_{\mathrm{E}}] \tag{6-11}$$

式(6-11)表明，室内空气温度是 EAHE 参数(如埋深z、管长x、半径R、风量q与埋管根数N)的复合函数。对于不同的气候参数与建筑参数，满足室内热舒适需求的空气温度区间是相对固定的，但 EAHE 参数配置方案应随气候与建筑条件做调整。

本章提出的逆向匹配方法可用式(6-11)的反函数表达。第一步，以调控目标作为输入参数，获得 EAHE 出口空气温度的特征波动参数的需求值：

$$[\kappa_{\mathrm{n}}^{*},\ \varphi_{\mathrm{n}}^{*}]=\mathrm{function}[(\bar{T}_{\mathrm{i}},\tilde{T}_{\mathrm{i}});(\bar{T}_{\mathrm{o}},\tilde{T}_{\mathrm{o}});(\lambda_{\mathrm{w}}',\lambda,\tau,D);T_{\mathrm{E}}] \tag{6-12}$$

第二步，从式(6-12)得到的 EAHE 出口空气温度特征波动参数出发，逆向获得满足需求的 EAHE 参数：

$$x = \text{function}[(R,z,q,N);[\kappa_n^*, \varphi_n^*]] \tag{6-13}$$

其中，κ_n^* 与 φ_n^* 分别为实现调控目标所需的 EAHE 出口空气温度无量纲振幅与相位差。

6.1.1 节已经表明，并非所有的 EAHE 出口空气温度无量纲振幅与相位差 $[\kappa_n, \varphi_n]$ 组合都可被实现，对于室内空气温度的某些预期调控目标，可能无法获得适配的 EAHE 参数，这就需要 EAHE 跟建筑本体参数协同互补去实现调控目标，这在后文中会进一步说明。还要注意的是，本章提出的逆向匹配方法仅适于指导恒定风量且连续运行的 EAHE 系统的设计。虽然该方法可以保证室内空气温度满足热舒适需求，但并未考虑室内空气相对湿度的调控需求。另外，在使用该方法时，需要预先给定埋管数量。

6.2.2 调控目标的确定

假定建筑室内空气温度在年周期中呈简谐波动，并且其波动特性由三个参数表征：温度平均值 $\bar{T}_i$、波动振幅 A_i 与相对于室外空气温度的相位差 φ_i。建筑室内空气温度在整个年周期内是否满足热舒适的需求是由室内空气温度平均值 $\bar{T}_i$ 与波动振幅 A_i 共同决定的。其中，室内空气温度平均值 $\bar{T}_i$ 代表了室内热环境的整体水平，而对应的波动振幅 A_i 反映了室内热环境的稳定程度，其在一定程度上也代表了室内空气温度超出舒适温度区界限的可能性。值得注意的是，室内空气温度的相位差 φ_i 仅仅反映室内空气温度峰值或谷值出现的时间，而不会直接影响到建筑室内热环境的整体舒适水平。因此，应将室内空气温度的平均值 $\bar{T}_i$ 与波动振幅 A_i 作为主要调控目标。但是，由于室内空气温度相位差 φ_i 能够反向作用于 EAHE 出口空气温度无量纲振幅与相位差 $[\kappa_n^*, \varphi_n^*]$ 这一组合变量的取值，因此，室内空气温度的相位差 φ_i 可被间接用于优化配置 EAHE 参数。

图 6-5 的左侧展示了无 EAHE 作用时，建筑室内空气温度全年波动的三种典型情况。由于室外气候参数、建筑本体参数及室内冷热输入量等的差异，导致室内空气温度年平均值与舒适温度区上下限的相对关系可能不同。如图 6-5(a)和(c)所示，这两种情况下，室内空气温度平均值 $\bar{T}_i$ 本身就不在舒适温度区的范围内。由于在年周期中 EAHE 出口空气温度平均值 $\bar{T}_n$ 与室外空气温度平均值 $\bar{T}_o$ 基本相同，根据式(6-8)可知，对于图 6-5(a)和(c)所示的情况，采用 EAHE 对建筑室内空气温度平均值 $\bar{T}_i$ 进行调控的作用很有限，因此需要采用其他措施对室内空气温度平均值 $\bar{T}_i$ 进行调节。为了使整个年周期中的室内空气温度位于舒适温度区间范围内，可以通过如下措施对图 6-5(a)和(c)中室内空气温度的平均值 $\bar{T}_i$ 进行调节：①调节建筑围护结构有效传热系数与通风量；②采用主动式系统向室内输入冷/热量。然后，再利用 EAHE 调节室内空气温度的波动振幅 A_i，确保室内空气温度的最大值与最小值均不超过舒适温度区的上下限。对于图 6-5(b)所示的情况，调节室内空气温度平均值 $\bar{T}_i$ 并无必要，可以直接通过 EAHE 去调节室内空气温度的波动振幅 A_i 即可。

为了确保年周期中室内空气温度均在舒适温度区间内，将舒适温度区间的上下限与室内空气温度平均值之间差值的最小值作为室内空气温度振幅的调控目标，对应的室内空气

温度无量纲振幅可以表示为

$$\kappa_{\mathrm{i}} = A_{\mathrm{i}} / A_{\mathrm{o}} \leqslant \min[(T_{\mathrm{H}} - \bar{T}_{\mathrm{i}}),(\bar{T}_{\mathrm{i}} - T_{\mathrm{L}})] / A_{\mathrm{o}} \tag{6-14}$$

如若满足下式：

$$\kappa_{\mathrm{i}} = \min[(T_{\mathrm{H}} - \bar{T}_{\mathrm{i}}),(\bar{T}_{\mathrm{i}} - T_{\mathrm{L}})] / A_{\mathrm{o}} \tag{6-15}$$

则可保证室内空气温度在波动过程中刚好不超出舒适温度区间的上下限。此时，室内空气温度的波峰或波谷刚好与舒适温度区上下限重合，对 EAHE 管长、管径与埋深等参数的要求会较低，避免了 EAHE 的过度使用。

值得注意的是，由式(6-8)可知，当无量纲参数 λ'_{w} 增大时，室内空气温度平均值会趋于一个极限值，即 $\bar{T}_{\mathrm{i}} \to \bar{T}_{\mathrm{o}}$；当无量纲参数 λ'_{w} 减小时，室内空气温度平均值趋于另一个极限值，即 $\bar{T}_{\mathrm{i}} \to \bar{T}_{\mathrm{o}} + T_{\mathrm{E}}$。因此，当没有主动式系统输入额外的冷/热量时，如果存在 $T_{\mathrm{H}} \leqslant \bar{T}_{\mathrm{o}}$ 或 $T_{\mathrm{L}} \geqslant \bar{T}_{\mathrm{o}} + T_{\mathrm{E}}$ 的情况，则无法通过调整无量纲参数 λ'_{w} 来使室内空气温度平均值位于舒适温度区内，因此也无法利用该逆向匹配方法来实现式(6-15)所呈现的调控目标。

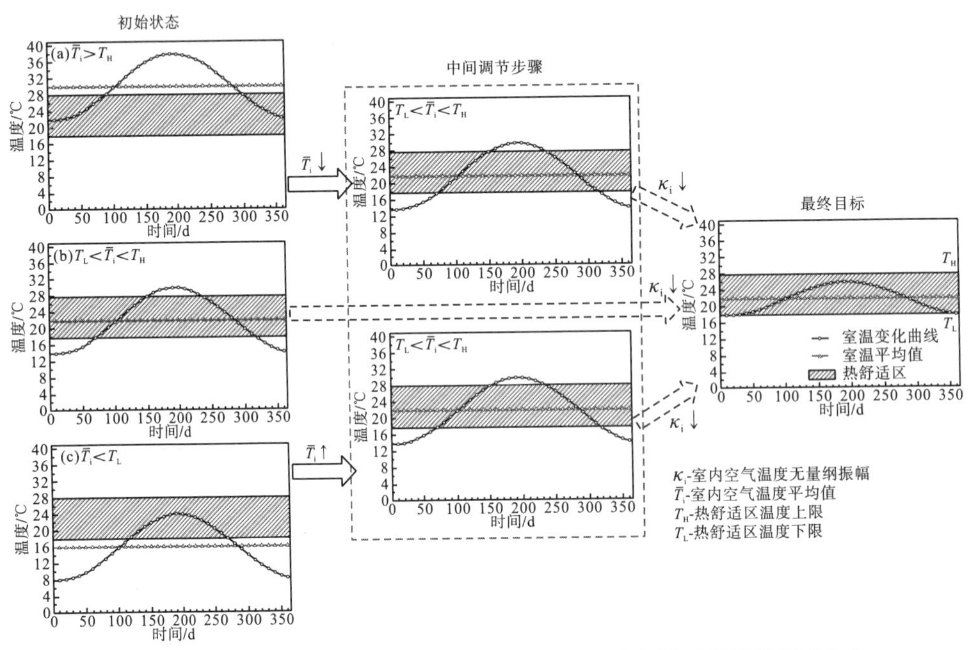

图 6-5　在三种典型情况下建筑室内空气温度平均值与波动振幅的调节方向

6.2.3　满足调控需求的 EAHE 出口空气温度特征波动参数

如式(6-12)所示，与正向模型不同的是，室内空气温度波动项 $\tilde{T}_{\mathrm{i}}$ 不是模型的函数，而成了自变量。将室内空气温度波动项 $\tilde{T}_{\mathrm{i}}$ 作为输入参数，代入式(6-9)中进行整理，可得实现调控目标所需的 EAHE 出口空气温度波动项的表达式：

$$\tilde{T}_{\mathrm{n}} = \left(1 + \lambda'_{\mathrm{w}} + D\mathrm{i} + \frac{\lambda\tau\mathrm{i}}{\lambda + \tau\mathrm{i}}\right)\tilde{T}_{\mathrm{i}} - \lambda'_{\mathrm{w}}\tilde{T}_{\mathrm{o}} \tag{6-16}$$

对式(6-16)进行进一步整理，可得

$$A_n' = A_n e^{-i\varphi_n} = \left(1 + \lambda_w' + D i + \frac{\lambda \tau i}{\lambda + \tau i}\right) A_i e^{-i\varphi_i} - \lambda_w' A_o \tag{6-17}$$

通过对式(6-17)的分析可知，当建筑通风换气次数ACH大于 1 时，年周期中的无量纲参数D会非常小，即可认为$D \approx 0$。因此，在年周期中可以忽略D对 EAHE 出口空气温度波动项A_n'的影响。另外，由于在年周期中波动频率ω非常小，所以内部蓄热体的无量纲蓄热时间τ也近似为零。因此，在式(6-17)中可以忽略$\lambda\tau i/(\lambda+\tau i)$的作用。于是，式(6-17)可以进一步简化为

$$A_n' = A_n e^{-i\varphi_n} \approx (1 + \lambda_w') A_i e^{-i\varphi_i} - \lambda_w' A_o \tag{6-18}$$

由式(6-18)可知，满足调控目标所需的 EAHE 出口空气温度无量纲振幅κ_n^*与相位差φ_n^*可表达为

$$\begin{aligned}\kappa_n^* &= A_n / A_o = \text{abs}[(1 + \lambda_w') A_i e^{-i\varphi_i} - \lambda_w' A_o] / A_o \\ &= \text{abs}[(1 + \lambda_w') \kappa_i e^{-i\varphi_i} - \lambda_w']\end{aligned} \tag{6-19}$$

$$\begin{aligned}\varphi_n^* &= (-1) \cdot \text{angle}[(1 + \lambda_w') A_i e^{-i\varphi_i} - \lambda_w' A_o] \\ &= (-1) \cdot \text{angle}[(1 + \lambda_w') \kappa_i e^{-i\varphi_i} - \lambda_w']\end{aligned} \tag{6-20}$$

由式(6-19)与式(6-20)可知，当建筑室内空气温度的无量纲振幅κ_i被作为调控目标后，室内空气温度的相位差φ_i与无量纲参数λ_w'均会影响调控目标所需的 EAHE 出口空气温度波动特征参数组合$[\kappa_n^*, \varphi_n^*]$。图 6-6 给出了当室内空气温度调控目标$\kappa_i$为 0.5，并指定室内空气温度相位差$\varphi_i$为 0.6rad 时，在年周期中无量纲参数$\lambda_w'$对实现调控目标所需的 EAHE 出口空气温度无量纲振幅κ_n^*与相位差φ_n^*组合的影响。一般情况下，建筑的体形系数S_e/V_i是小于或等于 0.045 的，建筑围护结构有效传热系数K_e小于 1.5W/(m^2·K)，建筑通风换气次数ACH大于或等于 1，因此，图 6-6 中水平坐标的变化范围为$\lambda_w' < 2$。图 6-6 的结果表明，无量纲参数λ_w'对实现调控目标所需的 EAHE 出口空气温度无量纲振幅κ_n^*与相位差φ_n^*有较大影响。其中，EAHE 出口空气温度无量纲振幅κ_n^*随无量纲参数λ_w'的增大先减小后增大，而对应的相位差φ_n^*随无量纲参数λ_w'的增大而增大。

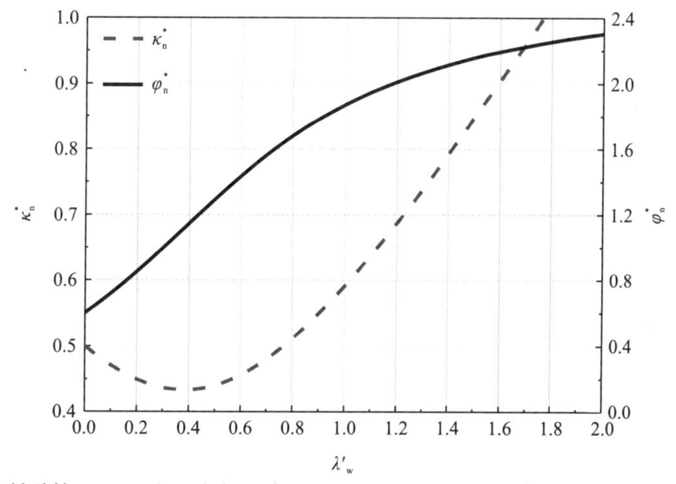

图 6-6　λ_w'对所需的 EAHE 出口空气温度无量纲振幅与相位差$[\kappa_n^*, \varphi_n^*]$的影响(指定$\varphi_i$=0.6rad)

图 6-7 展示了当室内空气温度调控目标 κ_i 为 0.5，无量纲参数 λ'_w 为 0.5 时，在年周期中室内空气温度相位差 φ_i 对实现调控目标所需的 EAHE 出口空气温度无量纲振幅与相位差组合 $[\kappa_\mathrm{n}^*,\varphi_\mathrm{n}^*]$ 的影响。以往的研究已经表明，年周期中的室内空气温度的相位差 φ_i 不会超过 $\pi/2$。因此，图 6-7 中水平坐标的变化范围为 $0\leqslant\varphi_i\leqslant\pi/2$。图 6-7 的结果表明，在年周期中的室内空气温度相位差 φ_i 对实现调控目标所需的 EAHE 出口空气温度无量纲振幅 κ_n^* 与相位差 φ_n^* 有较大影响，并且二者均随着 φ_i 的增大而增大。

图 6-2 已经表明，并不是所有的 EAHE 出口空气温度无量纲振幅与相位差组合 $[\kappa_\mathrm{n},\varphi_\mathrm{n}]$ 都能被实现。特别要指出的是，EAHE 不太可能同时制造出较大的出口空气温度无量纲振幅 κ_n 与较大的相位差 φ_n。结合本节图 6-6 与图 6-7 反映的结果可以看出，当无量纲参数 λ'_w 与室内空气温度相位差 φ_i 较大时，满足调控需求的 EAHE 出口空气温度无量纲振幅 κ_n^* 与相位差 φ_n^* 同时变大，这给找到适配的 EAHE 参数组合带来了难度；反之，则有利于找到满足室内热环境调控需求又在工程上能被实现的 EAHE 参数组合。进一步分析发现，当建筑尺寸与通风量需求固定时，减小无量纲参数 λ'_w 只能通过减小围护结构的传热系数来实现，而减小围护结构传热系数(即提高外墙的保温性能)是需要付出额外代价的；然而，减小预期的室内空气温度峰(谷)值与室外空气温度的时间差，即减小室内空气温度相位差 φ_i，几乎不需要付出额外的代价。

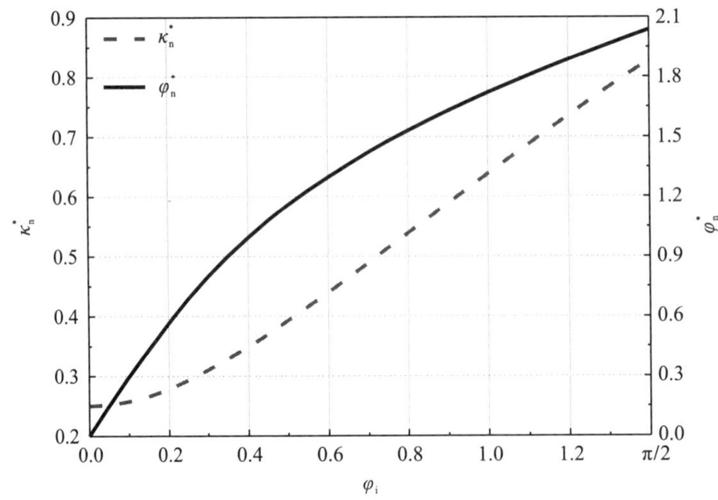

图 6-7 室内空气温度相位差 φ_i 对所需的 EAHE 出口空气温度无量纲振幅与相位差 $[\kappa_\mathrm{n}^*,\varphi_\mathrm{n}^*]$ 的作用(λ'_w =0.5)

如果根据初定的室外气候参数、建筑围护结构传热系数、通风换气次数、室内调控目标以及室内空气温度相位差，通过式(6-19)与式(6-20)计算获得的 $[\kappa_\mathrm{n}^*,\varphi_\mathrm{n}^*]$ 没有位于图 6-2 所示的 EAHE 出口空气温度无量纲振幅与相位差 $[\kappa_\mathrm{n},\varphi_\mathrm{n}]$ 组合变量可实现的范围内，则认为此时尚未匹配成功。可以通过调整无量纲参数 λ'_w (即调整围护结构传热系数 K_e 或通风换气次数 ACH)与室内空气温度相位差 φ_i 来完成匹配，匹配成功意味着下面两个等式得以满足：

$$\begin{cases}\kappa_{\rm n}=\kappa_{\rm n}^{*}\\ \varphi_{\rm n}=\varphi_{\rm n}^{*}\end{cases} \tag{6-21}$$

其中，式(6-21)的左端是由式(6-2)与式(6-3)确定，组合变量$[\kappa_{\rm n},\varphi_{\rm n}]$是关于埋管管长 x、管径 R、埋深 z 和风量$q_{\rm n}$的函数。式(6-21)的右端是由式(6-19)与式(6-20)确定，组合变量$[\kappa_{\rm n}^{*},\varphi_{\rm n}^{*}]$是关于无量纲参数$\lambda_{\rm w}'$和室内空气温度相位差$\varphi_{\rm i}$的函数。通过调整无量纲参数$\lambda_{\rm w}'$和室内空气温度相位差$\varphi_{\rm i}$来调整$[\kappa_{\rm n}^{*},\varphi_{\rm n}^{*}]$，并使得在给定的 EAHE 埋深 z 与风量$q_{\rm n}$下，对于式(6-21)这个方程组来说，EAHE 埋管管长 x 和管径 R 具有实根，则意味着匹配成功，这也意味着式(6-15)所示的调控目标得以实现。通过分析发现，只要能使室内空气温度平均值$\overline{T}_{\rm i}$位于舒适温度区，就一定可以通过调整无量纲参数$\lambda_{\rm w}'$(即调整围护结构传热系数$K_{\rm e}$或通风换气次数 ACH)与室内空气温度相位差$\varphi_{\rm i}$来实现调控目标。很显然，通过调整室内空气温度相位差的预期值$\varphi_{\rm i}$来实现 EAHE 逆向匹配比调整无量纲参数$\lambda_{\rm w}'$更经济。

6.2.4　EAHE 参数的确定

根据可用于敷设 EAHE 的土地面积与不形成热干扰的管间距，首先确定出 EAHE 埋管数量为 N，则可以计算出每根 EAHE 埋管的通风量：

$$q_{\rm n}=q/N={\rm ACH}\cdot V_{\rm i}/(3600N) \tag{6-22}$$

通过 6.2.3 节得到满足调控需求的 EAHE 出口空气温度无量纲振幅与相位差组合$[\kappa_{\rm n}^{*},\varphi_{\rm n}^{*}]$后，结合每根 EAHE 埋管的通风量$q_{\rm n}$，可以对式(6-1)求反函数，从而得到满足调控需求的 EAHE 埋管管长：

$$x=-\frac{\rho_{\rm a}C_{\rm a}q_{\rm n}}{2\pi Rh_{1}(1-F)}\ln\left(\frac{A_{\rm n}'-A_{{\rm s},z}'}{A_{\rm o}-A_{{\rm s},z}'}\right)=-\frac{\rho_{\rm a}C_{\rm a}q_{\rm n}}{2\pi Rh_{1}(1-F)}\ln\left(\frac{\kappa_{\rm n}^{*}{\rm e}^{-{\rm i}\varphi_{\rm n}^{*}}-\kappa_{{\rm s},z}{\rm e}^{-{\rm i}\varphi_{{\rm s},z}}}{1-\kappa_{{\rm s},z}{\rm e}^{-{\rm i}\varphi_{{\rm s},z}}}\right) \tag{6-23}$$

其中，$\kappa_{{\rm s},z}=A_{{\rm s},z}/A_{\rm o}={\rm e}^{-z\sqrt{\omega/2\alpha_{\rm s}}}$，其为土壤原始温度的无量纲振幅。

为了方便工程计算，可以对式(6-23)中$\ln((A_{\rm n}'-A_{{\rm s},z}')/(A_{\rm o}-A_{{\rm s},z}'))$的复数部分进行简化。根据$A_{{\rm s},z}'=A_{{\rm s},z}{\rm e}^{-{\rm i}\varphi_{{\rm s},z}}$，将$[\kappa_{\rm n}^{*},\varphi_{\rm n}^{*}]$代入式(6-23)的复数部分，可得

$$\begin{aligned}\ln\left(\frac{A_{\rm n}'-A_{{\rm s},z}'}{A_{\rm o}-A_{{\rm s},z}'}\right)&=\ln\left(\frac{\kappa_{\rm n}^{*}{\rm e}^{-{\rm i}\varphi_{\rm n}^{*}}-\kappa_{{\rm s},z}{\rm e}^{-{\rm i}\varphi_{{\rm s},z}}}{1-\kappa_{{\rm s},z}{\rm e}^{-{\rm i}\varphi_{{\rm s},z}}}\right)\\&=\ln\left(\frac{(\kappa_{\rm n}^{*}\cos\varphi_{\rm n}^{*}-\kappa_{{\rm s},z}\cos\varphi_{{\rm s},z})-{\rm i}(\kappa_{\rm n}^{*}\sin\varphi_{\rm n}^{*}-\kappa_{\rm s}\sin\varphi_{\rm s})}{(1-\kappa_{{\rm s},z}\cos\varphi_{{\rm s},z})+{\rm i}\kappa_{{\rm s},z}\sin\varphi_{{\rm s},z}}\right)\\&=\ln(a+b{\rm i})=c+d{\rm i}\end{aligned} \tag{6-24}$$

其中，

$$c=\ln(\sqrt{a^{2}+b^{2}})，\quad\tan(d)=b/a$$

$$a=(\kappa_{\rm n}^{*}\cos\varphi_{\rm n}^{*}-\kappa_{{\rm s},z}\cos\varphi_{{\rm s},z}-\kappa_{\rm n}^{*}\kappa_{{\rm s},z}\cos(\varphi_{\rm n}^{*}-\varphi_{{\rm s},z})+\kappa_{{\rm s},z}^{2})/(1+\kappa_{{\rm s},z}^{2}-2\kappa_{{\rm s},z}\cos\varphi_{{\rm s},z})$$

$$b=(\kappa_{{\rm s},z}\sin\varphi_{{\rm s},z}-\kappa_{\rm n}^{*}\sin\varphi_{\rm n}^{*}+\kappa_{\rm n}\kappa_{{\rm s},z}\sin(\varphi_{\rm n}^{*}-\varphi_{{\rm s},z}))/(1+\kappa_{{\rm s},z}^{2}-2\kappa_{{\rm s},z}\cos\varphi_{{\rm s},z})$$

对式(6-1)中贝塞尔函数的组合形式 F 进行如下整理：

$$F(\mathrm{i}\omega,R)=h_1K_0\left(\sqrt{\frac{\mathrm{i}\omega}{\alpha_s}}R\right)\Bigg/\left(h_1K_0\left(\sqrt{\frac{\mathrm{i}\omega}{\alpha_s}}R\right)+\lambda_s\sqrt{\frac{\mathrm{i}\omega}{\alpha_s}}K_1\left(\sqrt{\frac{\mathrm{i}\omega}{\alpha_s}}R\right)\right)$$
$$=\left[\frac{h_1}{\lambda_s}K_0\left(\sqrt{\frac{\mathrm{i}\omega}{\alpha_s}}R\right)\Bigg/\left(\sqrt{\frac{\mathrm{i}\omega}{\alpha_s}}K_1\left(\sqrt{\frac{\mathrm{i}\omega}{\alpha_s}}R\right)\right)\right]\Bigg/\left[\frac{h_1}{\lambda_s}K_0\left(\sqrt{\frac{\mathrm{i}\omega}{\alpha_s}}R\right)\Bigg/\left(\sqrt{\frac{\mathrm{i}\omega}{\alpha_s}}K_1\left(\sqrt{\frac{\mathrm{i}\omega}{\alpha_s}}R\right)\right)+1\right] \tag{6-25}$$

根据式(6-25)的形式，可以令

$$K_0\left(\sqrt{\frac{\mathrm{i}\omega}{\alpha_s}}R\right)\Bigg/\left(\sqrt{\frac{\mathrm{i}\omega}{\alpha_s}}K_1\left(\sqrt{\frac{\mathrm{i}\omega}{\alpha_s}}R\right)\right)=f(R)+g(R)\mathrm{i} \tag{6-26}$$

然后，在年周期内可以将式(6-26)中复数的实部与虚部分别拟合为随 EAHE 埋管半径 R 变化的函数：

$$\begin{cases}f(R)=-2.8R^2+2.62R+0.07\\ g(R)=0.3R^2-0.8R+0.0004\end{cases}\quad 0.05\leqslant R\leqslant 0.3 \tag{6-27}$$

$$\begin{cases}f(R)=-0.84R^2+1.53R+0.22\\ g(R)=0.25R^2-0.77R-0.005\end{cases}\quad 0.3< R\leqslant 0.6 \tag{6-28}$$

$$\begin{cases}f(R)=-0.33R^2+0.94R+0.39\\ g(R)=0.17R^2-0.67R-0.036\end{cases}\quad 0.6< R\leqslant 1 \tag{6-29}$$

将式(6-24)～式(6-26)代入式(6-23)中，可将 EAHE 埋管管长 x 的表达式简化为

$$\begin{aligned}x&=-\frac{\rho_aC_aq_n}{2\pi Rh_1}\left(\left(\frac{h_1}{\lambda_s}f(R)+1\right)+\frac{h_1}{\lambda_s}g(R)\mathrm{i}\right)(c+\mathrm{i}d)\\&=-\frac{\rho_aC_aq_n}{2\pi Rh_1}\left[\left(\frac{h_1}{\lambda_s}f(R)+1\right)c-\frac{h_1}{\lambda_s}g(R)d+\mathrm{i}\left(\frac{h_1}{\lambda_s}g(R)c+\left(\frac{h_1}{\lambda_s}f(R)+1\right)d\right)\right]\end{aligned} \tag{6-30}$$

由于 EAHE 埋管管长 x 是实数，所以式(6-30)表达式右边的虚部必然为零，即

$$h_1g(R)c+h_1f(R)d+\lambda_sd=0 \tag{6-31}$$

其中，EAHE 埋深 z 包含在上式的系数 c 与 d 中。式(6-31)实际上也给出了 EAHE 埋管半径 R 与埋深 z 之间的约束关系。EAHE 埋管内壁面对流换热的努塞特数 Nu 为[8,9]：

$$\begin{cases}Nu=4.36, & Re\leqslant 2300\\ Nu=0.023Pr^{0.3}Re^{0.8}, & Re>2300\end{cases} \tag{6-32}$$

于是，EAHE 埋管内壁面对流换热系数为

$$h_1=Nu\cdot\lambda_a/2R \tag{6-33}$$

根据式(6-32)与式(6-33)，可以将 EAHE 埋管内壁面对流换热系数拟合为 EAHE 埋管半径 R 的函数：

$$\begin{cases}h_1=0.06/R, & Re\leqslant 2300\\ h_1\approx q_n^{0.8}/0.81R^2+0.04R-0.0008, & Re>2300\end{cases} \tag{6-34}$$

将式(6-34)代入(6-31)中进行整理，可得 EAHE 埋管半径 R 应满足的约束关系：

$$A\cdot R^2+B\cdot R+C=0 \tag{6-35}$$

则 EAHE 埋管半径 R 为

$$R=\frac{-B\pm\sqrt{B^2-4AC}}{2A},\quad \varDelta=B^2-4AC\geqslant 0 \tag{6-36}$$

当指定了 EAHE 埋深 z 之后，就可以根据式(6-36)计算出相应的埋管半径 R。其中，式(6-36)中系数 A、B 与 C 的表达式分别为

当 $0.05\leqslant R\leqslant 0.3$ 时，

$$\begin{cases}A=0.017c-0.163d\\B=1.252d-0.047c\\C=0.004d+0.00003c\end{cases}\qquad Re\leqslant 2300 \tag{6-37}$$

$$\begin{cases}A=0.299{q_n}^{0.8}c-2.799{q_n}^{0.8}d+0.896d\\B=2.618{q_n}^{0.8}d-0.803{q_n}^{0.8}c+0.047d\\C=0.0004{q_n}^{0.8}c+0.067{q_n}^{0.8}d-0.0009d\end{cases}\qquad Re>2300 \tag{6-38}$$

当 $0.3<R\leqslant 0.6$ 时，

$$\begin{cases}A=0.015c-0.049d\\B=1.189d-0.045c\\C=0.013d-0.0003c\end{cases}\qquad Re\leqslant 2300 \tag{6-39}$$

$$\begin{cases}A=0.252{q_n}^{0.8}c-0.835{q_n}^{0.8}d+0.896d\\B=1.534{q_n}^{0.8}d-0.771{q_n}^{0.8}c+0.047d\\C=0.215{q_n}^{0.8}d-0.005{q_n}^{0.8}c-0.0009d\end{cases}\qquad Re>2300 \tag{6-40}$$

当 $0.6<R\leqslant 1$ 时，

$$\begin{cases}A=0.01c-0.019d\\B=1.155d-0.039c\\C=0.023d-0.002c\end{cases}\qquad Re\leqslant 2300 \tag{6-41}$$

$$\begin{cases}A=0.169{q_n}^{0.8}c-0.328{q_n}^{0.8}d+0.896d\\B=0.939{q_n}^{0.8}d-0.67{q_n}^{0.8}c+0.047d\\C=0.389{q_n}^{0.8}d-0.036{q_n}^{0.8}c-0.0009d\end{cases}\qquad Re>2300 \tag{6-42}$$

值得注意的是，式(6-36)中存在 $\varDelta=B^2-4AC\geqslant 0$ 的前提条件，且 R 与 z 的组合必须满足式(6-31)的约束条件，因此，某些 EAHE 埋深 z 有可能找不到与之对应的埋管半径 R。通过上述过程，可以确定出 EAHE 埋深 z 与半径 R 的组合，进而根据 EAHE 埋管管长 x 为实数这一事实，获得 EAHE 埋管管长 x 的表达式：

$$x=-\frac{\rho_a C_a q_n}{2\pi R h_1}\left[\left(\frac{h_1}{\lambda_s}f(R)+1\right)c-\frac{h_1}{\lambda_s}g(R)d\right] \tag{6-43}$$

这里对 EAHE 参数确定过程的关键步骤进行一个小结：首先，根据式(6-22)确定出 EAHE 埋管的通风量 q_n；然后，根据式(6-36)确定出 EAHE 埋深 z 与半径 R 的组合。最后，通过式(6-43)计算出 EAHE 埋管管长 x。要注意的是，实现同一调控目标的 EAHE 参数配置方案可能不止一种，这将在 6.4 节中进行分析与讨论。

6.2.5 逆向匹配方法的流程

本小节通过案例对逆向匹配方法的流程进行说明。该案例为位于重庆的某单体建筑，室外空气温度的年平均值为 17.84℃，振幅为 10.1℃[10]。土壤的导热系数和热扩散系数分别为 λ_s=1.1W/(m·K)与 α_s=7.1×10^{-7}m^2/s。建筑长 11.5m，宽 5m，高 4m；室内有效热输入量 E 为 650W。建筑围护结构外表面积约为 65m^2，传热系数 K_e 为 0.65W/(m^2·K)。建筑通风换气次数 ACH 设定为 1.5。将上述参数代入式(6-8)中，可得室内空气温度平均值 $\overline{T}_i$ 为 22.05℃，无量纲传热系数 λ'_w 为 0.38。由式(6-15)确定出 κ_i 的目标值为 0.4。首先，初步指定室内空气温度相位差 φ_i 为 0.6rad，将 φ_i 与 κ_i 代入式(6-18)可以获得满足调控目标的 EAHE 出口空气温度无量纲振幅 κ_n^* 为 0.32，相位差 φ_n^* 为 1.32rad。从图 6-8 可以看出，EAHE 出口空气温度无量纲振幅与相位差组合 $[\kappa_n^*,\varphi_n^*]$=[0.32,1.32rad] 位于可实现的 EAHE 出口空气温度无量纲振幅与相位差 $[\kappa_n,\varphi_n]$ 范围之外。这表明在该条件下，当无量纲参数 λ'_w 为 0.38，室内空气温度相位差 φ_i 为 0.6rad 时，无法找到适配的 EAHE 参数。但是，6.2.3 节表明，通过调整 φ_i 的预期值与无量纲参数 λ'_w 有利于获得既能满足调控目标又能在工程中实现的 $[\kappa_n^*,\varphi_n^*]$ 组合。其中，λ'_w 的调整可通过改变建筑围护结构传热系数 K_e 与通风换气次数 ACH 来实现。

从图 6-8 可以看出，当室内空气温度相位差 φ_i 的预期值减小时，κ_n^* 与 φ_n^* 均随着 φ_i 的预期值的减小而减小，这有利于组合变量 $[\kappa_n^*,\varphi_n^*]$ 进入实际可实现的范围内，从而找到与调控目标相匹配的 EAHE 参数。无量纲参数 λ'_w 主要是由建筑围护结构有效传热系数 K_e 与建筑通风换气次数 ACH 决定的，然而改变这两个参数对调控目标能否实现来说，影响并不一致。从图 6-8 看出，减小建筑围护结构有效传热系数 K_e 与增大建筑通风换气次数 ACH 均有利于组合变量 $[\kappa_n^*,\varphi_n^*]$ 落入实际可实现的范围内。值得注意的是，调整 K_e 与 ACH 可能会改变室内空气温度平均值 $\overline{T}_i$，进而改变由式(6-15)所确定的室内空气温度调控目标 κ_i，但调整室内空气温度相位差 φ_i 却不会对 $\overline{T}_i$ 与 κ_i 造成影响。图 6-8 还表明，κ_n^* 随 K_e 的减小而增大，φ_n^* 随 K_e 的减小而减小。另外，κ_n^* 随 ACH 的增加急剧减小，而 φ_n^* 随 ACH 的增加而增加。

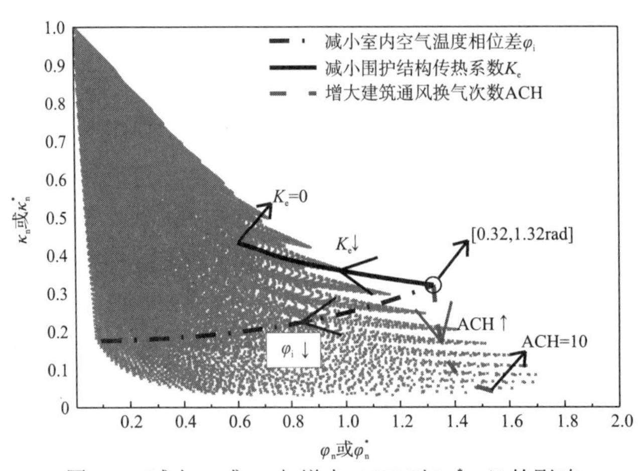

图 6-8 减小 φ_i 或 K_e 与增大 ACH 对 $[\kappa_n^*,\varphi_n^*]$ 的影响

图 6-9 给出了以室内热环境调控需求为导向的 EAHE 逆向匹配方法流程图。由于室外气候参数与建筑尺寸等参数是客观的，可以通过调整 EAHE 参数、建筑围护结构热工参数与建筑通风换气次数 ACH 来实现式(6-15)所确定的室内空气温度调控目标 κ_i。具体流程如下：首先，将土壤热物性参数、室外气候参数与建筑尺寸等基本参数作为输入条件，通过式(6-8)判断出建筑室内空气温度平均值 $\overline{T}_i$ 相对于舒适温度区温度上下限的位置。如果室内空气温度平均值 $\overline{T}_i$ 位于舒适温度区内，则可以根据式(6-15)确定出室内空气温度调控目标 κ_i，否则需要通过额外输入冷/热量或调整无量纲参数 λ'_w 来使室内空气温度平均值 $\overline{T}_i$ 位于舒适温度区内。然后，将指定的室内空气温度相位差 φ_i 与由式(6-15)确定的室内空气温度调控目标 κ_i 代入式(6-18)，获得满足调控需求的 EAHE 出口空气温度无量纲振幅与相位差[κ_n^*,φ_n^*]组合。而后，分析[κ_n^*,φ_n^*]组合是否分布在工程上可实现的范围内。如果不在，则通过减小预期的室内空气温度相位差 φ_i、减小建筑围护结构有效传热系数 K_e 或增大建筑通风换气次数 ACH 来调整[κ_n^*,φ_n^*]组合，直至其落入工程上可实现的范围内。然而，根据给定

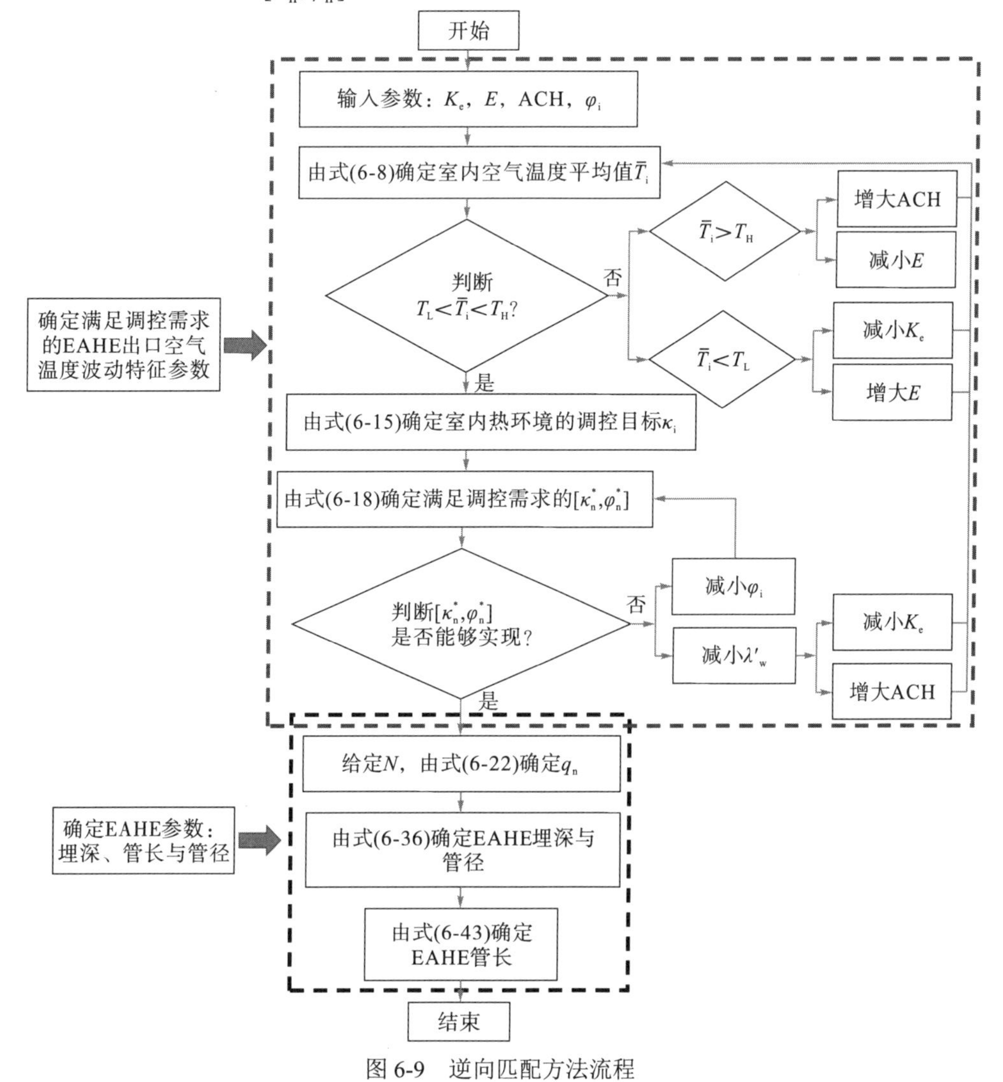

图 6-9　逆向匹配方法流程

的 EAHE 埋管数量 N，通过式(6-22)确定出每根埋管的通风量 q_n，再利用式(6-36)确定出 EAHE 埋深 z 与管径 R 的组合。最后，将 EAHE 埋深 z 与管径 R 的组合代入式(6-43)中，计算出符合要求的 EAHE 埋管管长 x。通过上述步骤，实现 EAHE 参数的逆向匹配。

6.3 逆向匹配方法的验证

本小节针对重庆地区的某单体建筑，利用上述方法获得了满足调控需求的 EAHE 埋深、管径与管长，将这些参数在数值模拟软件 ANSYS Fluent 的几何模型中予以体现，将室外空气全年逐时温度曲线作为 EAHE 进口与土壤表面的边界条件，进而模拟计算出建筑室内空气温度全年波动情况，再考查预期调控目标的达成度。

6.3.1 模拟案例

建筑参数与 6.2.5 节的数据相同，室外空气温度曲线参照重庆典型年的全年逐时气象数据。如图 6-10 所示，建筑上部具有一个直径为 0.4m 的圆形排风口，建筑内部蓄热体由三个木质材料长方体构成，尺寸均为长 5m，宽 0.2m，高 1m。蓄热体的密度与比热容分别为 300kg/m^3 和 2500J/(kg·K)。另外，在建筑地面中部设置功率为 650W 的体热源。为简单起见，建筑围护结构的有效传热系数 K_e 为 0，即建筑围护结构设置为绝热墙体，则对应的无量纲参数 λ_w' 也为 0。由式(6-8)确定出室内空气温度平均值 $\overline{T}_i$ 为 23.63℃。其中，夏季与冬季建筑室内舒适温度的上下限分别设置为 28℃和 18℃[11,12]。为了确保室内空气温度在全年位于舒适温度区，且室内空气温度刚好不超过舒适温度的上下限，通过式(6-15)计算出建筑室内空气温度调控目标 κ_i 为 0.43。指定室内空气温度相位差 φ_i 为 0.6rad，将上述参数代入式(6-18)可以获得实现调控目标所需的 EAHE 出口空气温度无量纲振幅 κ_n^* 与相位差 φ_n^* 分别为 0.43 与 0.6rad。在本案例中仅采用一根 EAHE 埋管，则通过式(6-22)可以计算出埋管的通风量 q_n 为 0.0958m^3/s。然后，由式(6-36)与式(6-43)确定出实现调控目标的一组 EAHE 参数：管长为 76.57m，直径为 0.4m，埋深为 3.62m。

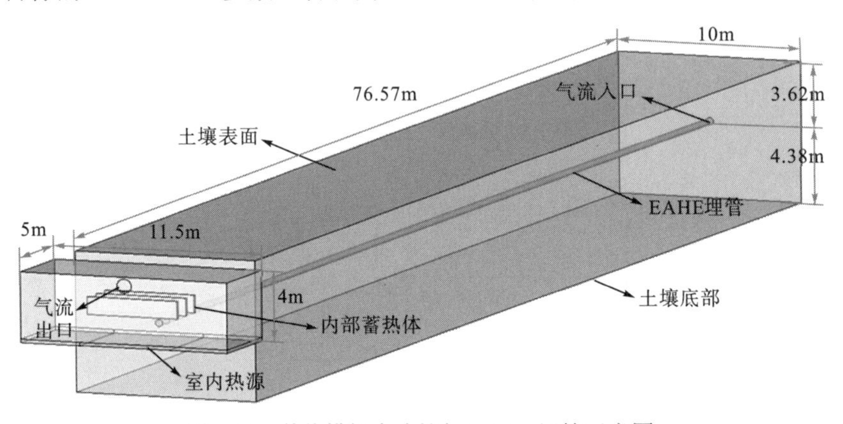

图 6-10 数值模拟中建筑与 EAHE 埋管示意图

将上述过程确定出的 EAHE 参数在数值模型中予以体现，如图 6-10 所示。将 EAHE 埋管进口边界设置为速度入口，对应的风速为 0.7627m/s。建筑上部的排风口设置为压力出口，其压力值设定为 101325Pa。EAHE 埋管出口直接与建筑侧壁底部的入口相连接。将 EAHE 埋管内壁面与蓄热体外表面的边界条件设置为流-固耦合传热面，以考虑对流换热过程。将土壤计算域的底部设为恒温，其温度为 291K，该值与土壤原始温度的年平均值相近。土壤计算域的侧边界可设置为绝热面。通过计算管内气流的雷诺数 *Re* 可判断其流动状态为湍流，因此采用标准 k–ε 计算模型，并在近壁面区域采用标准壁面函数处理。土壤表面温度与 EAHE 埋管进口处的空气温度变化通过自定义函数(UDF)进行设定，均为周期性变化的温度曲线，并参照了本章文献[10]所提供的重庆典型年室外气象参数。由于气象数据中提供了室外空气温度的逐时数据，在模拟过程中将时间步长设置为 3600s。采用结构化六面体网格，网格总数为 5702589，并进行了网格独立性分析。当两次连续迭代之间的质量、动量和能量残差分别小于 10^{-3}、10^{-3} 和 10^{-6} 时，则认为计算收敛。在模拟计算过程中监测了 EAHE 出口空气温度。同时，在建筑排风口处监测了空气温度，以此作为室内空气温度。

6.3.2　调控目标达成度分析

图 6-11(a)和(b)展示了将逆向匹配方法获得的 EAHE 参数作为数值模拟输入参数后，模拟得到的 EAHE 出口空气温度与室内空气温度在年周期中的变化情况。图 6-11(a)还展示了逆向匹配方法所预期的 EAHE 出口空气温度曲线，其无量纲振幅 κ_n^* 与相位差 φ_n^* 分别为 0.43 与 0.6rad。可以看出，模拟获得的 EAHE 出口空气温度曲线与预期曲线吻合得很好。图 6-11(b)展示了逆向匹配方法所预期的室内空气温度在年周期中的变化曲线与数值模拟所得到的室内空气温度在年周期中的变化曲线，并给出了舒适温度区间。可以看出，数值模拟所获得的建筑室内空气温度曲线与设计预期吻合得很好，只有在为时不多的极端炎热时节才略微超过舒适温度的上限。以上结果表明，年周期中的室内空气温度曲线与调控目标高度吻合，这表明了本章提出的逆向匹配方法是有效的。

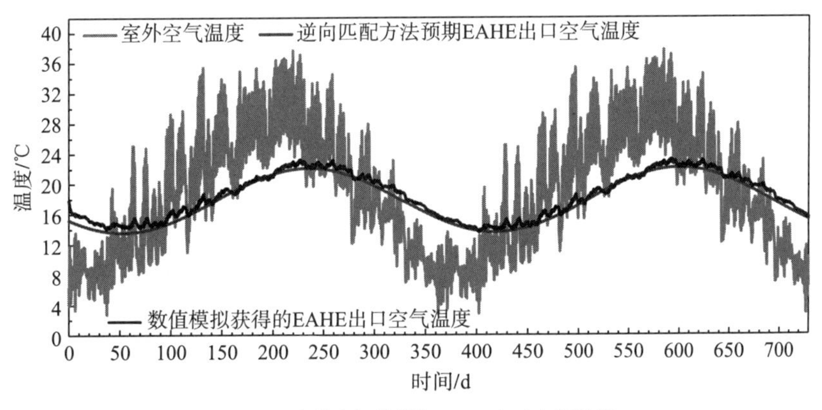

(a)室外空气温度与EAHE出口空气温度

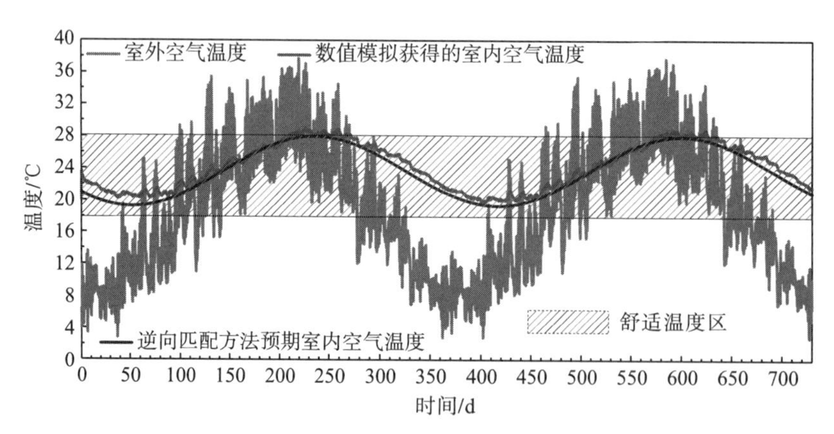

(b)室外空气温度、室内空气温度及舒适温度区间

图 6-11 将逆向匹配方法获得的 EAHE 参数输入数值模拟后计算产生的 EAHE 出口空气温度与室内空气温度

6.4 建筑本体参数与 EAHE 参数的互补效应

建筑本体参数与 EAHE 参数对于实现室内热环境调控目标来说具有互补效应。当建筑本体参数确定时，EAHE 埋深、管径及管长等参数之间也可以取长补短，从而形成实现同一调控目标的多种组合方案。本小节基于 6.3.1 节的案例，展示了如何通过调整建筑室内空气温度相位差预期值 φ_i、建筑围护结构有效传热系数 K_e 或通风换气次数 ACH 来实现相同的室内热环境调控目标。表 6-2 列出了 12 种不同的组合方案。

在方案 1～4 中，建筑围护结构有效传热系数 K_e 为 0.65W/(m^2·K)，通风换气次数 ACH 为 1.5。指定 φ_i 为 0.36rad，通过逆向匹配方法计算出实现调控目标所需的 EAHE 出口空气温度无量纲振幅 κ_n^* 与相位差 φ_n^* 分别为 0.24 和 0.95rad。如果在该方案中采用两根 EAHE 埋管，通过计算可以获得四种不同的 EAHE 参数组合方案，如表 6-2 所示。将确定出的 EAHE 参数组合输入正向理论模型中，则可以获得 EAHE 出口空气温度与建筑室内空气温度的变化曲线，如图 6-12 所示。从图中可以看出，当采用方案 1～4 时，获得了完全相同的 EAHE 出口空气温度与室内空气温度曲线。这表明 EAHE 管径、管长以及埋深的作用可以互补。

方案 5～8 在方案 1～4 的基础上，将建筑通风换气次数 ACH 提高至 2.5，通过逆向匹配方法计算出实现调控目标所需的 EAHE 出口空气温度无量纲振幅 κ_n^* 与相位差 φ_n^* 分别为 0.19 与 1.35rad。如果在该方案下采用三根 EAHE 埋管，通过计算可以获得所需的 EAHE 参数组合方案，如表 6-2 所示。从图 6-12 可以看出，方案 5～8 获得了一致的室内空气温度变化曲线。通过对比方案 1～4 与方案 5～8 表明，增大 ACH 会提高对 EAHE 参数的配置需求。

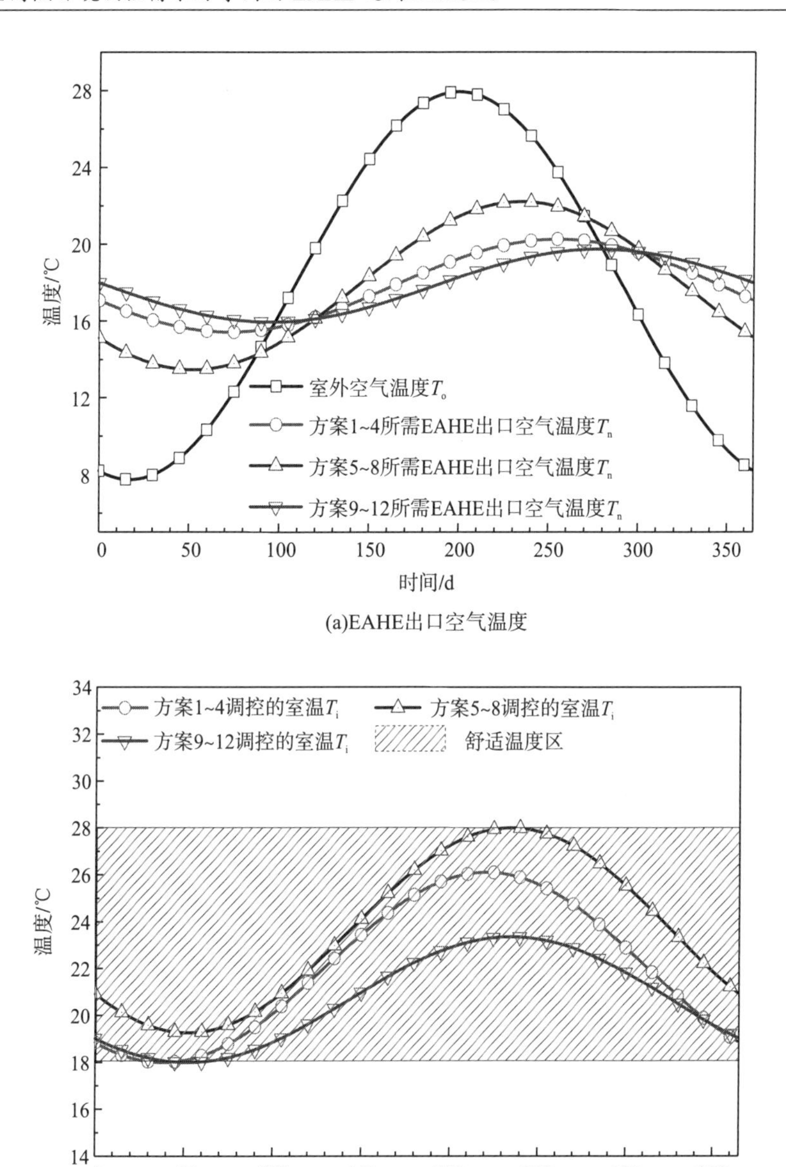

(a)EAHE出口空气温度

(b)室内空气温度

图6-12 不同组合方案对应的EAHE出口空气温度与室内空气温度

在方案9～12中，将建筑围护结构有效传热系数K_e设为零，则无量纲参数λ'_w变为零。在这种理想情况下，通过逆向匹配方法计算出的κ_n^*与室内空气温度调控目标κ_i一致，即$\kappa_n^*=\kappa_i$；而对应的相位差φ_n^*与给定的室内空气温度相位差φ_i也相等，即$\varphi_n^*=\varphi_i$。如果在该方案中采用一根EAHE埋管，通过计算可以获得四种EAHE参数组合方案，如表6-2所示。将上述EAHE参数组合代入正向理论模型中，则可以获得EAHE出口空气温度与建筑室内空气温度的变化曲线，如图6-12所示。从图中可以看出，方案9～12虽然采用了不同的 EAHE 参数组合，但却可以实现相同的 EAHE 出口空气温度与室内空气温度曲线。通过对比方案 1～4 与方案 9～12 可知，提高建筑围护结构的保温性能可以大幅降低对 EAHE 参数的配置需求。这也表明建筑本体参数与 EAHE 参数对于实现室内热环境调控目标来说具有互补效应。

表 6-2 不同匹配方案的详细参数

方案编号	K_e/[W/(m²·K)]	ACH/h^{-1}	λ'_w	N	φ_i/rad	κ_i	κ_n^*	φ_n^*/rad	q_n/(m³/s)	R/m	L/m	z/m
1	0.65	1.5	0.38	2	0.36	0.4	0.24	0.95	0.0479	0.12	68	4.68
2	0.65	1.5	0.38	2	0.36	0.4	0.24	0.95	0.0479	0.2	75.02	4.59
3	0.65	1.5	0.38	2	0.36	0.4	0.24	0.95	0.0479	0.25	79.9	4.54
4	0.65	1.5	0.38	2	0.36	0.4	0.24	0.95	0.0479	0.3	85.63	4.49
5	0.65	2.5	0.23	3	0.6	0.26	0.19	1.35	0.0532	0.1	102.82	4.81
6	0.65	2.5	0.23	3	0.6	0.26	0.19	1.35	0.0532	0.18	110.49	4.76
7	0.65	2.5	0.23	3	0.6	0.26	0.19	1.35	0.0532	0.25	120.68	4.71
8	0.65	2.5	0.23	3	0.6	0.26	0.19	1.35	0.0532	0.3	128.1	4.68
9	0	1.5	0	1	0.6	0.43	0.43	0.6	0.0958	0.14	75.11	3.66
10	0	1.5	0	1	0.6	0.43	0.43	0.6	0.0958	0.2	76.57	3.62
11	0	1.5	0	1	0.6	0.43	0.43	0.6	0.0958	0.25	79.27	3.57
12	0	1.5	0	1	0.6	0.43	0.43	0.6	0.0958	0.3	82.4	3.52

参考文献

[1] Yang D, Zhang J P. Theoretical assessment of the combined effect of building thermal mass and earth-air-tube ventilation on the indoor thermal environment[J]. Energy and Buildings, 2014, 81: 182-199.

[2] Yang D, Zhang J P. Analysis and experiments on the periodically fluctuating air temperature in a building with earth-air tube ventilation[J]. Building and Environment, 2015, 85: 29-39.

[3] Yang D, Guo Y H. Fluctuation of natural ventilation induced by nonlinear coupling between buoyancy and thermal mass[J]. International Journal of Heat and Mass Transfer, 2016, 96: 218-230.

[4] Lin J, Nowamooz H, Braymand S, et al. Impact of soil moisture on the long-term energy performance of an earth-air heat exchanger system[J]. Renewable Energy, 2020, 147(2): 2676-2687.

[5] Mihalakakou G, Santamouris M, Asimakopoulos D. Modeling the earth temperature using multiyear measurements[J]. Energy and Buildings, 1992, 19(1): 1-9.

[6] Kusuda T, Achenbach P R. Earth temperature and thermal diffusivity on at selected stations in the United States[R]. Boulder: U.S. Department of Commerce, National Institute of Standards and Technology, 1965.

[7] Singh R, Sawhney R L, Lazarus I J, et al. Recent advancements in earth air tunnel heat exchanger (EATHE) system for indoor thermal comfort application: A review[J]. Renewable and Sustainable Energy Reviews, 2018, 82(3): 2162-2185.

[8] Incropera F P, DeWitt D P. Introduction to heat transfer[M]. 2nd edition. New York: Wiley, 1996.

[9] De Jesus Freire A, Alexandre J L C, Silva V B, et al. Compact buried pipes system analysis for indoor air conditioning[J]. Applied Thermal Engineering，2013，51(1/2)：1124-1134.

[10] 中国气象局气象信息中心气象资料室，清华大学建筑技术科学系. 中国建筑热环境分析专用气象数据集[M]. 北京：中国建筑工业出版社，2005.

[11] 中华人民共和国住房和城乡建设部. 民用建筑供暖通风与空气调节设计规范：GB 50736—2012[S]. 北京：中国建筑工业出版社，2012.

[12] 中华人民共和国住房和城乡建设部. 工业建筑供暖通风与空气调节设计规范：GB 50019—2015[S]. 北京：中国计划出版社，2016.